# 基于 RISC-V 的人工智能应用开发

廖义奎 编著

中国电力出版社
CHINA ELECTRIC POWER PRESS

## 内 容 简 介

本书较全面地介绍人工智能芯片 K210 的特点和应用开发，深入浅出地讲解人工神经网络、卷积神经网络的应用设计，特别是全面和深入分析 YOLO 网络与目标检测方法，并把 YOLO 网络应用于 K210 之中。

第一部分为 RISC-V 及人工智能芯片，主要介绍 RISC-V 构架人工智能芯片 K210 应用开发，包括 RISC-V 构架及人工智能芯片 K210 介绍、输入/输出、串口通信、定时器与日历、音频输入/输出接口、显示屏驱动、摄像头数据采集、外部存储器、K210 的 WS2812 驱动、K210 的 ESP8266 驱动以及 K210 的 MicroPython 编程。第二部分为深度学习，主要介绍 Keras 及 TensorFlow Lite 应用开发，包括 Keras 人工神经网络应用设计、Keras 卷积神经网络及深度学习、TensorFlow Lite 安卓应用开发。第三部分为 YOLOv3 目标检测，主要介绍 YOLOv1/v2/v3 深度卷积神经网络目标检测应用开发，包括 YOLO 网络与目标检测基础、YOLO 网络样本标注与训练、YOLO 网络结构分析、YOLO 网络在安卓中的应用。第四部分为 YOLO 和 K210 综合应用，主要介绍 K210 卷积神经网络应用实例，包括 K210 人工神经网络应用设计、K210 卷积神经网络应用设计、K210 神经网络处理器工作原理分析、K210 神经网络处理器应用实例。

本书适合于从事物联网、人工智能、嵌入式系统以及电子技术应用开发初学者作为参考资料，或者作为本专科物联网、人工智能、嵌入式系统、单片机等相关课程的教材，也适合于作为课程设计、毕业设计以及各类专业竞赛指导教材。

**图书在版编目（CIP）数据**

基于 RISC-V 的人工智能应用开发/廖义奎编著．—北京：中国电力出版社，2020.6（2022.1重印）
ISBN 978-7-5198-4389-2

Ⅰ．①基… Ⅱ．①廖… Ⅲ．①微处理器－系统设计 Ⅳ．①TP332

中国版本图书馆 CIP 数据核字（2020）第 072534 号

出版发行：中国电力出版社
地　　址：北京市东城区北京站西街 19 号（邮政编码 100005）
网　　址：http://www.cepp.sgcc.com.cn
责任编辑：刘　炽　何佳煜（484241246@qq.com）
责任校对：黄　蓓　马　宁
装帧设计：赵姗姗
责任印制：杨晓东

印　　刷：北京天宇星印刷厂
版　　次：2020 年 6 月第一版
印　　次：2022 年 1 月北京第二次印刷
开　　本：787 毫米×1092 毫米　16 开本
印　　张：22.25
字　　数：546 千字
定　　价：88.00 元

# 前　言

随书代码　　　　　　　　　　随书课件

RISC-V 处理器架构的广泛应用是 CPU（Central Processing Unit，中央处理器）一个重要发展趋势，大量的国内企业已经或者计划推出这类处理器芯片。RISC-V 指令集是基于精简指令集计算（RISC）原理建立的开放指令集架构（ISA），RISC-V 指令集完全开源，设计简单，易于移植 UNIX/Linux 一类系统，模块化设计工具链完整得到了产业界和社区的广泛支持。

人工智能芯片广泛的应用是人工智能的一个重要发展趋势，今后人工智能的运算将越来越多地在人工智能芯片上完成。人工智能芯片主要是神经网络处理器（NPU），是为深度学习而生的专业芯片，其表现大大优于传统 GPU（Graphics Processing Unit，图形处理器）、GPU（Graphics Processing Unit，图形处理器）和 DSP（Digital Signal Processing，数字信号处理），是未来人工智能应用的重要发展方向。

本书介绍的嘉楠勘智 K210 人工智能芯片，是 RISC-V 与神经网络处理器的有机融合，已经在市场上得到迅速的推广与应用。K210 内含双核 64 位 RISC-V 处理器，主频 400MHz，带通用的卷积神经网络单元（NPU），价格低性能高，既可以作为一个高端多核单片机，又可以作为人工智能芯片，应用前景广泛。

K210 的 KPU（Knowledge Processing Unit，知识处理单元）是通用神经网络处理器，内置卷积、批归一化、激活、池化运算单元，可以对人脸或物体进行实时检测。K210 可结合机器视觉和机器听觉能力提供更强大的功能。

人工智能和深度学习领域能应用于实时目标检测的网络不多，YOLO 卷积神经网络是其中之一，效果优良，并且已经得到了广泛应用。YOLO 可以一次性预测多个框位置和类别，实现端到端的目标检测和识别，其最大的优势是速度快。通过 YOLO，每张图像只需要看一眼就能得出图像中有哪些物体和这些物体的位置。

K210 人工智能芯片与 YOLO 卷积神经网络相结合，可以实现低成本的实时目标检测，这一点正是本书所要实现的目标。

**本书结构**

第一部分：RISC-V 及人工智能芯片。主要介绍 RISC-V 构架人工智能芯片 K210 应用开发，包括 RISC-V 构架及人工智能芯片 K210 介绍、输入/输出、串口通信、定时器与日历、音频输入/输出接口、显示屏驱动、摄像头数据采集、外部存储器、K210 的 WS2812 驱动、K210 的 ESP8266 驱动以及 K210 的 MicroPython 编程。

第二部分：深度学习。主要介绍 Keras 及 TensorFlow Lite 应用开发，包括 Keras 人工神经网络应用设计、Keras 卷积神经网络及深度学习、TensorFlow Lite 安卓应用开发。

第三部分：YOLOv3 目标检测。主要介绍 YOLOv1/v2/v3 深度卷积神经网络目标检测应用开发，包括 YOLO 网络与目标检测基础、YOLO 网络样本标注与训练、YOLO 网络结构分析、YOLO 网络在安卓中的应用。

第四部分：YOLO 和 K210 综合应用。主要介绍 K210 卷积神经网络应用实例，包括 K210 人工神经网络应用设计、K210 卷积神经网络应用设计、K210 神经网络处理器工作原理分析、K210 神经网络处理器应用实例。

### 本书特点

本书较全面和完整地介绍和讲解 RISC-V 构架人工智能芯片 K210 的特点和应用开发方法。深入浅出地讲解人工神经网络、卷积神经网络的应用设计，特别是全面和深入分析 YOLO 网络与目标检测方法，并把 YOLO 网络应用于 K210 之中。

本书每一章的编写方法都基本相同，首先介绍应用开发实例，从最简单的实例到较复杂的应用循序渐进地介绍，最后在每一章的后半部分再深入介绍其低层的工作原理。

本书源代码、教学课件可以扫描前言的二维码获取。

### 读者对象

本书适合于从事物联网、人工智能、嵌入式系统以及电子技术应用开发初学者作为参考资料，或者作为本专科物联网、人工智能、嵌入式系统、单片机等相关课程的教材，也适合于作为课程设计、毕业设计以及各类专业竞赛指导教材。

### 联系作者

对本书的程序代码、相关配套的 K210 开发板、控制模块、传感器模块、通信模块等有兴趣的读者，以及对本书相关知识感兴趣的读者，可以加入 QQ 群 AI_IoT（群号 784735940）交流、讨论和共同学习。

### 致谢

在本书的编写过程中，得到了嘉楠科技官方 K210 芯片负责人黄锐等相关人员以及 WS2812 官方深圳市华彩威电子有限公司张少青的大力支持，在此表示衷心感谢。感谢蒙良桥、宋因建、殷徐栋、陈妍、张小珍、覃雪原、官玉恒、韦艳芳、覃玉龙、韦政、林宝玲、苏小艳、苏金秀分别审阅了本书的部分章节内容。

本书在编写过程中参考了大量的文献资料，一些资料来自互联网和非正式出版物，书后的参考文献无法一一列举，在此对原作者表示诚挚的谢意。

K210 官方公布的资料比较少，官方和网上的示例也比较少，因此本书在参考这些资料时可能会存在一些理解上的偏差和内容方面的不足。另外，由于作者水平有限，书中难免存在错误和疏漏之处，敬请读者批评指正。

编著者

# 目　录

# 第一部分

# 第1章 RISC-V 构架及人工智能芯片 K210 介绍

## 1.1 RISC-V 构架

### 1.1.1 RISC-V 构架介绍

**1. 概述**

国产芯片起步较晚，从 2013 年至今，集成电路每年的进口额均超过了 2000 亿美元。RISC-V 和 AI（人工智能）芯片是我国最有希望突破的领域之一。华米科技发布的黄山 1 号芯片使用的正是 RISC-V 架构。中天微和小米松果电子也宣布要促进和加速 RISC-V 在国内的商业化进程。虽然比较适合 RISC-V 使用的领域还是对于生态依赖比较小的嵌入式系统或者新兴的 IoT（物联网）、边缘计算、人工智能领域，但 RISC-V 得到了产业界和社区的广泛支持，同时，现在很多企业开始对 RISC-V 重视，所以说 RISC-V 应用前景会非常乐观。

**2. RISC-V 指令集**

RISC-V 指令集是基于精简指令集计算原理建立的开放指令集架构（ISA），RISC-V 是在指令集不断发展和成熟的基础上建立的全新指令，V 表示为第五代 RISC（精简指令集计算机）。RISC-V ISA 可以免费使用，允许任何人设计、制造和销售 RISC-V 芯片和软件。

**3. RISC-V 指令集的优势**

（1）完全开源。对于 RISC-V 指令集的使用，RISC-V 基金会不收取高额的授权费。开源采用宽松的 BSD 协议，企业可以完全自由免费使用，同时也允许企业添加自有指令集，而不必开放共享，实现差异化发展。

（2）架构简单。RISC-V 架构秉承简单的设计哲学。在处理器领域，主流的架构为 x86 与 ARM 架构。x86 与 ARM 架构的发展过程也伴随了现代处理器架构技术的不断发展成熟，但作为商用的架构，为了能够保持架构的向后兼容性，不得不保留许多过时的定义，导致其指令数目多，指令冗余严重，文档数量庞大，所以要在这些架构上开发新的操作系统或者直接开发应用门槛很高。而 RISC-V 架构则完全抛弃包袱，借助计算机体系结构经过多年的发展已经成为比较成熟的技术的优势，从轻上路。RISC-V 基础指令集只有 40 多条，加上其他的模块化扩展指令总共也就几十条指令。RISC-V 的规范文档仅有 145 页，而特权架构文档的篇幅也仅为 91 页。

（3）易于移植操作系统。现代操作系统都做了特权级指令和用户级指令的分离，特权指令只能由操作系统调用，而用户级指令才能在用户模式调用，保障操作系统的稳定。RISC-V 提供了特权级指令和用户级指令，同时提供了详细的 RISC-V 特权级指令规范和 RISC-V 用户级指令规范的详细信息，使开发者能非常方便地移植 Linux 和 UNIX 系统到 RISC-V 平台上。

（4）模块化设计。RISC-V 架构不仅短小精悍，其不同的部分还能以模块化的方式组织在一起，从而试图通过一套统一的架构满足各种不同的应用场景。用户能够灵活选择不同的模块组合，来实现自己定制化设备的需要，比如针对小面积低功耗嵌入式场景，用户可以选择 RV32IC 组合的指令集，仅使用 Machine Mode（机器模式）；而高性能应用操作系统场景则可以选择 RV32IMFDC 指令集，使用 Machine Mode（机器模式）与 User Mode（用户模式）两种模式。

（5）完整的工具链。对于设计 CPU 来说，工具链是软件开发人员和 CPU 交互的窗口，若没有工具链，则对软件开发人员开发软件要求很高，甚至软件开发者无法让 CPU 工作起来。在 CPU 设计中，工具链的开发是一个巨大的工作。如果用 RISC-V 来设计芯片，芯片设计公司则不用再担心工具链问题，只需专注于芯片设计，RISC-V 社区已经提供了完整的工具链，RISC-V 基金会持续维护该工具链。当前 RISC-V 的支持已经合并到主要的工具中，比如编译工具链 GCC、仿真工具 QEMU 等。

## 1.1.2　RISC-V 的特点

### 1. 没有立即数减法

只有立即数加法指令（addi），没有立即数减法指令（subi），那么减法怎么办？无论是数学上还是程序上，x−y 都等价于 x＋（−y），也就是说可以把减法变成加法，把被减数转化成负数然后再加上减数就实现了和减法一样的功能。正是基于这个原理，RISC-V 只提供立即数加法，没有提供立即数减法，如果需要立即数减法，那么就要麻烦编译器把这个立即数转化成负数，然后继续使用加法。这也是 RISC-V 将立即数作为有符号数处理的原因。

### 2. x0 寄存器简化指令集

引入 x0 寄存器后，很多特殊指令只需用普通的指令加上 x0 做操作数就能解决，指令的数量大大减少，处理器的解码电路也大大简化。

### 3. 32 位常量

之前使用的 ARM 处理器是将立即数表示不下的常量存到常量池，然后用 PC 相关的 LDR 指令加载到寄存器。RISC-V 的常量完全是用指令拼接，不需要 Load 指令，使用 Load 指令需要额外的访问周期。RISC-V 单条指令可以表示 12 位的有符号常量，超过 12 位需要两条指令来合成。其中一条指令是 lui，lui 指令加载常量的高 20 位，低 12 位可以用 addi 指令加上去，这个过程需要编译器算出立即数到底是什么，因为 addi 指令执行的是有符号加法，其中的 12 位立即数会先被符号扩展成 32 位的有符号数再参与计算。ARM 的常量加载需要 8 个字节，一条指令加一个常量；RISC-V 的常量加载也是需要 8 个字节，两条指令，两者占用的程序空间一样。

### 4. 只有小于和大于等于

RISC-V 的比较跳转指令只有 blt 和 bge，即只有小于和大于等于。但大于和小于等于也是需要的，RISC-V 用了一个很巧妙的办法用两条指令实现了四条指令的工作，将 blt 的两个参与比较的操作数位置换一下就有了 bgt（大于跳转），将 bge 的两个参与比较的操作数位置换一下就有了 ble（小于或等于跳转）。

### 5. 让编译器做更多工作

对 RISC 的理解是处理器尽量少做、编译器尽量多做，这是非常有道理的，毕竟编译的次数远少于执行的次数。上面几点就提到不少要让编译器多做的工作，又例如 B-type 是比较跳转指令的格式，J-type 是长跳转或函数调用指令格式，注意它们的立即数排列次序，把填充这里的立即数交给了链接器的工作。这样排放偏移地址立即数是为了简化处理器的设计，但明显给编译器增加了工作。

### 6. 其他省掉的指令

很多常用的指令都被省掉了，比如 nop、move、not、neg 等，但所有这些功能都还有，只不过都是用其他的指令来等价实现，比如 not 指令是用 xori rd，rs，−1 实现。

## 1.1.3　RISC-V 的 x0 寄存器

Linux 有两个特殊的设备：/dev/zero 和/dev/null。从/dev/zero 可以源源不断地读到 0，往/dev/null 写的任何内容都被丢弃。如果要创建一个需填 0 的文件，就从/dev/zero 拷贝，如果要丢弃一些输出，就把输出重定向到/dev/null。

RISC-V 的 x0 寄存器就相当于是硬件版的/dev/zero 和/dev/null 的组合体。从 x0 读出来的总是 0，往 x0 写进去的总是被丢弃。所以 x0 提供两种功能：一是提供常量 0，在软件编程中 0 可以说是最常用的常量；二是提供一个可以丢弃结果的场所。有了 x0 寄存器，很多本来需要单独指令的操作只要在普通的指令前加上 x0 就可以实现。

（1）nop 空指令，RISC-V 没有提供 nop 指令，而是用 addi x0，x0，0 来实现空指令，这条 addi 使用 x0 作为目标寄存器，x0 会丢弃结果，所以这条指令不会对程序状态产生任何影响，和空指令是完全等价的，这就不需要单独的空指令了。

（2）neg 取负数指令，RISC-V 用 sub rd，x0，rs 来实现，x0−rs 等价于 0−rs，等价于−rs，有了 x0，就可以用更普通的减法指令来实现取负数指令。

（3）j 跳转指令，RISC-V 没有单独的 j 跳转指令，只有 jal 跳转链接指令，跳转之前总是要把下一条指令的地址拷贝到寄存器，但是如果用 x0 作为 jal 的操作寄存器，即把下一条指令的地址拷贝到 x0，那么效果就等价于 j 跳转指令了，因为写入 x0 的任何值都会被丢弃。

（4）beqz 等于零跳转指令等一系列和 0 比较的跳转指令，程序中和 0 比较是相当常见的操作，RISC-V 中和 0 比较的指令是普通的比较跳转指令，是用 x0 寄存器做指令的操作数。

还有很多其他这样的指令，用普通的指令加上 x0 做操作数，就实现了那些没有 x0 寄存器的处理器需要单独指令或者需要组合两条指令才能实现的操作。

# 1.2　人 工 智 能 芯 片

### 1. 概述

人工智能的终极目标是模拟人脑，人脑大概有 1000 亿个神经元，1000 万亿个突触，能够处理复杂的视觉、听觉、嗅觉、味觉、语言能力、理解能力、认知能力、情感控制、人体复杂机构控制、复杂心理和生理控制，而功耗只有 10～20W。

主流的人工智能芯片基本都是以 GPU、FPGA、ASIC 以及类脑芯片为主。人工智能芯片主要包括 NVidia 的 GPU、Google 的 TPU、Intel 的 Nervana、IBM 的 TreueNorth、微软的 DPU 和 BrainWave、百度的 XPU、Xilinx 的 xDNN、寒武纪芯片、地平线以及深鉴科技的 AI 芯片等，基本上是 GPU、FPGA、神经网络芯片三分天下的趋势，三种芯片各有各自的优劣，都面向于自己独特的细分应用市场。

2. 神经网络处理器芯片介绍

神经网络处理器（NPU）是为深度学习而生的专业芯片。从技术角度看，深度学习实际上是一种多层大规模人工神经网络。它模仿生物神经网络而构建，由若干人工神经元结点互联而成。神经元之间通过突触两两连接，突触记录了神经元间联系的权值强弱。传统 CPU、GPU 和 DSP 本质上并非以硬件神经元和突触为基本处理单元，相对于 NPU 在深度学习方面天生会有一定劣势，在芯片集成度和制造工艺水平相当的情况下，其表现必然逊色于 NPU。

每个神经元可抽象为一个激励函数，该函数的输入由与其相连的神经元的输出以及连接神经元的突触共同决定。为了表达特定的知识，使用者通常需要通过某些特定的算法调整人工神经网络中突触的取值、网络的拓扑结构等，该过程称为学习。在学习之后，人工神经网络可通过学得的知识来解决特定的问题。

由于深度学习的基本操作是神经元和突触的处理，而传统的处理器指令集（包括 x86 和 ARM 等）是为了进行通用计算发展起来的，其基本操作为算术操作（加减乘除）和逻辑操作（与或非），往往需要数百甚至上千条指令才能完成一个神经元的处理，深度学习的处理效率不高。因此谷歌甚至需要使用上万个 x86 CPU 核运行 7 天来训练一个识别猫脸的深度学习神经网络。因此，传统的处理器（包括 x86 和 ARM 芯片等）用于深度学习的处理效率不高，这时就必须突破经典的冯·诺伊曼结构。

另外，神经网络中存储和处理是一体化的，都是通过突触权重来体现。而在冯·诺伊曼结构中，存储和处理是分离的，分别由存储器和运算器来实现，二者之间存在巨大的差异。当用现有的基于冯·诺伊曼结构的经典计算机（如 X86 处理器和英伟达 GPU）来跑神经网络应用时，就不可避免地受到存储和处理分离式结构的制约，因而影响效率。这也就是专门针对人工智能的专业芯片相对于传统芯片有一定先天优势的原因之一。

3. 人工智能芯片应用开发过程

传统的 CPU 运行的所有的软件是由程序员编写，完成固化的功能操作，其计算过程主要体现在执行指令这个环节。但人工智能要模仿的是人脑的神经网络，从最基本的单元上模拟了人类大脑的运行机制，它不需要人为地提取所需解决问题的特征或者总结规律来进行编程。

人工智能是在大量的样本数据基础上，通过神经网络算法训练数据，建立了输入数据和输出数据之间的映射关系，其最直接的应用是在分类识别方面。例如训练样本的输入是语音数据，训练后的神经网络实现的功能就是语音识别，如果训练样本输入是人脸图像数据，训练后实现的功能就是人脸识别，如图 1-1 所示。

通常来说，人工智能包括机器学习和深度学习，但不管是机器学习还是深度学习都需要

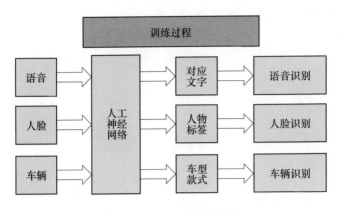

图 1-1　人工智能实现过程

构建算法和模式，以实现对数据样本的反复运算和训练，降低对人工理解功能原理的要求。因此，人工智能芯片需要具备高性能的并行计算能力，同时要能支持当前的各种人工神经网络算法。传统 CPU 由于计算能力弱，支撑深度学习的海量数据并行运算，且串行的内部结构设计架构为的是以软件编程的方式实现设定的功能，并不适合应用于人工神经网络算法的自主迭代运算。传统 CPU 架构往往需要数百甚至上千条指令才能完成一个神经元的处理，在 AI 芯片上可能只需要一条指令就能完成。

## 1.3　RISC-V 人工智能芯片 K210

### 1.3.1　K210 介绍

#### 1. K210 定义

Kendryte K210（简称 K210）是嘉楠科技 2018 年推出的 RISC-V 构架 AI 芯片，是一个集成机器视觉与机器听觉能力的系统级芯片（SoC）。K210 使用台积电（TSMC）超低功耗的 28nm 先进制程，具有双核 64 位处理器，有较好的功耗性能、稳定性与可靠性。该方案力求零门槛开发，可在最短时效部署于用户的产品中，赋予产品人工智能。

K210 定位于 AI 与 IoT 市场的 SoC，同时是使用非常方便的 MCU。Kendryte 中文含义为勘智，取自勘物探智。这颗芯片主要应用领域为物联网领域，在物联网领域进行开发，因此为勘物；芯片主要提供的是人工智能解决方案，在人工智能领域探索，因此为探智。

在 K210 里，卷积人工神经网络硬件加速器有一个专用的名称，叫 KPU（Knowledge Processing Unit，知识处理单元），其本质上就是一个 NPU（Neural-Network Processing Unit，神经网络单元）。

#### 2. K210 特点

（1）具备机器听觉能力；

（2）更好的低功耗视觉处理速度与准确率；

（3）具备卷积人工神经网络硬件加速器 KPU，可高性能进行卷积人工神经网络运算；

（4）TSMC 28nm 先进制程，温度范围−40～125℃，稳定可靠；

（5）支持固件加密，难以使用普通方法破解；

（6）独特的可编程 IO 阵列，使产品设计更加灵活；

（7）低电压，与相同处理能力的系统相比具有更低功耗；

（8）3.3V/1.8V 双电压支持，无需电平转换，节约成本。

3．K210 应用

（1）智能家居：电器、空调、厨具、微波炉、扫地机器人、智能音箱、电子门锁、居家监控、电源管理等；

（2）医疗守护：辅助诊疗、医学影像识别、药物识别检索、药物挖掘、健康管理、医疗照护、紧急情况报警等；

（3）智慧工业：工业机械、工业机器人、智能分拣技术、用电设备监控、设备故障检测、工业设备数据检测分析等；

（4）教育关爱：教育学习机器人、虚拟导师、自适应/个性化教学、智能互动平台、教育效率检视、教学互动、教育审查评估等；

（5）农业科技：农业监控、生产管理、现场环境监控、病虫害监测、农业设施设备自动化控制等，实现农业生产环节的海量数据采集与精准控制。

4．K210 AI 解决方案

（1）机器视觉。K210 具备机器视觉能力，是零门槛机器视觉嵌入式解决方案。它可以在低功耗情况下进行卷积神经网络计算。该芯片可以实现以下机器视觉能力：

1）基于卷积神经网络的一般目标检测；

2）基于卷积神经网络的图像分类任务；

3）人脸检测和人脸识别；

4）实时获取被检测目标的大小与坐标；

5）实时获取被检测目标的种类。

（2）机器听觉。K210 具备机器听觉能力。芯片上自带高性能麦克风阵列音频处理器，可以进行实时声源定向与波束形成。该芯片可以实现以下机器听觉能力：

1）声源定向；

2）声场成像；

3）波束形成；

4）语音唤醒；

5）语音识别。

（3）视觉/听觉混合解决方案。K210 可结合机器视觉和机器听觉能力，提供更强大的功能。一方面，在应用中既可以通过声源定位和声场成像辅助机器视觉对目标的跟踪，又可以通过一般目标检测获得目标的方位后辅助机器听觉对该方位进行波束形成。另一方面，可以通过摄像头传来的图像获得人的方向后，使得麦克风阵列通过波束形成指向该人，同时也可以根据麦克风阵列确定一个说话人的方向，转动摄像头指向该人。

### 1.3.2　K210 系统架构

K210 系统架构如图 1-2 所示，包含 RISC-V 64 位双核 CPU，每个核心内置独立 FPU。K210 的核心功能是机器视觉与听觉，其包含用于计算卷积人工神经网络的 KPU 与用于处理麦克风阵列输入的 APU。同时 K210 具备快速傅里叶变换加速器，可以进行高性能复数 FFT

计算。因此对于大多数机器学习算法，K210 具备高性能处理能力。

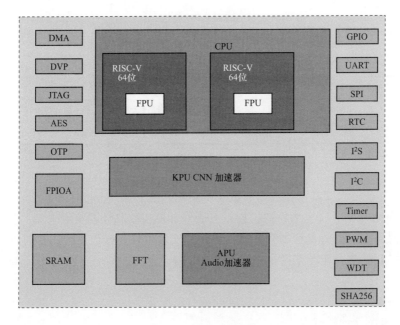

图 1-2　K210 系统架构

1. K210 系统架构

（1）K210 内嵌 AES 与 SHA256 算法加速器，为用户提供基本安全功能；

（2）K210 拥有高性能、低功耗的 SRAM，以及功能强大的 DMA，在数据吞吐能力方面性能优异；

（3）K210 具备丰富的外设单元，分别是 DVP、JTAG、OTP、FPIOA、GPIO、UART、SPI、RTC、I²S、I²C、WDT、Timer 与 PWM，可满足海量应用场景。

2. K210 系统控制器（SYSCTL）主要控制芯片的时钟、复位和系统控制寄存器

（1）配置 PLL 的频率；

（2）配置时钟选择；

（3）配置外设时钟的分频比；

（4）控制时钟使能；

（5）控制模块复位；

（6）选择 DMA 握手信号。

### 1.3.3　中央处理器（CPU）

K210 的 CPU 是基于 RISC-V ISA 的双核心 64 位的高性能低功耗 CPU，标称频率 400MHz，包括浮点处理单元、双精度，具备乘法器、除法器与平方根运算器，支持单精度、双精度的浮点计算，具备如表 1-1 所示的特性。

K210 的 CPU 支持平台中断管理 PLIC，支持高级中断管理，支持 64 个外部中断源路由到 2 个核心。本地中断管理 CLINT，支持 CPU 内置定时器中断与跨核心中断指令缓存。核心 0 与核心 1 各具有 32KB 的指令缓存，提升双核指令读取效能数据缓存；核心 0 与核心 1

各具有 32KB 的数据缓存。SRAM 8MiB 共计 8MB 的片上 SRAM。

表 1-1 **K210 CPU 特性**

| 项目 | 内容 | 描　　述 |
|------|------|------|
| 核心数量 | 2 个 | 双核对等，各个核心具备独立 FPU |
| 处理器位宽 | 64 位 | 64 位 CPU 位宽，为高性能算法计算提供位宽基础，计算带宽充足 |
| 标称频率 | 400MHz | 频率可调，可通过调整 PLL VCO 与分频进行变频 |
| 指令集扩展 | IMAFDC | 基于 RISC-V 64 位 IMAFDC （RV64GC），胜任通用任务 |

1．CPU 指令特点

（1）强大的双核 64 位基于开放架构的处理器，具备丰富的社区资源支持；

（2）支持 I 扩展，即基本整数指令集（Base Integer Instruction Set）扩展；

（3）支持 M 扩展，即整数乘除扩展，可硬件加速实现高性能整数乘除；

（4）支持 A 扩展，即原子操作扩展，可硬件实现软件与操作系统需要的原子操作；

（5）支持 C 扩展，即压缩指令扩展，可通过编译器压缩指令实现更高的代码密度与运行效率；

（6）支持不同特权等级，可分特权执行指令，更安全。

2．FPU 与浮点计算能力

（1）FPU 满足 IEEE 754—2008 标准，计算流程以流水线方式进行，具备很强的运算能力；

（2）核心 0 与核心 1 各具备独立 FPU，两个核心皆可胜任高性能硬件浮点计算；

（3）支持 F 扩展，即单精度浮点扩展，CPU 内嵌的 FPU 支持单精度浮点硬件加速；

（4）支持 D 扩展，即双精度浮点扩展，CPU 内嵌的 FPU 支持双精度浮点硬件加速；

（5）FPU 具备除法器，支持单精度、双精度的浮点的硬件除法运算；

（6）FPU 具备平方根运算器，支持单精度、双精度的浮点的硬件平方根运算。

3．高级中断管理能力

（1）该 RISC-V CPU 的 PLIC 控制器支持灵活的高级中断管理，可分 7 个优先级配置 64 个外部中断源，两个核心都可独立进行配置；

（2）可对两个核心独立进行中断管理与中断路由控制；

（3）支持软件中断，并且双核心可以相互触发跨核心中断；

（4）支持 CPU 内置定时器中断，两个核心都可自由配置；

（5）高级外部中断管理，支持 64 个外部中断源，每个中断源可配置 7 个优先级。

4．调试能力

（1）支持性能监控指令，可统计指令执行周期；

（2）具备用以调试的高速 UART 与 JTAG 接口；

（3）支持 DEBUG 模式以及硬件断点。

### 1.3.4 静态随机存取存储器（SRAM）

SRAM 包含两个部分，分别是 6MiB 的片上通用 SRAM 存储器与 2MiB 的片上 AI SRAM 存储器，共计 8MiB（1MiB 为 1 兆字节）。其中，AI SRAM 存储器是专为 KPU 分配的存储器。它们分布在连续的地址空间中，不仅可以通过经由 CPU 的缓存接口访问，还可以通过非缓存接口直接访问，如表 1-2 所示。

**表 1-2　　　　　　　　　　　　SRAM 映射分布**

| 模块名称 | 映射类型 | 开始地址 结束地址 | 空间大小 |
|---|---|---|---|
| 通用 SRAM 存储器 | 经 CPU 缓存 | 0x80000000 0x805FFFFF | 0x600000 |
| AI SRAM 存储器 | 经 CPU 缓存 | 0x80600000 0x807FFFFF | 0x200000 |
| 通用 SRAM 存储器 | 非 CPU 缓存 | 0x40000000 0x405FFFFF | 0x600000 |
| AI SRAM 存储器 | 非 CPU 缓存 | 0x40600000 0x407FFFFF | 0x200000 |

**1. 通用 SRAM 存储器**

通用 SRAM 存储器在芯片正常工作的任意时刻都可以访问。该存储器分为两个 Bank，分别为 MEM0 与 MEM1，并且 DMA 控制器可同时操作不同 Bank，如表 1-3 所示。

**表 1-3　　　　　　　　　　通用 SRAM 存储器地址空间**

| 模块名称 | 映射类型 | 开始地址 结束地址 | 空间大小 |
|---|---|---|---|
| MEM0 | 经 CPU 缓存 | 0x80000000 0x803FFFFF | 0x400000 |
| MEM1 | 经 CPU 缓存 | 0x80400000 0x805FFFFF | 0x200000 |
| MEM0 | 非 CPU 缓存 | 0x40000000 0x403FFFFF | 0x400000 |
| MEM1 | 非 CPU 缓存 | 0x40400000 0x405FFFFF | 0x200000 |

**2. AI SRAM 存储器**

AI SRAM 存储器地址空间如表 1-4 所示。AI SRAM 存储器即可以作为 KPU 专用的保存权值参数的存储器，又可以作为普通的存储器，但如果想要作为普通的存储器，则必须在以下条件都满足时才可访问：

——PLL1 已使能，时钟系统配置正确；

——KPU 没有在进行神经网络计算。

**表 1-4　　　　　　　　　　AI SRAM 存储器地址空间**

| 模块名称 | 映射类型 | 开始地址 结束地址 | 空间大小 |
|---|---|---|---|
| AI SRAM 存储器 | 经 CPU 缓存 | 0x80600000 0x807FFFFF | 0x200000 |
| AI SRAM 存储器 | 非 CPU 缓存 | 0x40600000 0x407FFFFF | 0x200000 |

### 1.3.5　K210 官方资料

**1. 开发者资源**

开发者资源网站地址：https://kendryte.com/downloads/。

（1）SDK 文档名。

K210 FreeRTOS SDK　　V0.7.0。

K210 Standalone SDK　　V0.5.6。

（2）HDK 文档。

Kendryte KD233 Board Schematic V01 V0.1.0。

Kendryte KD233 Board Schematic V02 V0.2.0。

（3）数据文档。

| | |
|---|---|
| K210 datasheet 〔Simplified Chinese〕 | V0.1.5。 |
| K210 datasheet 〔English〕 | V0.1.5。 |
| K210 datasheet 〔Traditional Chinese〕 | V0.1.5。 |
| Kendryte Standalone SDK Programming Guide 〔Simplified Chinese〕 | V0.5.0。 |
| Kendryte FreeRTOS SDK Programming Guide 〔Simplified Chinese〕 | V0.1.0。 |
| Kendryte Standalone SDK Programming Guide 〔Traditional Chinese〕 | V0.3.0。 |
| Kendryte FreeRTOS SDK Programming Guide 〔Traditional Chinese〕 | V0.1.0。 |
| Kendryte Standalone SDK Programming Guide 〔English〕 | V0.3.0。 |
| Kendryte FreeRTOS SDK Programming Guide 〔English〕 | V0.1.0。 |

（4）工具链。

| | |
|---|---|
| Kendryte OpenOCD for win32 | V0.1.3。 |
| Kendryte OpenOCD for Ubuntu x86_64 | V0.1.3。 |
| RISC-V 64bit toolchain for K210_win32 | V8.2.0。 |
| RISC-V 64bit toolchain for K210_ubuntu_amd64 | V8.2.0。 |
| RISC-V 64bit toolchain for K210_osx_mojave | V8.2.0。 |

（5）相关工具。

| | |
|---|---|
| K-Flash V0.4.1。 | |
| K210 Model Download Guide | V0.1.0。 |
| K210 Face Detection Demo | V0.1.0。 |

2. Githu 开源例程

Githu 开源例程网站地址：https://github.com/search?q=kendryte。

K210 独立 SDK 演示例程如表 1-5 所示。

表 1-5 　　　　　　　　　　　K210 独立 SDK 演示例程

| 名称 | 内　　　容 |
|---|---|
| hello_world | 入门示例 |
| i2c_slave | I2C 从机示例 |
| i2s_dma | I2S DMA 示例 |
| kpu | 基于 KPU 和 NNCASE 的人脸检测示例 |
| lcd | LCD 驱动程序示例 |
| lcd_image | LCD 显示图片示例 |
| mic_play | 固定麦克风播放示例 |
| play_pcm | 支持 Maix Go 的 Play_PCM 和 Mic_Play 示例 |
| pwm | PWM 示例 |
| pwm_play_audio | 脉冲宽度调制播放 MP3 音频示例 |
| pwm_wav | 播放 PCM 音频示例 |

| 名称 | 内容 |
| --- | --- |
| rtc | 实时时钟示例 |
| rtc_sd3068 | I2C 接口的实时时钟芯片 SD3068 示例 |
| sd_card | SD 卡示例 |
| sd_card_file | SD 卡文件操作示例 |
| servo | 中断示例 |
| sha256_test | AES 示例；通过 DMA 添加 AES API |
| spi_slave | SPI 从机示例 |
| timer | 定时器示例 |
| uart | 串口通信示例 |
| uart_dma | DAM 串口通信示例 |
| uart_dma_irq | 串口通信示例 |
| uart_interrupt | 串口通信中断示例 |
| watchdog | 看门狗示例 |
| ws2812 | ws2812 驱动程序示例 |

# 第2章

# 输　入/输　出

## 2.1　K210 的输入/输出程序

### 2.1.1　K210 LED 闪烁程序

**1. K210 GPIO 结构**

K210 GPIO 结构如 2-1 图所示，采用一种灵活的现场可编程 IO 阵列（FPIOA）映射方式，通过 FPIOA 允许用户将 255 个内部功能映射到芯片外围的 48 个自由 IO 上。K210 输入/输出分为通用 GPIO 和高速 GPIO 两种。通用 GPIO 共 8 个，高速 GPIO（GPIOHS）共 32 个。

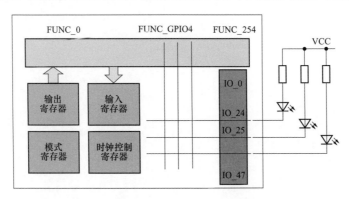

图 2-1　K210 GPIO 结构

**2. LED 闪烁程序**

在 Obtian_Studio 中创建一个新的项目，模板采用 "\K210 项目\LED 模板"，项目名称为 "K210_LED"，第一个 LED 闪烁程序如下：

```
#include "main.h"
CLed led1(LED1);
void loop()
{
    sleep(1);
    !led1;
}
```

完成 main.cpp 文件的程序编辑之后，可以进行编译和下载。下载完成之后，K210 板上的程序会自动运行，可以看到开发板上的 LED1 按 1s 的规律闪烁。

（1）KD233 开发板。

如果是 KD233 开发板，include 目录下的 IO 映射文件 io_map.h，默认把 LED1 映射到 KD233 开发板的第一个 LED 连接引脚 24，代码如下：

```
#define LED1  24, FUNC_GPIO4, FUNC_GPIO4-FUNC_GPIO0, GPIO_DM_OUTPUT
```

（2）Sipeed M1 AI 开发板。

如果是 Sipeed M1 AI 开发板，则需要修改 include 目录下的 IO 映射文件 io_map.h，把 LED1 映射到 Sipeed M1 AI 开发板的第一个 LED 连接引脚 13，代码如下：

```
#define LED1  13, FUNC_GPIO4, FUNC_GPIO4-FUNC_GPIO0, GPIO_DM_OUTPUT
```

如果是其他开发板，则修改相应的宏定义映射到需要用的引脚即可。

特别注意：在项目的\src\include\io_map.h 文件中，可以通过如下设置来选择 KD233 开发板或者 Lichee Dan/ SiPeed 开发板：

```
#define  BOARD_KD233     1
#define  BOARD_LICHEEDAN   0
```

## 2.1.2 K210 双核驱动 LED 程序

K210 内部具有两个 CPU 模块，在程序设计过程中，应该充分利用两个核的优势。K210 两个核心分别控制两个 LED 的结构如图 2-2 所示，K210 两个核的程序是并行工作的，但 FPIOA 模块和 GPIO 模块等外设是共用的。

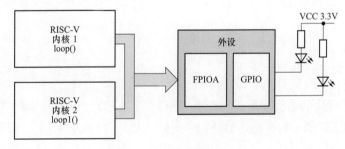

图 2-2　K210 双核驱动 LED

下面是测试使用两个内核的程序，两个核分别控制两个 LED 的闪烁，该程序在 2.1.1 的项目"K210_LED"的基础上进行修改，增加了内核 2 的主循环 loop1( )，代码如下：

```
#include "main.h"
CLed led1(LED1), led2(LED2);
void loop1()     //内核 2
{
    sleep(3);
    !led2;
}
void loop()      //内核 1
{
```

```
    sleep(1);
    !led1;
}
```

### 2.1.3　高速 GPIO 驱动 LED 闪烁

在 K210 内部，提供了 32 个比普通 GPIO 功能更加强大的高速 GPIO——GPIOHS，GPIOHS 速度比普通 GPIO 快，功能比普通 GPIO 强大。GPIOHS 的设置和用法与普通 GPIO 也有所不同。高速 GPIO 驱动 LED 闪烁的方法如图 2-3 所示，主要通过 GPIOHS 模式寄存器设置工作模式，然后通过 GPIOHS 输出寄存器控制输入引脚的高低电平。

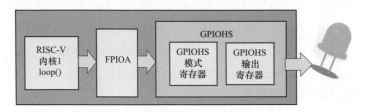

图 2-3　高速 GPIO 驱动 LED 闪烁示意图

下面是高速 GPIO 驱动 LED 闪烁的程序，在 Obtian_Studio 中创建一个新的项目，模板采用 "\K210 项目\LED 闪烁__高速 GPIO 模板"，项目名称为 "K210_ GPIOHS_LED"，代码如下：

```
#include "main.h"
CLed_hs led1(LED_HS1);
void loop()
{
    sleep(1);
    !led1;
}
```

上述程序中，程序的结构和形式与普通 GPIO 控制 LED 的方法完全相同，不同之处在于本例采用了高速 LED 类 CLed_hs，另外一个不同之处是 IO 映射采用了高速 IO 映射。高速 GPIO 的端口映射方法如下：

```
#define LED_HS1  24, FUNC_GPIOHS4, FUNC_GPIOHS4-FUNC_GPIOHS0, GPIO_DM_OUTPUT
#define LED_HS2  25, FUNC_GPIOHS5, FUNC_GPIOHS5-FUNC_GPIOHS0, GPIO_DM_OUTPUT
```

## 2.2　Obtian_Studio 开发环境使用入门

**1．创建 K210 项目**

在 Obtian_Studio 中创建一个新的项目，模板采用 "\K210 项目\LED 模板"，如图 2-4 所示。

Obtian_Studio 主界面如图 2-5 所示，左边文件管理器一栏包括了 K210 项目的文件结构，右边是 K210_Hello_World 的源程序编辑窗口。

**2. 编译 K210 项目**

可以选择菜单上的"生成"→"编译"来编译程序，选择菜单上的"调试"→"下载"来下载程序到 K210 板上。也可以通过单击工具条上的按钮来完成程序的编译和下载，如图 2-6 所示。

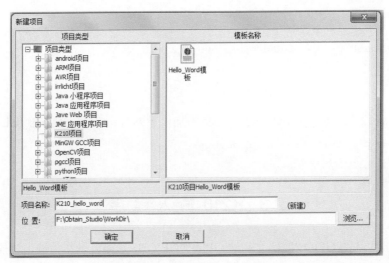

图 2-4　Obtian_Studio 创建项目界面

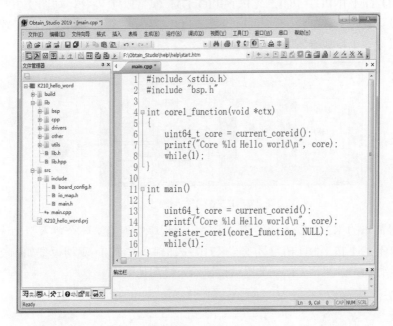

图 2-5　Obtian_Studio 主界面

图 2-6　编译工具栏

3. 下载 K210 程序

K210 项目通过 Python 命令和串口下载到 K210 板上。如果需要采用 K-Flash 下载程序，可以去掉 ":: cd../../../K-Flash" 和 ":: K-Flash.exe" 之前的批处理注解符号 "::"，并且删除前面两行 pthon 命令，采用 K-Flash 下载程序。<run> 内容如下：

```
<run>
cd build
python kflash.py -b 2000000 out/project.bin
::cd ../../../K-Flash
::K-Flash.exe
</run>
```

如果提示还没有安装 pyserial，则在 <run> 添加以下两行命令来安装 pyserial：

```
python -m pip install --upgrade pip
pip install pyserial
```

## 2.3 K210 输 入 程 序

K210 的 8 个通用 GPIO 和 32 个高速 GPIO（GPIOHS）都可以作为输出功能，也都可以作为输入功能。GPIO 和 GPIOHS 支持的模式有 GPIO_DM_INPUT、GPIO_DM_INPUT_PULL_DOWN、GPIO_DM_INPUT_PULL_UP、GPIO_DM_OUTPUT 四种，如图 2-7 所示，可以看出输入可以设置上拉或者下拉（不能同时设置上拉和下拉，在某一个时刻只能设置其中一种），而输出不可以设置上拉或者下拉。

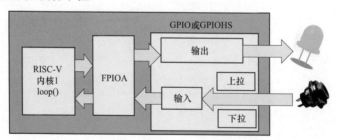

图 2-7  K210 的输入/输出结构

下面是最简单的 K210 输入功能测试程序，该程序实现当第一个输入引脚连接的按钮被按下时 LED2 亮，不按下时 LED2 不亮。K210 按钮输入与 LED 驱动模型如图 2-8 所示，采用 CLed 类驱动 LED，采用 CKey 类提供按钮输入检测功能。

图 2-8  K210 按钮输入与 LED 驱动模型

K210 输入程序代码如下:

```
#include "main.h"
CLed led1(LED1), led2(LED2);
CKey key1(KEY1);
void loop()
{
    sleep(1);
    !led1;
    if(key1.isDown())led2.On();
    else led2.Off();
}
```

## 2.4 外 部 中 断

### 2.4.1 简单的外部中断

什么是中断? 例如正在看书时, 如果有人敲门怎么办? 一般情况下, 大家都会先放下手中的事情, 先去开门, 看看是谁, 处理好这一突发事情之后, 再回过头来继续看书, 如图 2-9 所示。正在看书的人如果遇到有人敲门, 得先去开门, 这就是一种中断。

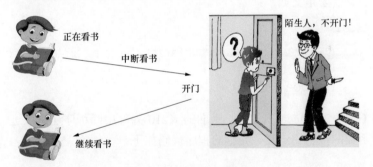

图 2-9　外部中断示意图

K210 的 8 个通用 GPIO 共用一个中断, 而 32 个高速 GPIO (GPIOHS) 都可以作为独立的中断, 所以通常情况下, 首先选择 GPIOHS 作为外部中断, 这样程序比较简单。K210 GPIOHS 中断处理示意图如图 2-10 所示。

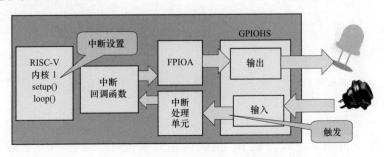

图 2-10　GPIOHS 中断处理示意图

下面是一个简单的外部中断处理，当第一个按钮按下时，产生一个外部中断，外部中断的响应函数被设置为 gpiohs2。GPIOHS 每一个 IO 口都具有独立中断响应，因此本节将采用 GPIOHS 接口来实现 K210 的中断输入处理。简单的外部中断程序如下：

```
#include "main.h"
CLed_hs led1(LED_HS1), led2(LED_HS2);
CExt ext1(EXTI1);
void irq_gpiohs2()
{
    !led2;
}
void setup()
{
    ext1.set_irq(irq_gpiohs2);
}
void loop()
{
    sleep(1);
    !led1;
 }
```

外部中断引脚的宏定义如下：

```
#define EXTI1
26, FUNC_GPIOHS6, FUNC_GPIOHS6-FUNC_GPIOHS0, GPIO_DM_INPUT, GPIO_PE_RISING
```

## 2.4.2  采用 C++ Lambda 表达式

如果采用 C++ Lambda 表达式，上面的 K210 外部中断程序还可以进一步简化，无需独立进行中断函数的声明和定义。完整的程序代码如下：

```
#include "main.h"
CLed_hs led1(LED_HS1), led2(LED_HS2);
void setup()
{
    CExt(EXTI1).set_irq([](){
        !led2;
    });
}
void loop()
{
    sleep(1);
    !led1;
}
```

从上述采用 Lambda 表达式的 K210 外部中断程序实例可以看出，采用 Lambda 表达式之后，程序简洁了很多。Lambda 表达式主要起到的作用是函数速写，允许在代码内嵌入一个函数的定义，让程序更加简洁，写程序的速度也快，免得回到前面去定义新函数。

## 2.5 实现与板无关的程序设计

### 2.5.1 简化 K210 程序

一个良好的单片机程序风格，就要求程序与具体的板和具体的芯片无关。也就是说，单片机程序只要写一次，就可以拿到不同的板和不同的芯片上运行，而不需要修改程序。如何才能做到这一点呢？最关键的是在写单片机程序的时候，不要写实际的端口，而只是写端口映射。

#### 1. 跨越开发板

如何让程序能跨越不同的开发板，甚至不同的微处理器，是单片机工程师们常遇到和常需要思考的问题。例如：在产品升级时变更了主板，甚至采用了另一种类型的微处理器，如何才能快速地实现程序的移植；在学习单片机的过程中，如何才能更快速地适应和使用不同类型的单片机等。

要实现跨越开发板，关键是要做到以下几个方面：

（1）修改的方式最简单；

（2）修改的代码量最少；

（3）修改的位置要相对集中。

例如，可以按如下方法跨越不同的 K210 开发板：

（1）端口映射，把所有与端口相关的映射全部放在 io_map.h 头文件里。

（2）模式设置，把与时钟设置、启动模式设置等都集中在一个函数中实现。

#### 2. 端口映射的方法

端口映射是跨越开发板常用的方法。不同的 K210 开发板，最有可能不同的是端口使用上的不同，解决跨端口的方法大致可分为三种：

（1）写一个函数，在函数中配置端口；

（2）定义全局变量，在变量中定义端口；

（3）写宏定义，在宏定义中定义端口名称。

上述三种方法的特点分析如下：

（1）第一种方法显然达不到要求，因为除了初始化端口之外，在主程序其他地方还需要调用端口，还需要再修改；

（2）第二种方法可以满足只定义一次端口的要求，但定义大量全局变量是个缺点，会占用大量的内存空间，在整个运行过程中不会被释放，并且有些在主程序中根本就没用到的端口也依然会占用着内存空间；

（3）第三种方法显然是最好的，因为只需要定义一次宏定义，端口改变时只需要修改宏定义即可，并且宏定义不是全局变量，不占用内存空间。

### 2.5.2 端口映射

程序中的 LED1、LED12、LED3 如何与 K210 引脚关联起来呢？在编写 K210 程序的过程中，不同用户所使用的系统板也不一样，有时同一用户还会使用不同的系统板，而每块系统板端口的使用一般也不太一样，例如某一系统板 LED1 是连接在 GPIO4 上，而另一块板 LED1 是连接在 GPIO5 上，为了让用户程序更加通用，应该尽可能减少修改用户程序即可移植到其他 K210 系统板上。因此模板项目中采用一个专门的端口映射文件 io_map.h 来配置端口，这样不同的系统板只需要在该文件中修改一下端口映射即可，而不需要修改用户程序代码。

所有的端口映射都放在 io_map.h 头文件里，方便定义与修改，也可以避免宏定义的重复定义。在程序中，所有需要操作 LED 的地方，都只需要使用 LED1、LED2 等这样统一不变的映射名称，而不用去管具体用到了哪个端口的哪个引脚。端口映射内容如下：

```
#if BOARD_KD233//如果是KD233 开发板
#define LED1  24, FUNC_GPIO4, FUNC_GPIO4-FUNC_GPIO0, GPIO_DM_OUTPUT
#define LED2  25, FUNC_GPIO5, FUNC_GPIO5-FUNC_GPIO0, GPIO_DM_OUTPUT
#define KEY1  26, FUNC_GPIO6, FUNC_GPIO6-FUNC_GPIO0, GPIO_DM_INPUT
#endif
#if BOARD_LICHEEDAN//如果是荔枝派开发板
#define LED1  12, FUNC_GPIO4, FUNC_GPIO4-FUNC_GPIO0, GPIO_DM_OUTPUT
#define LED2  13, FUNC_GPIO5, FUNC_GPIO5-FUNC_GPIO0, GPIO_DM_OUTPUT
#define LED3  14, FUNC_GPIO6, FUNC_GPIO6-FUNC_GPIO0, GPIO_DM_OUTPUT
#define KEY1  16, FUNC_GPIO7, FUNC_GPIO7-FUNC_GPIO0, GPIO_DM_INPUT
#endif
```

对于不同的开发板，只要修改上面的端口映射，而无需修改程序中的其他代码。

## 2.6 现场可编程 IO 阵列工作原理

### 2.6.1 FPIOA

K210 现场可编程 IO 阵列（FPIOA）允许用户将 255 个内部功能映射到芯片外围的 48 个自由 IO 上：

（1）支持 IO 的可编程功能选择；

（2）支持 IO 输出的 8 种驱动能力选择；

（3）支持 IO 的内部上拉电阻选择；

（4）支持 IO 的内部下拉电阻选择；

（5）支持 IO 输入的内部施密特触发器设置；

（6）支持 IO 输出的斜率控制；

（7）支持内部输入逻辑的电平设置。

现场可编程 IO 阵列（FPIOA）是 K210 芯片封装的特定引脚。每个 IO 都有一个 32 位宽度的寄存器，该 32 位寄存器的功能如表 2-1 所示，可以独立地实现施密特触发器、反向输入、反向输出、强上拉、驱动选择器、静态输入和静态输出等。此外，它还可以实现任何外围设备的任何端口连接。

**表 2-1**                                    FPIOA 配 置 寄 存 器

| 位 | 名称 | 说　　明 |
|---|---|---|
| 31 | PAD_DI | 读取当前 IO 的数据输入 |
| 30:24 | NA | 保留位 |
| 23 | ST | 施密特触发器方式 |
| 22 | DI_INV | 反向数据输入 |
| 21 | IE_INV | 反向输入启用信号 |
| 20 | IE_EN | 输入使能，可以禁用或启用输入 |
| 19 | SL | 反向速率控制启用 |
| 18 | SPU | 强上拉 |
| 17 | PD | 下拉使能 |
| 16 | PU | 上拉使能 |
| 15 | DO_INV | 反向数据输出选择（DO_SEL）的结果 |
| 14 | DO_SEL | 数据输出选择：0 为 DO，1 为 OE |
| 13 | OE_INV | 反向输出启用信号 |
| 12 | OE_EN | 输出使能。可以禁用或启用 IO 输出 |
| 11:8 | DS | 驱动选择 |
| 7:0 | CH_SEL | 从 256 通道选择输入 |

下拉和上拉位设置通过 fpioa_set_io_pull 函数实现。参数 number 是 IO 口号，参数 pull 设置上拉或者下拉，如表 2-2 所示。该函数的声明如下：

```
int fpioa_set_io_pull (int number, fpioa_pull_t pull)
```

**表 2-2**                              下 拉 和 上 拉 位 设 置

| PU | PD | 描述 |
|---|---|---|
| 0 | 0 | 无下拉和无上拉 |
| 0 | 1 | 下拉 |
| 1 | 0 | 上拉 |
| 1 | 1 | 未定义 |

K210 的 256 个内部功能端口的定义如表 2-3 所示。

**表 2-3**                                256 个 内 部 功 能 定 义

| | | | | | | | |
|---|---|---|---|---|---|---|---|
| 0 | JTAG_TCLK | 6 | SPI0_D2 | 12 | SPI0_SS0 | 18 | UARTHS_RX |
| 1 | JTAG_TDI | 7 | SPI0_D3 | 13 | SPI0_SS1 | 19 | UARTHS_TX |
| 2 | JTAG_TMS | 8 | SPI0_D4 | 14 | SPI0_SS2 | 20 | RESV6 |
| 3 | JTAG_TDO | 9 | SPI0_D5 | 15 | SPI0_SS3 | 21 | RESV7 |
| 4 | SPI0_D0 | 10 | SPI0_D6 | 16 | SPI0_ARB | 22 | CLK_SPI1 |
| 5 | SPI0_D1 | 11 | SPI0_D7 | 17 | SPI0_SCLK | 23 | CLK_I2C1 |

| | | | | | | | |
|---|---|---|---|---|---|---|---|
| 24 | GPIOHS0 | 62 | GPIO6 | 100 | I2S1_WS | 138 | CMOS_D0 |
| 25 | GPIOHS1 | 63 | GPIO7 | 101 | I2S1_IN_D0 | 139 | CMOS_D1 |
| 26 | GPIOHS2 | 64 | UART1_RX | 102 | I2S1_IN_D1 | 140 | CMOS_D2 |
| 27 | GPIOHS3 | 65 | UART1_TX | 103 | I2S1_IN_D2 | 141 | CMOS_D3 |
| 28 | GPIOHS4 | 66 | UART2_RX | 104 | I2S1_IN_D3 | 142 | CMOS_D4 |
| 29 | GPIOHS5 | 67 | UART2_TX | 105 | I2S1_OUT_D0 | 143 | CMOS_D5 |
| 30 | GPIOHS6 | 68 | UART3_RX | 106 | I2S1_OUT_D1 | 144 | CMOS_D6 |
| 31 | GPIOHS7 | 69 | UART3_TX | 107 | I2S1_OUT_D2 | 145 | CMOS_D7 |
| 32 | GPIOHS8 | 70 | SPI1_D0 | 108 | I2S1_OUT_D3 | 146 | SCCB_SCLK |
| 33 | GPIOHS9 | 71 | SPI1_D1 | 109 | I2S2_MCLK | 147 | SCCB_SDA |
| 34 | GPIOHS10 | 72 | SPI1_D2 | 110 | I2S2_SCLK | 148 | UART1_CTS |
| 35 | GPIOHS11 | 73 | SPI1_D3 | 111 | I2S2_WS | 149 | UART1_DSR |
| 36 | GPIOHS12 | 74 | SPI1_D4 | 112 | I2S2_IN_D0 | 150 | UART1_DCD |
| 37 | GPIOHS13 | 75 | SPI1_D5 | 113 | I2S2_IN_D1 | 151 | UART1_RI |
| 38 | GPIOHS14 | 76 | SPI1_D6 | 114 | I2S2_IN_D2 | 152 | UART1_SIR_IN |
| 39 | GPIOHS15 | 77 | SPI1_D7 | 115 | I2S2_IN_D3 | 153 | UART1_DTR |
| 40 | GPIOHS16 | 78 | SPI1_SS0 | 116 | I2S2_OUT_D0 | 154 | UART1_RTS |
| 41 | GPIOHS17 | 79 | SPI1_SS1 | 117 | I2S2_OUT_D1 | 155 | UART1_OUT2 |
| 42 | GPIOHS18 | 80 | SPI1_SS2 | 118 | I2S2_OUT_D2 | 156 | UART1_OUT1 |
| 43 | GPIOHS19 | 81 | SPI1_SS3 | 119 | I2S2_OUT_D3 | 157 | UART1_SIR_OUT |
| 44 | GPIOHS20 | 82 | SPI1_ARB | 120 | RESV0 | 158 | UART1_BAUD |
| 45 | GPIOHS21 | 83 | SPI1_SCLK | 121 | RESV1 | 159 | UART1_RE |
| 46 | GPIOHS22 | 84 | SPI_SLAVE_D0 | 122 | RESV2 | 160 | UART1_DE |
| 47 | GPIOHS23 | 85 | SPI_SLAVE_SS | 123 | RESV3 | 161 | UART1_RS485_EN |
| 48 | GPIOHS24 | 86 | SPI_SLAVE_SCLK | 124 | RESV4 | 162 | UART2_CTS |
| 49 | GPIOHS25 | 87 | I2S0_MCLK | 125 | RESV5 | 163 | UART2_DSR |
| 50 | GPIOHS26 | 88 | I2S0_SCLK | 126 | I2C0_SCLK | 164 | UART2_DCD |
| 51 | GPIOHS27 | 89 | I2S0_WS | 127 | I2C0_SDA | 165 | UART2_RI |
| 52 | GPIOHS28 | 90 | I2S0_IN_D0 | 128 | I2C1_SCLK | 166 | UART2_SIR_IN |
| 53 | GPIOHS29 | 91 | I2S0_IN_D1 | 129 | I2C1_SDA | 167 | UART2_DTR |
| 54 | GPIOHS30 | 92 | I2S0_IN_D2 | 130 | I2C2_SCLK | 168 | UART2_RTS |
| 55 | GPIOHS31 | 93 | I2S0_IN_D3 | 131 | I2C2_SDA | 169 | UART2_OUT2 |
| 56 | GPIO0 | 94 | I2S0_OUT_D0 | 132 | CMOS_XCLK | 170 | UART2_OUT1 |
| 57 | GPIO1 | 95 | I2S0_OUT_D1 | 133 | CMOS_RST | 171 | UART2_SIR_OUT |
| 58 | GPIO2 | 96 | I2S0_OUT_D2 | 134 | CMOS_PWDN | 172 | UART2_BAUD |
| 59 | GPIO3 | 97 | I2S0_OUT_D3 | 135 | CMOS_VSYNC | 173 | UART2_RE |
| 60 | GPIO4 | 98 | I2S1_MCLK | 136 | CMOS_HREF | 174 | UART2_DE |
| 61 | GPIO5 | 99 | I2S1_SCLK | 137 | CMOS_PCLK | 175 | UART2_RS485_EN |

续表

| 176 | UART3_CTS | 196 | TIMER1_TOGGLE3 | 216 | INTERNAL12 | 236 | DEBUG12 |
|---|---|---|---|---|---|---|---|
| 177 | UART3_DSR | 197 | TIMER1_TOGGLE4 | 217 | INTERNAL13 | 237 | DEBUG13 |
| 178 | UART3_DCD | 198 | TIMER2_TOGGLE1 | 218 | INTERNAL14 | 238 | DEBUG14 |
| 179 | UART3_RI | 199 | TIMER2_TOGGLE2 | 219 | INTERNAL15 | 239 | DEBUG15 |
| 180 | UART3_SIR_IN | 200 | TIMER2_TOGGLE3 | 220 | INTERNAL16 | 240 | DEBUG16 |
| 181 | UART3_DTR | 201 | TIMER2_TOGGLE4 | 221 | INTERNAL17 | 241 | DEBUG17 |
| 182 | UART3_RTS | 202 | CLK_SPI2 | 222 | CONSTANT | 242 | DEBUG18 |
| 183 | UART3_OUT2 | 203 | CLK_I2C2 | 223 | INTERNAL18 | 243 | DEBUG19 |
| 184 | UART3_OUT1 | 204 | INTERNAL0 | 224 | DEBUG0 | 244 | DEBUG20 |
| 185 | UART3_SIR_OUT | 205 | INTERNAL1 | 225 | DEBUG1 | 245 | DEBUG21 |
| 186 | UART3_BAUD | 206 | INTERNAL2 | 226 | DEBUG2 | 246 | DEBUG22 |
| 187 | UART3_RE | 207 | INTERNAL3 | 227 | DEBUG3 | 247 | DEBUG23 |
| 188 | UART3_DE | 208 | INTERNAL4 | 228 | DEBUG4 | 248 | DEBUG24 |
| 189 | UART3_RS485_EN | 209 | INTERNAL5 | 229 | DEBUG5 | 249 | DEBUG25 |
| 190 | TIMER0_TOGGLE1 | 210 | INTERNAL6 | 230 | DEBUG6 | 250 | DEBUG26 |
| 191 | TIMER0_TOGGLE2 | 211 | INTERNAL7 | 231 | DEBUG7 | 251 | DEBUG27 |
| 192 | TIMER0_TOGGLE3 | 212 | INTERNAL8 | 232 | DEBUG8 | 252 | DEBUG28 |
| 193 | TIMER0_TOGGLE4 | 213 | INTERNAL9 | 233 | DEBUG9 | 253 | DEBUG29 |
| 194 | TIMER1_TOGGLE1 | 214 | INTERNAL10 | 234 | DEBUG10 | 254 | DEBUG30 |
| 195 | TIMER1_TOGGLE2 | 215 | INTERNAL11 | 235 | DEBUG11 | 255 | DEBUG31 |

GPIO 配置过程如图 2-11 所示。

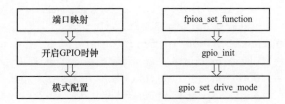

图 2-11　GPIO 配置过程

fpioa_set_function 函数主要实现 255 个芯片内部功能端口到 48 个芯片输入/输出端口引脚的映射，用法如下：

```
fpioa_set_function(24, FUNC_GPIO3);
```

在 fpioa_set_function 函数中，首先判断该内容功能端口是否已经被映射过，如果是被映射过，则把原来映射过的设置成保留状态 FUNC_RESV0，然后再调用 fpioa_set_function_raw 函数重新映射。fpioa_set_function 函数的实现代码如下：

```
int fpioa_set_function(int number, fpioa_function_t function)
{
    uint8_t index = 0;
```

```
    /*检查参数*/
    if(number<0||number>=FPIOA_NUM_IO||function<0||function>=FUNC_MAX)
        return -1;
    if (function == FUNC_RESV0)
    {
        fpioa_set_function_raw(number, FUNC_RESV0);
        return 0;
    }
    /*比较所有 IO */
    for (index = 0; index < FPIOA_NUM_IO; index++)
    {
        if ((fpioa->io[index].ch_sel == function) && (index != number))
            fpioa_set_function_raw(index, FUNC_RESV0);
    }
    fpioa_set_function_raw(number, function);
    return 0;
}
```

fpioa_set_function_raw 函数定义如下:

```
int fpioa_set_function_raw(int number, fpioa_function_t function)
{
    /* 参数测试 */
    if(number<0||number>=FPIOA_NUM_IO||function<0||function>=FUNC_MAX)
        return -1;
    /*原子写入寄存器(位写入)*/
    fpioa->io[number] =(const fpioa_io_config_t)
    {
        .ch_sel = function_config[function].ch_sel,
        .ds    = function_config[function].ds,
        .oe_en = function_config[function].oe_en,
        .oe_inv = function_config[function].oe_inv,
        .do_sel = function_config[function].do_sel,
        .do_inv = function_config[function].do_inv,
        .pu    = function_config[function].pu,
        .pd    = function_config[function].pd,
        .sl    = function_config[function].sl,
        .ie_en = function_config[function].ie_en,
        .ie_inv = function_config[function].ie_inv,
        .di_inv = function_config[function].di_inv,
        .st    = function_config[function].st,
        /* resv 和 pad_di 不需要初始化*/
    };
    return 0;
}
```

FPIOA 操作类 CGpio 定义如下:

```
class CGpio
```

```
{
  public:
    int io=0;
    int func_n=0;
    int func_m=0;
    int mode=GPIO_DM_OUTPUT;
CGpio(int i=24, int n=FUNC_GPIO3, int m=FUNC_GPIO3-FUNC_GPIO0,
int mo=GPIO_DM_OUTPUT):io(i), func_n(n), func_m(m), mode(mo)
    {
        fpioa_set_function(io, fpioa_function_t(func_n));
        gpio_init();
        gpio_set_drive_mode(func_m, gpio_drive_mode_t(mode));
    }
    virtual void setBit(bool BitVal)
    {
        gpio_set_pin(func_m, gpio_pin_value_t(BitVal));
    }
    virtual bool getBit()
    {
        return int(gpio_get_pin(func_m));
    }
};
```

### 2.6.2　通用 GPIO

　　K210 的通用 GPIO 结构比较简单，也特别容易使用，只要简单的设置就可以用于 K210 的输入或者输出。通用 GPIO 是 8 个 IO 共用一个中断源，所以作为外部输入中断不太方便，如果需要外部中断功能，可以先考虑采用高速 IO 口。通用 GPIO 共 8 个，具有如下特点：

　　（1）8 个 IO 使用一个中断源；

　　（2）可配置输入/输出信号；

　　（3）可配置触发 IO 总中断、边沿触发和电平触发；

　　（4）每个 IO 可以分配到 FPIOA 上的 48 个引脚之一；

　　（5）可配置上下拉或者高阻。

**1. gpio_init 函数**

gpio_init 函数的功能就是开启 GPIO 时钟，程序如下：

```
int gpio_init(void)
{
    return sysctl_clock_enable(SYSCTL_CLOCK_GPIO);
}
```

**2. gpio_set_drive_mode 函数**

gpio_set_drive_mode 函数用于设置 IO 口工作模式，支持的模式有 GPIO_DM_INPUT、GPIO_DM_INPUT_PULL_DOWN、GPIO_DM_INPUT_PULL_UP、GPIO_DM_OUTPUT，用法如下：

```
gpio_set_drive_mode(3, GPIO_DM_OUTPUT);
```

gpio_set_drive_mode 函数的实现方法如下：

```
void gpio_set_drive_mode(uint8_t pin, gpio_drive_mode_t mode)
{
    configASSERT(pin < GPIO_MAX_PINNO);
    int io_number = fpioa_get_io_by_function(FUNC_GPIO0 + pin);
    configASSERT(io_number > 0);
    fpioa_pull_t pull;
    uint32_t dir;
    switch (mode)
    {
    case GPIO_DM_INPUT:
        pull = FPIOA_PULL_NONE;
        dir = 0;
        break;
    case GPIO_DM_INPUT_PULL_DOWN:
        pull = FPIOA_PULL_DOWN;
        dir = 0;
        break;
    case GPIO_DM_INPUT_PULL_UP:
        pull = FPIOA_PULL_UP;
        dir = 0;
        break;
    case GPIO_DM_OUTPUT:
        pull = FPIOA_PULL_DOWN;
        dir = 1;
        break;
    default:
        configASSERT(!"GPIO drive mode is not supported.") break;
    }
    fpioa_set_io_pull(io_number, pull);
    set_gpio_bit(gpio->direction.u32, pin, dir);
}
```

3. gpio_set_pin 函数

gpio_set_pin 函数用于设置某个 IO 口输出高电平或者低电平，设置参数可以选择
GPIO_PV_LOW、GPIO_PV_HIGH，或者是用 1 或 0，则需要采用 gpio_pin_value_t 进行强制
类型转换。用法如下：

```
gpio_set_pin(3, gpio_pin_value_t(1));
```

gpio_set_pin 函数的实现方法如下：

```
void gpio_set_pin(uint8_t pin, gpio_pin_value_t value)
{
    configASSERT(pin < GPIO_MAX_PINNO);
    uint32_t dir = get_gpio_bit(gpio->direction.u32, pin);
```

```
        volatile uint32_t *reg = dir ? gpio->data_output.u32:gpio->data_input.u32;
        configASSERT(dir == 1);
        set_gpio_bit(reg, pin, value);
}
```

通用 GPIO 操作类 CGpio 定义如下：

```
class CLed:public CGpio
{
    public:
        CLed(int i=24, int n=FUNC_GPIO3, int m=FUNC_GPIO3-FUNC_GPIO0,
int mo=GPIO_DM_OUTPUT)
        :CGpio(i, n, m, mo)
        {
        }

        void On(){setBit(1);}
        void Off(){setBit(0);}
        bool isOn(){return bool(getBit());}

        int get()
        {
            return int(gpio_get_pin(func_m));
        }

        CLed& operator !()
        {
            isOn()?Off():On();
            return *this;
        }

        CLed& operator =(int a)
        {
            (a)?On():Off();
            return *this;
        }
        CLed& operator =(CLed& a)
        {
            a.isOn()?On():Off();
            return *this;
        }

        //对象==对象
        bool operator==(CLed &t1){
            return (isOn()== (t1.isOn()));
        }
        //对象==int
        bool operator==(bool t1){
```

```
            return (isOn() == t1);
        }
        void flashing(int d)
        {
            isOn()?Off():On();
            delay(d);
        }
    };
```

### 2.6.3 高速 GPIO

在 K210 里，高速 GPIO 也叫 GPIOHS，共 32 个。GPIOHS 控制器是一个具有映射功能的外围设备，可以通过配置来映射到 48 个连接外部的 IO 口，GPIOHS 控制器负责设备上 GPIO 的低级配置（方向、上下拉启用和驱动值等），以及这些信号源之间的各种选择和控制。GPIO 控制器允许单独配置各个 GPIO 位，一旦中断被挂起，它将保持设置，直到在该位将 1 写入到*IP 寄存器。高速 GPIO 具有如下特点：

（1）可配置输入/输出信号；

（2）每个 IO 具有独立中断源；

（3）中断支持边沿触发和电平触发；

（4）每个 IO 可以分配到 FPIOA 上的 48 个引脚之一；

（5）可配置上下拉或者高阻。

高速 GPIO 类代码如下：

```
class CLed_hs:public Cgpio_hs
{
    public:
        CLed_hs(int i=24, int n=FUNC_GPIOHS3,
int m=FUNC_GPIOHS3-FUNC_GPIOHS0, int mo=GPIO_DM_OUTPUT)
        :Cgpio_hs(i, n, m, mo) {}

        void On(){setBit(1);}
        void Off(){setBit(0);}
        bool isOn(){return bool(getBit());}
        int get()
        {
            return int(gpiohs_get_pin(func_m));
        }
        CLed_hs& operator !()
        {
            isOn()?Off():On();
            return *this;
        }

        CLed_hs& operator =(int a)
        {
```

```
        (a)?On():Off();
        return *this;
    }
    CLed_hs& operator ＝(CLed_hs& a)
    {
        a.isOn()?On():Off();
        return *this;
    }
    //对象＝＝对象
    bool operator＝＝(CLed_hs &t1){
        return (isOn()＝＝ (t1.isOn()));
    }
    //对象＝＝int
    bool operator＝＝(bool t1){
        return (isOn() == t1);
    }
    void flashing(int d)
    {
        isOn()?Off():On();
        delay(d);
    }
};
class CKey_hs:public Cgpio_hs
{
    public:
        CKey_hs(int i＝26, int n＝FUNC_GPIOHS6,
int m＝FUNC_GPIOHS6-FUNC_GPIOHS0, int mo＝GPIO_DM_INPUT)
        :Cgpio_hs(i, n, m, mo)
        {
        }
        bool isUp(){return bool(getBit());}
        bool isDown(){return bool(getBit());}
};
```

## 2.7  输入与中断工作原理

### 2.7.1  K210 输入功能的实现

**1. K210 输入操作类 CKey**

K210 输入操作类 CKey 代码如下：

```
class CKey:public CGpio
{
    public:
        CKey(int i＝26, int n＝FUNC_GPIO6, int m＝FUNC_GPIO6-FUNC_GPIO0,
```

```
            int mo＝GPIO_DM_INPUT):CGpio(i, n, m, mo)
            {
            }
            bool isUp(){return bool(getBit());}
            bool isDown(){return bool(getBit());}
    };
```

2. 输入模式

输入模式类型为 _gpio_drive_mode，主要有 GPIO_DM_INPUT、GPIO_DM_INPUT_
PULL_DOWN、GPIO_DM_INPUT_PULL_UP 三种，_gpio_drive_mode 类型的定义如下：

```
typedef enum _gpio_drive_mode
{
    GPIO_DM_INPUT,
    GPIO_DM_INPUT_PULL_DOWN,
    GPIO_DM_INPUT_PULL_UP,
    GPIO_DM_OUTPUT,
} gpio_drive_mode_t;
```

### 2.7.2　外部中断的基本原理

1. 外部中断操作类 CExt

外部中断操作类 CExt 代码如下：

```
//typedef void (*Callback)(void*);
class CExt:public Cgpio_hs
{
     int edge;
    public:
        CExt(int i＝26, int n＝FUNC_GPIOHS6, int m＝FUNC_GPIOHS6-FUNC_GPIOHS0,
int mo＝GPIO_DM_INPUT, int e＝GPIO_PE_RISING)
        :Cgpio_hs(i, n, m, mo), edge(e)
        {
            gpiohs_set_pin_edge(func_m, gpio_pin_edge_t(edge));
        }
        void set_irq(void (*func)())
        {
            gpiohs_set_irq(func_m, 1, func);
            sysctl_enable_irq();
        }
};
```

2. 触发类型

外部中断的触发类型定义如下：

```
typedef enum _gpio_pin_edge
{
    GPIO_PE_NONE,
    GPIO_PE_FALLING,
```

```
    GPIO_PE_RISING,
    GPIO_PE_BOTH
} gpio_pin_edge_t;
```

3. 中断设置

对于 GPIO 中断，通过 gpiohs_set_irq 设置端口、优先级和注册中断响应函数，最后全能中断，开启中断。代码如下：

```
void gpiohs_set_irq(uint8_t pin, uint32_t priority, void (*func)())
{
    pin_context[pin].pin = pin;
    pin_context[pin].callback = func;

    plic_set_priority(IRQN_GPIOHS0_INTERRUPT + pin, priority);
    plic_irq_register(IRQN_GPIOHS0_INTERRUPT + pin,
gpiohs_pin_onchange_isr, &(pin_context[pin]));
    plic_irq_enable(IRQN_GPIOHS0_INTERRUPT + pin);
}
```

中断响应函数的注册通过 plic_irq_register 来设置，把回调函数写入 plic_instance 中断数组之中：

```
void plic_irq_register(plic_irq_t irq, plic_irq_callback_t callback, void
*ctx)
{
    /*读取内核 ID */
    unsigned long core_id = current_coreid();
    /*设置用户回调函数*/
    plic_instance[core_id][irq].callback = callback;
    /*分配用户上下文*/
    plic_instance[core_id][irq].ctx = ctx;
}
```

如果需要取消中断，则调用 plic_irq_deregister 函数：

```
void plic_irq_deregister(plic_irq_t irq)
{
    /*只需将空值分配给用户回调函数和上下文*/
    plic_irq_register(irq, NULL, NULL);
}
```

系统总的外部中断的响应函数是 handle_irq_m_ext，在该函数之中，获取当前内核 ID（core_id），获取当前 IRQ 数字（int_num），然后执行前面注册的中断响应函数：

```
if (plic_instance[core_id][int_num].callback)
        plic_instance[core_id][int_num].callback(
            plic_instance[core_id][int_num].ctx);
```

在目标请求最高优先级的挂起中断并清除相应的 IP 位之后，其他较低优先级的挂起中断可能对目标可见，因此在请求之后 PLIC EIP 位可能不会被清除。中断处理程序可以在退出处理程序之前检查本地 meip/heip/seip/ueip 位，以允许更高效地服务其他中断，而不必首先恢复中断上下文并采取另一个中断异常。

系统总外部中断的响应函数 handle_irq_m_ext 是在 handle_irq 函数之中进行注册，同时也在 handle_irq 函数进行软件中断、时钟中断的注册。handle_irq 函数定义如下：

```
uintptr_t __attribute__((weak))
handle_irq(uintptr_t cause, uintptr_t epc, uintptr_t regs[32], uintptr_t
fregs[32])
{
#if defined(__GNUC__)
#pragma GCC diagnostic ignored "-Woverride-init"
#endif
    /* Clang 格式关闭*/
    static uintptr_t (* const irq_table[])(
        uintptr_t cause,
        uintptr_t epc,
        uintptr_t regs[32],
        uintptr_t fregs[32]) =
    {
        [0...14]    = handle_irq_dummy,
        [IRQ_M_SOFT]  = handle_irq_m_soft,
        [IRQ_M_TIMER] = handle_irq_m_timer,
        [IRQ_M_EXT]   = handle_irq_m_ext,
    };
    /* Clang 格式*/
#if defined(__GNUC__)
#pragma GCC diagnostic warning "-Woverride-init"
#endif
    return irq_table[cause & CAUSE_MACHINE_IRQ_REASON_MASK](cause, epc, regs,
fregs);
}
```

在启动的时候配置中断向量表，配置方法在文件 crt.S 之中定义，调用 handle_irq 读取中断向量，然后跳转到 restore 保存中断向量表。handle_irq 程序块定义如下：

```
handle_irq:
  jal handle_irq
  j .restore
```

4. K210 外部中断类型

K210 外部中断包括 64 个外部中断，中断类型如表 2-4 所示。

表 2-4　　　　　　　　　　　　　K210 外部中断类型

| 序号 | 中　断　名 | 说　明 |
|---|---|---|
| 0 | IRQN_NO_INTERRUPT | 不存在的中断 |
| 1 | IRQN_SPI0_INTERRUPT | SPI0 中断 |
| 2 | IRQN_SPI1_INTERRUPT | SPI1 中断 |

| 序号 | 中 断 名 | 说 明 |
|---|---|---|
| 3 | IRQN_SPI_SLAVE_INTERRUPT | SPI_SLAVE 中断 |
| 4 | IRQN_SPI3_INTERRUPT | SPI3 中断 |
| 5 | IRQN_I2S0_INTERRUPT | I2S0 中断 |
| 6 | IRQN_I2S1_INTERRUPT | I2S1 中断 |
| 7 | IRQN_I2S2_INTERRUPT | I2S2 中断 |
| 8 | IRQN_I2C0_INTERRUPT | I2C0 中断 |
| 9 | IRQN_I2C1_INTERRUPT | I2C1 中断 |
| 10 | IRQN_I2C2_INTERRUPT | I2C2 中断 |
| 11 | IRQN_UART1_INTERRUPT | UART1 中断 |
| 12 | IRQN_UART2_INTERRUPT | UART2 中断 |
| 13 | IRQN_UART3_INTERRUPT | UART3 中断 |
| 14 | IRQN_TIMER0A_INTERRUPT | 定时器 0 通道 0 或者 1 中断 |
| 15 | IRQN_TIMER0B_INTERRUPT | 定时器 0 通道 2 或者 3 中断 |
| 16 | IRQN_TIMER1A_INTERRUPT | 定时器 1 通道 0 或者 1 中断 |
| 17 | IRQN_TIMER1B_INTERRUPT | 定时器 1 通道 2 或者 3 中断 |
| 18 | IRQN_TIMER2A_INTERRUPT | 定时器 2 通道 0 或者 1 中断 |
| 19 | IRQN_TIMER2B_INTERRUPT | 定时器 2 通道 2 或者 3 中断 |
| 20 | IRQN_RTC_INTERRUPT | RTC 滴答报警器中断 |
| 21 | IRQN_WDT0_INTERRUPT | 看门狗定时器 0 中断 |
| 22 | IRQN_WDT1_INTERRUPT | 看门狗定时器 1 中断 |
| 23 | IRQN_APB_GPIO_INTERRUPT | APB GPIO 中断 |
| 24 | IRQN_DVP_INTERRUPT | 数字视频端口中断 |
| 25 | IRQN_AI_INTERRUPT | AI 加速器中断 |
| 26 | IRQN_FFT_INTERRUPT | FFT 加速器中断 |
| 27 | IRQN_DMA0_INTERRUPT | DMA 通道 0 中断 |
| 28 | IRQN_DMA1_INTERRUPT | DMA 通道 1 中断 |
| 29 | IRQN_DMA2_INTERRUPT | DMA 通道 2 中断 |
| 30 | IRQN_DMA3_INTERRUPT | DMA 通道 3 中断 |
| 31 | IRQN_DMA4_INTERRUPT | DMA 通道 4 中断 |
| 32 | IRQN_DMA5_INTERRUPT | DMA 通道 5 中断 |
| 33 | IRQN_UARTHS_INTERRUPT | 高速 UART0 中断 |
| 34 | IRQN_GPIOHS0_INTERRUPT | 高速 GPIO0 中断 |
| 35 | IRQN_GPIOHS1_INTERRUPT | 高速 GPIO1 中断 |
| 36 | IRQN_GPIOHS2_INTERRUPT | 高速 GPIO2 中断 |

| 序号 | 中　断　名 | 说　明 |
|---|---|---|
| 37 | IRQN_GPIOHS3_INTERRUPT | 高速 GPIO3 中断 |
| 38 | IRQN_GPIOHS4_INTERRUPT | 高速 GPIO4 中断 |
| 39 | IRQN_GPIOHS5_INTERRUPT | 高速 GPIO5 中断 |
| 40 | IRQN_GPIOHS6_INTERRUPT | 高速 GPIO6 中断 |
| 41 | IRQN_GPIOHS7_INTERRUPT | 高速 GPIO7 中断 |
| 42 | IRQN_GPIOHS8_INTERRUPT | 高速 GPIO8 中断 |
| 43 | IRQN_GPIOHS9_INTERRUPT | 高速 GPIO9 中断 |
| 44 | IRQN_GPIOHS10_INTERRUPT | 高速 GPIO10 中断 |
| 45 | IRQN_GPIOHS11_INTERRUPT | 高速 GPIO11 中断 |
| 46 | IRQN_GPIOHS12_INTERRUPT | 高速 GPIO12 中断 |
| 47 | IRQN_GPIOHS13_INTERRUPT | 高速 GPIO13 中断 |
| 48 | IRQN_GPIOHS14_INTERRUPT | 高速 GPIO14 中断 |
| 49 | IRQN_GPIOHS15_INTERRUPT | 高速 GPIO15 中断 |
| 50 | IRQN_GPIOHS16_INTERRUPT | 高速 GPIO16 中断 |
| 51 | IRQN_GPIOHS17_INTERRUPT | 高速 GPIO17 中断 |
| 52 | IRQN_GPIOHS18_INTERRUPT | 高速 GPIO18 中断 |
| 53 | IRQN_GPIOHS19_INTERRUPT | 高速 GPIO19 中断 |
| 54 | IRQN_GPIOHS20_INTERRUPT | 高速 GPIO20 中断 |
| 55 | IRQN_GPIOHS21_INTERRUPT | 高速 GPIO21 中断 |
| 56 | IRQN_GPIOHS22_INTERRUPT | 高速 GPIO22 中断 |
| 57 | IRQN_GPIOHS23_INTERRUPT | 高速 GPIO23 中断 |
| 58 | IRQN_GPIOHS24_INTERRUPT | 高速 GPIO24 中断 |
| 59 | IRQN_GPIOHS25_INTERRUPT | 高速 GPIO25 中断 |
| 60 | IRQN_GPIOHS26_INTERRUPT | 高速 GPIO26 中断 |
| 61 | IRQN_GPIOHS27_INTERRUPT | 高速 GPIO27 中断 |
| 62 | IRQN_GPIOHS28_INTERRUPT | 高速 GPIO28 中断 |
| 63 | IRQN_GPIOHS29_INTERRUPT | 高速 GPIO29 中断 |
| 64 | IRQN_GPIOHS30_INTERRUPT | 高速 GPIO30 中断 |
| 65 | IRQN_GPIOHS31_INTERRUPT | 高速 GPIO31 中断 |

### 2.7.3　C++ Lambda 表达式工作原理

上述 K210 外部中断处理程序采用 Lambda 表达式之后会简洁很多。那么，什么是 Lambda 表达式呢？

Lambda 表达式是 C++11 中引入的一项新技术，利用 Lambda 表达式可以编写内嵌的匿名函数，用以替换独立函数或者函数对象，并且使代码更可读。但是从本质上来讲，Lambda

表达式只是一种语法糖，因为所有其能完成的工作都可以用其他稍微复杂的代码来实现。但是它简便的语法却给C++带来了深远的影响。从广义上说，Lambda 表达式产生的是函数对象。Lambda 表达式的语法定义如下：

```
[capture] (parameters) mutable ->return-type {statement};
```

捕获子句指定了哪些变量可以被捕获以及捕获的形式（值还是引用），捕获的是 Lambda 表达式所在的封闭作用域。如果［］里为空，表示任何变量都不会传递给 Lambda 表达式。［＝］表示默认按值传递，［&］表示默认按引用传递。［var］：var 是变量名，前面可以添加&前缀，表示 var 变量按引用传递。

（1）［capture］：捕捉列表。捕捉列表总是出现在 Lambda 函数的开始处。实质上，［］是 Lambda 引出符（即独特的标志符）。编译器根据该引出符判断接下来的代码是否是 Lambda 函数。捕捉列表能够捕捉上下文中的变量以供 Lambda 函数使用。捕捉列表由一个或多个捕捉项组成，并以逗号分隔，捕捉列表一般有以下几种形式：

1）［var］表示值传递方式捕捉变量 var。

2）［＝］表示值传递方式捕捉所有父作用域的变量（包括 this 指针）。父作用域是指包含 Lambda 函数的语句块。

3）［&var］表示引用传递捕捉变量 var。

4）［&］表示引用传递捕捉所有父作用域的变量（包括 this 指针）。

5）［this］表示值传递方式捕捉当前的 this 指针。

6）［＝，&a，&b］表示以引用传递的方式捕捉变量 a 和 b，而以值传递方式捕捉其他所有的变量。

7）［&，a，this］表示以值传递的方式捕捉 a 和 this，而以引用传递方式捕捉其他所有变量。

例如：

```
[&total, factor]//total 按引用传进来, factor 则是按值传递
[&, factor]       //默认引用
[=, &total]       //默认传值
[=, total]        //出错, 原因:重复。默认按值, total 也是按值, 此时可以将 total 省略掉
[=, this]         //同样的原因出错, 有人可能会认为 this 是指针。但要记住指针和引用不同,
```
指针本身同样是按值传递的。

C++14 标准中还允许在捕获子句中创建并初始化新的变量，如：

```
pNums = make_unique<vector<int>>(nums);
auto a = [ptr = move(pNums)]()
{
    //use ptr
};
```

（2）（parameters）：参数列表。与普通函数的参数列表一致。如果不需要参数传递，则可以连同括号（）一起省略。

（3）mutable：mutable 修饰符。默认情况下，Lambda 函数总是一个 const 函数，mutable 可以取消其常量性，在使用该修饰符时，参数列表不可省略（即使参数为空）。

（4）->return-type：返回类型。用追踪返回类型形式声明函数的返回类型。出于方便，不需要返回值的时候也可以连同符号->一起省略。此外，在返回类型明确的情况下，也可以省略该部分，让编译器对返回类型进行推导。接收输入参数，如果参数类型是通用的，可以选择 auto 关键词作为参数类型（模版）。例如：

```
auto y = [] (auto first, auto second) {
    return first + second;
};
```

（5）{statement}：函数体。内容与普通函数一样，不过除了可以使用参数之外，还可以使用所有捕获的变量。

在 Lambda 函数的定义中，参数列表和返回类型都是可选的部分，而捕捉列表和函数体都可能为空。那么，在极端情况下，C++11 中最为简单的 Lambda 函数只需要声明为：

```
    [] {};
```

例如：

```
[](int x){my_Delay=my_Delay<<1;delay(1000);}.
```

下面是一个完整的 Lambda 程序，代码如下：

```
int main()
{
    int m = 0;
    int n = 0;
    [&, n] (int a) mutable { m =++n + a; } (4);
    cout << m << endl <<n <<endl;
}
```

上面的程序运行后输出结果如下：

```
5
0
```

## 2.8  K210 与 STM32F103\STM32F746 简单比较

下面将对 K210 与 STM32F103\STM32F746 的运算速度进行一个简单的比较，比较并不严格，只是让三者都驱动 LED 灯闪烁，然后肉眼观察，让闪烁速度基本上一致，再比较它们程序中 for 循环的次数。

1. K210 程序

在 Obtian_Studio 中创建一个新的项目，采用"\K210 项目\LED 模板"创建一个新项目，也可以采用本章已经创建好的项目"K210_LED"来进行修改。主程序 main.cpp 代码如下：

```
#include "main.h"
int main()
{
    CLed led1(LED1);
    volatile long I=0x5ffff*60;//K210
```

```
    while(1) !led1;
}
```

2. STM32F103 程序

在 Obtian_Studio 中创建一个新的项目，采用"\STM32 项目\STM32F103ZET6 项目\STM32F103ZET6_OS 模板" 创建一个新项目，主程序 main.cpp 代码如下：

```
#include "main.h"
int main()
{
    CLed led1(LED1);
    volatile long I＝0x5ffff*8;//STM32F103
    while(1) !led1;
}
```

3. STM32F746 程序

在 Obtian_Studio 中创建一个新的项目，采用 "\STM32 项目\STM32F7 项目\STM32F7_ADC 模板" 创建一个新项目，主程序 main.cpp 代码如下：

```
#include "main.h"
int main()
{
    CLed led1(LED1);
    volatile long I＝0x5ffff*60; // STM32F746
    while(1) !led1;
}
```

编译上述三个项目，然后把 K210 开发板、STM32F103 开发板、STM32F746 开发板都上电，并且把三个程序分别下载到对应的开发板上，如图 2-12 所示。最后三块开发板都重新复位，然后肉眼观察三块开发板上的 LED1 闪烁速度，可以发现闪烁速度基本上一致。

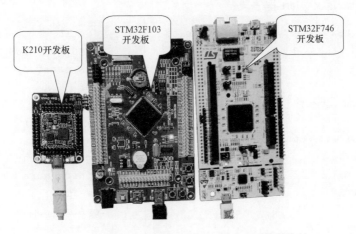

图 2-12　K210 与 STM32F103\STM32F746 简单比较

从上述简单测试可以看出，对于执行 for 循环，K210 单核的速度与 STM32F746 相当，是 STM32F103 的 7～8 倍左右。由于 K210 内部有两个 CPU 内核，所以两个核心同时工作时，性能差不多是单核的翻倍。但需要注意的是，并不是绝对的翻倍，因为有一些程序需要两个核分时共用这部分资源，就存在等待的过程。

## 2.9　K210 启动原理

1. kendryte.ld 文件

ENTRY 令指定入口点（即执行的第一条指令），即指定程序的入口地址。在该脚本文件kendryte.ld 中定义：

```
ENTRY(_start)
```

符号起始是在 CRT.S 中定义。text 最开始保存.text.start 程序，接着保存 unlikely 和 startup数据，然后就到用户程序保存位置.text.*了。

```
SECTIONS
{
  .text:/*程序代码段，也称为文本段*/
  {
    PROVIDE( _text = ABSOLUTE(.) );
    KEEP( *(.text.start) ) /*初始化代码段*/
    *(.text.unlikely .text.unlikely.*)
    *(.text.startup .text.startup.*)
    *(.text .text.*) /*普通代码段*/
    *(.gnu.linkonce.t.*)
    . = ALIGN(8);
    PROVIDE( _etext = ABSOLUTE(.) );
  } >ram AT>ram :ram_ro
```

2. CRT.S 文件

在 CRT.S 中，定义_start 程序段：

```
.section .text.start, "ax", @progbits        li  x31, 0
.globl _start                                 li t0, MSTATUS_FS
_start:                                       csrs mstatus, t0
  j 1f                                        fssr   x0
  .word 0xdeadbeef                            fmv.d.x f0, x0
  .align 3                                    (部分代码省略)
  .global g_wake_up                           fmv.d.x f31, x0
  g_wake_up:                                  .option push
      .dword 1                                .option norelax
      .dword 0                                 la gp, __global_pointer$
1:                                            .option pop
  csrw mideleg, 0                             la tp, _end + 63
  csrw medeleg, 0                             and tp, tp, -64
  csrw mie, 0                                 csrr a0, mhartid
  csrw mip, 0                                 sll a2, a0, STKSHIFT
  la t0, trap_entry                           add tp, tp, a2
```

```
csrw mtvec, t0                      add sp, a0, 1
li   x1, 0                          sll sp, sp, STKSHIFT
(部分代码省略)                        add sp, sp, tp
                                    j _init_bsp
```

（1）la t0，trap_entry

la 是加载指令，加载地址，把 trap_entry 加载到系统中。设置异常入口点，这不是一个重新定位的地址，因为不支持在MMU建立之前捕获。在trap_entry 程序里就有调用handle_irq 函数的代码，也就是上面介绍过的三行程序：

```
.handle_irq:
  jal handle_irq
  j .restore
```

（2）j _init_bsp

j 是跳转指令，跳转到_init_bsp。_init_bsp 函数在 entry_user.c 文件之中定义，内容如下：

```
void _init_bsp(int core_id, int number_of_cores)
{
    extern int main(int argc, char* argv[]);
    extern void __libc_init_array(void);
    extern void __libc_fini_array(void);
    if (core_id == 0)
    {
        init_bss();/* 初始化 bss 段初值为 0 */
        uarths_init();/* 初始化高速串口 UART */
        fpioa_init();/* 初始化 IO 口 FPIOA */
        atexit(__libc_fini_array); /*寄存器功能设置*/
        __libc_init_array();/*为 C++ 初始 libc 阵列*/
    }
    int ret = 0;
    if (core_id == 0){
        core1_instance.callback = NULL;
        core1_instance.ctx = NULL;
        ret = os_entry(core_id, number_of_cores, main);
    }
    else{
        thread_entry(core_id);
        if(core1_instance.callback == NULL)
            asm volatile ("wfi");
        else
            ret = core1_instance.callback(core1_instance.ctx);
    }
    exit(ret);
}
```

在_init_bsp 函数之中，通过 os_entry 函数 "os_entry（core_id， number_of_cores， main）；"

来执行用户的 main 函数。

```
int __attribute__((weak)) os_entry(int core_id, int number_of_cores, int
(*user_main)(int, char**))
{    /*如果不是操作系统 OS, 则调用 main 函数 */
    return user_main(0, 0);
}
```

在_init_bsp 函数之中，还做了其他一些初始化工作，例如：

（1）初始化 bss 段数据，让 bss 段数据为 0；

（2）初始化高速串口（串口 0），在用户程序之中可以直接调用 printf( )函数把数据打印到串口上，方便在上位机进行监测；

（3）初始端口映射模块 fpioa，在用户程序之中可以直接使用 fpioa 的功能；

（4）调用寄存器终结函数，对寄存器进行初始化；

（5）初始化 libc 数组用于 C++，glibc 和 libc 都是 Linux 下的 C 函数库，libc 是 Linux 下的 ANSI C 函数库，glibc 是 Linux 下的 GUN C 函数库。

在 entry_user.c 文件中，还定义了 register_core1 函数：

```
int register_core1(core_function func, void *ctx)
{
    if(func == NULL)
        return -1;
    core1_instance.callback = func;
    core1_instance.ctx = ctx;
    core_enable(1);
    return 0;
}
```

在_init_bsp 函数之中，如果是第一个核，则调用用户的 main 函数；如果是第二个核，则调用已经注册的第二个核运行函数。

## 2.10　Arduino 风格的 LED 闪烁程序

1. Arduino 的由来

Massimo Banzi 之前是意大利 Ivrea 一家高科技设计学校的老师，他的学生们经常抱怨找不到便宜好用的微控制器。2005 年冬天， Massimo Banzi 跟 David Cuartielles 讨论了这个问题。David Cuartielles 是一个西班牙籍晶片工程师，当时在这所学校做访问学者。两人决定设计自己的电路板，并引入了 Banzi 的学生 David Mellis 为电路板设计编程语言。两天以后，David Mellis 就写出了程序。又过了三天，电路板就完工了。Massimo Banzi 喜欢去一家名叫 di Re Arduino 的酒吧，该酒吧是以 1000 年前意大利国王 Arduin 的名字命名的。为了纪念这个地方，他将这块电路板命名为 Arduino。

2. 什么是 Arduino

Arduino 是一款便捷灵活、方便上手的开源电子原型平台。Arduino 编程风格如图 2-13 所示，包含硬件（各种型号的 Arduino 板）和软件（Arduino IDE）。

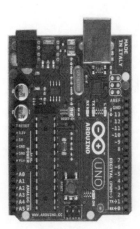
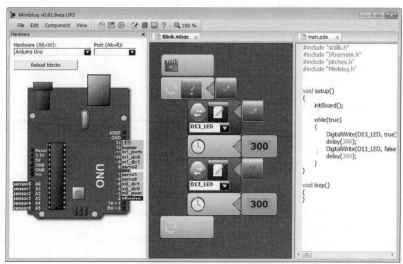

图 2-13  Arduino 编程风格

对于喜欢 Arduino 程序的读者，也可以仿照 Arduino 程序实现 K210 开发板的 LED 闪烁。首先看看正宗的 Arduino LED 闪烁程序模样，Arduino 程序如下：

```
int led = 5; #这里 IO 端口。
void setup() {
    pinMode(led, OUTPUT);
}
void loop() {
    digitalWrite(led, HIGH);
    delay(1000);
    digitalWrite(led, LOW);
    delay(1000);
}
```

一般在 C 语言中要求必须有一个主函数，即 main 函数，且只能有一个主函数，程序执行是从主函数开始的。但在 Arduino 中，主函数 main 函数在内部定义了， 使用者只需要完成以下两个函数就能够完成 Arduino 程序的编写，这两个函数分别负责 Arduino 程序的初始化部分和执行部分，它们是：

—— void setup ( )；
—— void loop ( )。

这两个函数均为无返回值的函数，setup( )函数用于初始化，一般放在程序开头， 主要用于设置一些引脚的输出/输入模式、初始化串口等，该函数只在上电或重启时执行一次；loop( )函数用于执行程序，loop( )函数是一个死循环，其中的代码将被循环执行来完成程序的功能。

Arduino 语言是以 setup( )开头、loop( )作为主体的一个程序构架。setup( )用来初始化变量、引脚模式、调用库函数等，该函数只运行一次，功能类似 C 语言中的 "main( )"。loop( )

函数是一个循环函数，函数内的语句周而复始地循环执行。 setup 函数中，pinMode 函数是数字 I/O 口输入/输出定义函数，可以定 Arduino 上 0～13 口的输入/输出状态，INPUT 和 OUTPUT 分别表示输入和输出模式。loop 函数中，digitalRead 为数字 I/O 口读取电平值函数，digitalWrite 为数字 I/O 口输出电平定义函数。

3. 工作原理

Arduino 风格的 K210 程序之所以没有 main 函数，其实是把 main 函数提前写好了，然后在已经写好的 main 函数之中分别调用初始化函数 setup( )和循环函数 loop( )。

在 Obtain_Studio 的 K210 库里，包括了一个板级包文件 bsp.cpp，里边已经包含了一个 main 函数，程序代码如下：

```
#define WEAK __attribute__ ((weak))
void WEAK setup(void){}
void WEAK loop(void){}
void WEAK setup1(void){}
void WEAK loop1(void){}
int WEAK core1_function(void *ctx)
{
    setup1();
    while(1)loop1();
}
int WEAK main(void)
{
    register_core1(core1_function, NULL);
    setup();
    while(1)loop();
}
```

程序之中采用了一个弱符号__attribute__ ((weak))，若两个或两个以上全局符号（函数或变量名）名字一样，而其中之一声明为 weak symbol（弱符号），则这些全局符号不会引发重定义错误。链接器会忽略弱符号，去使用普通的全局符号来解析所有对这些符号的引用，但当普通的全局符号不可用时，链接器会使用弱符号。当有函数或变量名可能被用户覆盖时，该函数或变量名可以声明为一个弱符号。弱符号也称为 weak alias（弱别名）。这种弱符号和弱引用对于库来说十分有用，例如：

（1）库中定义的弱符号可以被用户定义的强符号所覆盖，从而使得程序可以使用自定义版本的库函数；

（2）程序可以对某些扩展功能模块的引用定义为弱引用，将扩展模块与程序链接在一起时，功能模块就可以正常使用；

（3）如果去掉了某些功能模块，程序也可以正常链接，只是缺少了相应的功能，这使得程序的功能更加容易裁剪和组合。

因此，如果用户程序之中有 main 函数则执行用户的 main 函数，如果没有就执行该程序的弱函数。在 main 函数里调用初始化函数 setup( )和循环函数 loop( )。这里的 setup( )和 loop( )函数也都是弱函数，因此对于用户程序来说，如果不定义用户的 setup( )和 loop( )函数，就用调节这两个弱函数。

## 2.11 Obtain_Studio 集成开发系统常用技巧

1. 如何在项目中添加新文件

可以选择 Obtain_Studio 主菜单的"文件"→"新建文件",或单击左上边工具条的新建文件按钮,进入新建文件对话框,在文件对话框中下边的"位置"框中选择文件将创建的目录,在文件对话框上边的"文件类型"框中选择所需要的文件类型,在对话框中间的"文件名"框中输入要创建的文件名,最后选择"确定"按钮即可创建一个新文件。

也可以在左边文件管理器栏中对着要创建新文件的目录单击鼠标右键,然后选择菜单"新建文件",这样文件对话框中的目录已经为鼠标单击位置的目录,选择文件类型并录入文件名,然后按"确定"按键即可以创建新文件。

新文件是从一些模板文件中直接拷贝过来的,如果用户想自己创建一些模板文件,可以把模板文件放到 Obtain_Studio 所在目录下的 bin\模板\新建立文件的样板\newfile 子目录中,即可变成公共的模板文件。

如果想创建某种项目类型专用的模板文件,可以到项目模板所在目录下创建一个名为 newfile 的新目录,然后把模板文件放到该目录下即可。例如,要创建 HELLO_WORLD 模板项目的模板文件,到 Obtain_Studio_mini 所在目录的 bin\模板\ARM 项目\K210 项目\HELLO_WORLD 模板子目录下,创建一个 newfile 新目录,然后把模板文件放到该目录下。

2. 如何创建项目模板

用户可以自己创建项目模板,方法是:

(1) 把已经编辑好并且可以正常编译的项目,整个目录拷贝到 Obtain_Studio 所在目录的 \bin\模板目录的某种类型的项目子目录下,例如把 STM32 的项目模板放到\bin\模板\android 项目的目录下。如果不是这种类型,也可以新创建目录,目录名字以"项目"两个字结束。

(2) 把新拷贝过来的项目目录名修改为用户想要的名称,目录名字以"模板"两个字结束,例如"hello 模板"。

(3) 把该模板目录下,扩展名为".prj"的项目文件名修改成"prj.prj",然后用记事本打开 prj.prj 文件,最关键是要修改<typepath>一项,该项目的内容要与当前模板目录完全相同,例如"\android 项目\hello 模板",另外<title>也应该修改成新的模板名称。修改完成之后内容格式如下:

```
<projectname>K210_Hello_World</projectname>
<projecttype>MinGW GCC</projecttype>
<title>K210 项目 Hello_World 模板</title>
<package>arm</package>
<typepath>\K210 项目\Hello_World 模板</typepath>
<projectpath>F:\Obtain_Studio\WorkDir\K210_Hello_World</projectpath>
<envionment_variables_batfile>
bin\config\kendryte-toolchain.bat
bin\config\python.bat
</envionment_variables_batfile>
<compile>
```

```
cd build
mingw32-make clean
mingw32-make makefile all
</compile>
<server>
D:\JLink_V490\JLinkGDBServer.exe
</server>
<run>
cd build
python kflash.py -b 2000000 -p COM9  out/project.bin
::cd ../../../K-Flash
::K-Flash.exe
</run>
```

prj.prj 文件采用 XML 的格式编写，格式为"<名称>内容</名称>"，其中<名称>表示某项内容的开始，</名称>表示某项内容的结束，中间是该项目的内容。prj.prj 文件各项内容的意义如下：

（1）<projecttype> android </projecttype>代表项目类型的 android 类型。

（2）<projectname>一项的内容可以不写，项目名称。

（3）<title>是模式的名称，这一项一定要写，用户根据需要自己写一个想要的模板名字；<package>这一项可以不写，只在 java 项目中用。

（4）<typepath>这一项一定要写，代表模板所在的目录，是一个相对目录，只能写出 Obtain_Studio\bin\模板之后的那一部分。

（5）<projectpath>这一项不写，是项目当前所在路径。

（6）<envionment_variables_batfile>这一项一定要写，是默认的用于编译时设置环境变量的批处理文件名以及相对目录，相对于 Obtain_Studio 所在的目录，例如"bin\config\android.bat"，android.bat 文件就是 android JDK 编译器的环境变量设置文件。

（7）<compile>这一项一定要写，是编译时执行编译的批处理文件名。

3. 用户自己配置新的编译器环境变量

例如从网上下载一个新的 kendryte-toolchain 编译器，如何配置环境变量让 Obtain_Studio 里的项目在编译时调用该新的编译器呢？方式就是在 Obtain_Studio 所在目录下的 config 子目录中创建一个新的批处理文件。下面是 ARM GCC 编译器的环境变量设置文件 kendryte-toolchain.bat 的内容，用户可以参考该文件自己配置新的编译器环境变量。kendryte-toolchain.bat 内容可以写成如下所示：

```
@rem---下行是设置 MINGW 安装根目录，把{{{}}}用安装目录代替即可，例如 MINGW_ROOT＝
F:\Obtain_Studio--------------
@rem---这里是自动环境设置，请不要把{{{}}}删除，程序会自动用 F:\Obtain_Studio 代替
-------------
@SET MINGW_ROOT={{{}}}\kendryte-toolchain
@SET GCC_ROOT={{{}}}\kendryte-toolchain
@SET OBTAIN_ROOT={{{}}}\kendryte-toolchain
@rem @SET GCC_ROOT=d:
@echo Setting environment for using kendryte-toolchain 0.82
```

```
@set  PATH = %GCC_ROOT%\BIN;%GCC_ROOT%\arm-none-eabi\BIN;%MINGW_ROOT%\BIN;
%GCC_ROOT%\ADS\BIN;%OBTAIN_ROOT%\JLink_V490;%OBTAIN_ROOT%\JLink_V490\Samples\
JFlash\ProjectFiles\ST;%GCC_ROOT%\arm-none-eabi\include;%GCC_ROOT%\arm-none-e
abi\include\c ＋ ＋ \5.4.1;%GCC_ROOT%\arm-none-eabi\include\c ＋ ＋ \5.4.1\bits;
%PATH%
@rem @set PATH＝%MINGW_ROOT%\BIN;%GCC_ROOT%\ADS\BIN;%PATH%
@set INCLUDE＝%GCC_ROOT%\include;%INCLUDE%
@set LIB＝%MINGW_ROOT%\LIB;%GCC_ROOT%\ADS\LIB;%LIB%
@set LIB＝%GCC_ROOT%\LIB;%GCC_ROOT%\lib\gcc;%LIB%
```

**4. 为关键词自动提示功能添加新的关键词**

在编译 C、C＋＋、Java 等源程序时，只要输入关键词的前面部分字符，Obtain_Studio 就会自动提示后面部分字符供选择。这些关键词都放在 Obtain_Studio 所在目录 config 子目录的 CFileModule.config 文件中，用记事本打开该文件，在其他已经定义好的关键词之后添加新的一行并且录入新的关键词即可。

Obtain_Studio 可以自动认识一些类、对象和变量然后产生自动录入提供功能，但提示的内容并不完整。对于一些常用的类，用户可以按\Obtain_Studio\bin\config\C_TXT 目录下扩展名为.txt 的文件的格式，自己创建提示文件内容。

编写规则是把包含有类定义的.h、.c、.cpp 扩展的文件拷贝到\Obtain_Studio\bin\config\C_TXT 目录下，并把扩展名改变.txt。然后用记事本打开这些文件，在类定义中的变量成员和成员函数名前插入一个"|"符号(在键盘 Enter 上边)，然后保存退出即可。这样 Obtain_Studio 会自动到这里查找提示的内容。

# 第 3 章

# 串 口 通 信

## 3.1 K210 第一个串口通信程序

1. K210 第一个串口通信程序设计

K210 提供了四个 UART 串行通信接口，UART 是通用异步收发传输器（Universal Asynchronous Receiver/Transmitter），包括 1 个高速 UART 和 3 个通用 UART。高速 UART 是 UARTHS（UART0），通用 UART 分别是 UART1、UART2 和 UART3。通用 UART 支持 RS232、RS485 和 IRDA 等异步通信，通信速率可达到 5Mbit/s。K210 的 UART 结构如图 3-1 所示，UART 通信功能主要通过发送控制寄存器（TCR）、DLL/DLH 波特率因子寄存器、中断使能寄存器（IER）、控制寄存器（FCR）、状态寄存器（MCR）、发送寄存器（THR）、接收寄存器（RBR）以及数据位、停止位和校验（LCR）等寄存器进行设置与控制。

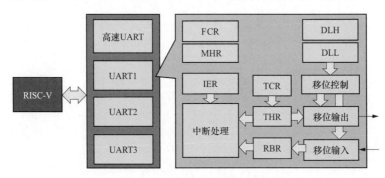

图 3-1  K210 的 UART 结构

K210 串口通信的输入与输出，可以映射到各 IO 口上，因此可以根据需要选择方便使用的引脚。对于 KD233 开发板，选择 WiFi 接口上的引脚比较方便，如图 3-2 所示，采用 USB 转 TTL 串口线（PL2303）与计算机 USB 接口连接，有 4 条引出线与单片机连接，包括红色 ＋5V、黑色 GND、白色 RXD、绿色 TXD。

在 Obtian_Studio 中采用 "\K210 项目\串口通信模板" 模板创建一个新的项目，项目名称为 "K210_UART_001"，在主程序 main.cpp 中创建串口通信类 CUart 对象，然后启动串口通信，最后调用成员函数 send( ) 把字符串 "hello uart1!" 发送出去。K210 第一个串口通信程序如下：

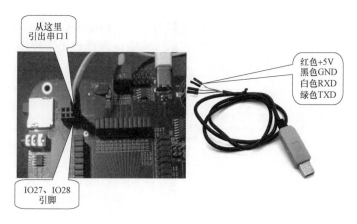

图 3-2　KD233 开发板串口连接图

```
CUart uart1(UART1);
void setup()
{
    uart1.start();
    uart1.send("hello uart1!");
}
```

从 KD233 开发板原理图上可以看出，该 WiFi 接口连接的引脚是 IO27、IO28，因此在 io_map.h 中定义如下宏定义：

```
#define UART1_TX  27, FUNC_UART1_TX
#define UART1_RX  28, FUNC_UART1_RX
```

在 Obtian_Studio 之中打开串口调试窗口，复位 K210 开发板的时候，可以接收到字符串 "hello uart1!"，如图 3-3 所示。

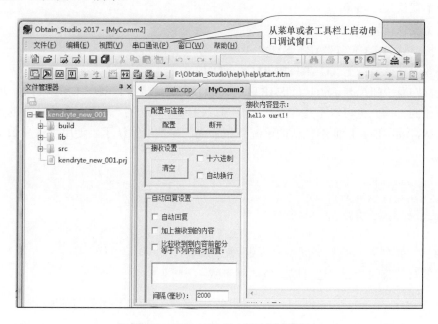

图 3-3　Obtian_Studio 串口调试窗口

接收数据时，通过成员函数 receive( ) 接收数据，然后再把接收到的数据直接转发回去。在 setup 函数中启动串口 1（UART1），主循环中每延时 1s 发送一个字符串 "hello uart1!\r\n"，同时 LED1 闪烁一次。程序如下：

```
#include "main.h"
CLed led1(LED1);
CUart uart1(UART1);
void setup()
{
    uart1.start();
}
void loop()
{
    sleep(1);
    uart1.send("hello uart1!\r\n");
    !led1;
}
```

2．CUsart 类默认参数

CUsart 类的构造函数带有了默认参数，后面没有写出来的参数都将采用默认参数，CUsart 类的构造函数原型为：

```
CUart(uart_device_number_t u, unsigned long BaudRate=9600,
unsigned int WordLength=8, uart_stopbit_t StopBits=UART_STOP_1,
uart_parity_t Parity=UART_PARITY_NONE);
```

从 CUsart 类的构造函数原型可以看出以下默认参数：

串口号默认为：USART1；

波特率默认为：9600；

数据宽度默认为：8 位（8）；

停止位默认为：1 位（UART_STOP_1）；

奇偶效验默认为：无（UART_PARITY_NONE）。

上述程序有 "CUsart usart1（USART1，9600）；" 这样一行，其中 USART1 和 9600 都与默认参数相同，因此也可以不写，直接定义为 "CUsart usart1；"。按照构造函数的规则，只能往后默认，而不能在后面不默认的情况下把前面的参数给默认了。使用默认参数可以写成以下形式：

```
CUsart usart1;
CUsart usart1(UART1);
CUsart usart1(UART1, 9600);
CUsart usart1(UART1, 9600, 8);
CUsart usart1(UART1, 9600, 8, UART_STOP_1);
```

如果要写完整的参数，还可以写成如下形式：

```
CUsart usart1(UART1, 9600, 8, UART_STOP_1, UART_PARITY_NONE)
```

如果需要配置的参数与上面不同，则可以修改相应位置的数据即可。例如需要使用串口

2，波特率为 115200，则可以如下方式定义一个对象：

```
CUsart usart2(UART1, 115200);
```

3．Sipeed M1 AI 开发板的连接

Sipeed M1 AI 开发板可用引脚比较多，其串口可以连接到方便引出的引脚，例如映射到 Sipeed M1 AI 开发板的 WiFi 引脚 IO7、IO6，也可以映射到 Sipeed M1 AI 开发板的 IO27、IO28 引脚，这样子正好与 KD233 开发板相同，无需修改上述程序中的 IO 映射，连接方式如图 3-4 所示。如果使用 IO27、IO28 引脚，在 io_map.h 中定义如下宏定义：

```
#define UART1_TX  27, FUNC_UART1_TX
#define UART1_RX  28, FUNC_UART1_RX
```

如果使用 IO7、IO6 引脚，在 io_map.h 中定义如下宏定义：

```
#define UART1_TX  7, FUNC_UART1_TX
#define UART1_RX  6, FUNC_UART1_RX
```

图 3-4　Sipeed M1 AI 开发板的连接图

## 3.2　串口通信的中断

### 3.2.1　最简单的串口中断程序

K210 支持可编程式 THRE（发送保持寄存器空）中断，用 THRE 中断模式来提升串口性能。当 THRE 模式和 FIFO（先进先出）模式被选择之后，如果 FIFO 中少于阈值便触发 THRE 中断。下面串口中断程序包括一个接收中断和一个发送中断：

```
#include "main.h"
CLed led1(LED1), led2(LED2);
CUart uart1(UART1);
int uart_receive(void* ch)
{
    !led2;
    uart1.send(uart1.receive());
    return 0;
}
int uart_send(void *ch)
```

```
{
    return 0;
}
void setup()
{
    uart1.set_receive_irq(uart_receive);
    uart1.set_send_irq(uart_send);
    uart1.start();
    uart1.send("hello uart1!\r\n");
}
void loop()
{
    sleep(1);
    !led1;
}
```

### 3.2.2 采用 C++ Lambda 表达式的串口中断程序

可以采用 C++ Lambda 表达式形式更加简洁，Lambda 表达式程序代码如下：

```
#include "main.h"
CLed led1(LED1), led2(LED2);
CUart uart1(UART1);
void setup()
{
    uart1.set_receive_irq([](void*){
        !led2;
        uart1.send(uart1.receive());
        return 0;
    });
    uart1.set_send_irq([](void*){return 0;});
    uart1.start();
    uart1.send("hello uart1!\r\n");
}
void loop()
{
    sleep(1);
    !led1;
}
```

### 3.2.3 K210 的 Hello_World 通信程序

#### 1. K210 官方的 Hello_World 程序

K210 官方的 Hello_World 程序，其实就是一个串口通信程序，所以把该项 Hello_World 程序放到本节来介绍。

在 Obtian_Studio 中创建一个新的项目，模板采用"\K210 项目\Hello_World 模板"，项目名称为"K210_Hello_World"。K210 的 Hello world 程序代码如下：

```
#include <stdio.h>
#include "bsp.h"
int core1_function(void *ctx)
{
    uint64_t core = current_coreid();
    printf("Core %ld Hello world\n", core);
    while(1);
}
int main()
{
    uint64_t core = current_coreid();
    printf("Core %ld Hello world\n", core);
    register_core1(core1_function, NULL);
    while(1);
}
```

如果程序、下载以及开发板都没问题，打开 Obtain_Studio 上的串口调试程序，可以看到 K210 板运行之后发回的信息，如图 3-5 所示。

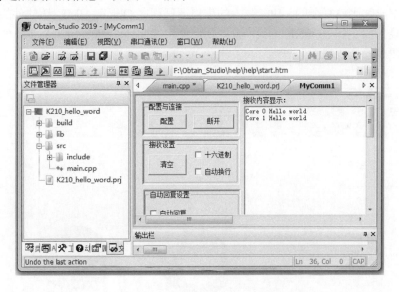

图 3-5　Obtain_Studio 串口调试

如果是勘智（Kendryte）AI 芯片 K210 开发板（alpha 尝鲜版）KD233，则需要断开 KD233 板上的下载模式跳线，也就是板上的 J80 跳线，如图 3-6 所示，然后复位开发板，即可运行 K210 板上的程序并且把串口数据输出到计算机上。

2. Arduino 风格的 K210 Hello_World 程序

在 Obtain_Studio 中，也可以直接采用 Arduino 风格的程序设计方式。除了在 main.cpp 开始处加入 main.h 头文件引用之外，全部程序

图 3-6　KD233 开发板串口调试跳线——J80

就在 loop 函数里。K210 Hello_World 程序代码如下：

```
#include "main.h"
void setup1()
{
    uint64_t core = current_coreid();
    printf("Core %ld Hello world\n", core);
}
int setup()
{
    uint64_t core = current_coreid();
    printf("Core %ld Hello world\n", core);
}
```

上述程序 setup( )运行于第一个核，setup1( )运行于第二个核。

## 3.3  使用 Obtain_HMI 串口调试程序

下面介绍一款比较复杂的、功能强大的串口调试程序 Obtain_HMI，该软件的使用方法见该软件根目录下的文档《Obtain_HMI 组态软件使用说明.doc》。采用工具条上的图像按钮。选择两个按钮图片并放置在主界面中间，如图 3-7 所示。

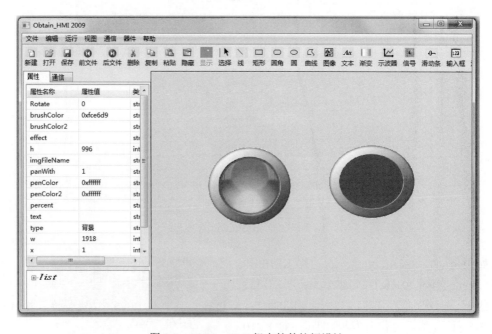

图 3-7    Obtain_HMI 组态软件按钮设计

给这两个图片按钮编写程序。让第一个按钮被按下时发一个 a 字符。第二个按钮被按下时发一个 b 字符。双击图片，选择"脚本编辑"，输入程序之后单击"生成"按钮，生成控制命令，如图 3-8 所示。

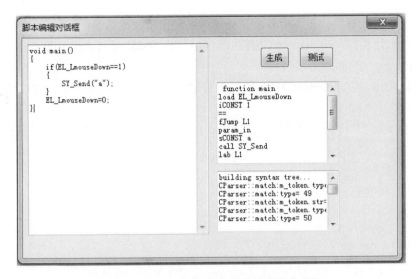

图 3-8　Obtain_HMI 组态软件按钮脚本编辑

两个按钮的程序如下：

第一个按钮的程序：

```
void main()
{
    if(EL_LmouseDown==1)
    {
        SY_Send("a");
    }
    EL_LmouseDown=0;
}
```

第二个按钮的程序：

```
void main()
{
    if(EL_LmouseDown==1)
    {
        SY_Send("b");
    }
    EL_LmouseDown=0;
}
```

使用 Obtain_HMI，可以绘制各种复杂的控制界面。例如先加一个控制背景界面，然后添加上述图片按钮和配置程序，就可以得到比较具有实用价值的界面，如图 3-9 所示。

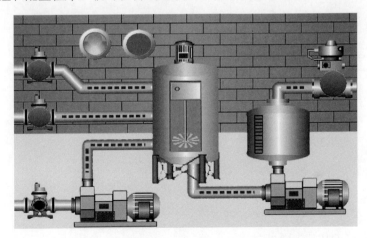

图 3-9　Obtain_HMI 组态软件复杂的控制界面

接下来需要配置 Obtain_HMI 串口参数，选择 Obtain_HMI 左边的"通信"栏，配置串口参数，根据实际情况串口号和波特率，完成之后启动串口。最后通过 Obtain_HMI 的"运行"菜单开始运行上述程序。单击第一个按钮，可以看到 STM32 板上的 LED1 亮；单击第二个按钮则 LED1 灭。

上述界面文件可以在 Obtain_HMI 的用户目录下找到，文件名为"简单 STM32 串口控制例子.draw"。

与上面 Obtain_HMI 组态软件配合的 K210 程序采用"\K210 项目\串口通信模板"，代码如下：

```
#include "main.h"
CLed led1(LED1), led2(LED2);
CUart uart1(UART1);

int uart_receive(void*)
{
    !led2;
    char ch=uart1.receive();
    if(ch=='a')led1.On();
    if(ch=='b')led1.Off();
    if(ch=='c')led2.On();
    if(ch=='d')led2.Off();
    return 0;
}

void setup()
{
    uart1.set_receive_irq(uart_receive);
    uart1.set_send_irq([](void*){return 0;});
    uart1.start();
    uart1.send("hello uart1!\r\n");
}
void loop()
{
    sleep(1);
    !led1;
}
```

## 3.4 高速串口 UART

K210 的高速 UART 是 UARTHS（UART0），具有以下特点：

（1）通信速率可达 5Mbit/s；

（2）8 字节发送和接收 FIFO；

（3）可编程式 THRE 中断；

（4）不支持硬件流控制或其他调制解调器控制信号，或同步串行数据转换器。

高速 UART 的使用方法很简单，直接用 printf 函数即可发数据，例如前面介绍的 K210

的 Hello World 程序：

```
#include "main.h"
CLed led1(LED1), led2(LED2);
void loop()
{
    sleep(1);
    !led1;
    uint64_t core = current_coreid();
printf("Core %ld Hello world\r\n", core);
}
```

接收数据是采用 getchar( ) 函数读取，例如读取串口缓冲区中接收到一个字符，然后通过 printf 函数输出到串口，程序如下：

```
#include "main.h"
CLed led1(LED1), led2(LED2);
void loop()
{
    sleep(1);
    !led1;
    char ch=getchar();
    printf(&ch);
}
```

需要特别注意的是，如果在用户自己的程序中使用了重新设置 K210 内核工作主频的函数之后，例如设置主频 sysctl_pll_set_freq（SYSCTL_PLL0，1000000000UL），则需要再调用一次"uarths_init( )"函数来重新初始化 UARTHS，否则波特率可能会不正确。

## 3.5　K210 串口通信工作原理

### 3.5.1　通用 UART

通用 UART 为 UART1、UART2 和 UART3，支持 RS232、RS485 和 IRDA 异步通信，通信速率可达到 5Mbit/s。UART 支持 CTS 和 RTS 信号的硬件管理以及软件流控（XON 和 XOFF）。3 个接口均可被 DMA 访问或者 CPU 直接访问。通用 UART 特点如下：

（1）8 字节发送和接收 FIFO。

（2）异步时钟支持。

为了应对 CPU 对于数据同步的对波特率的要求，UART 可以单独配置数据时钟。全双工模式能保证两个时钟域中数据的同步。

（3）RS485 接口支持。

UART 可以配置为软件可编程式 RS485 模式，默认为 RS232 模式。

（4）可编程式 THRE 中断。

用 THRE 中断模式来提升串口性能。当 THRE 模式和 FIFO 模式被选择之后，如果 FIFO 中少于阈值便触发 THRE 中断。

### 3.5.2　K210 串口通信的过程

K210 串口通信的过程如图 3-10 所示，包括以下四个过程：

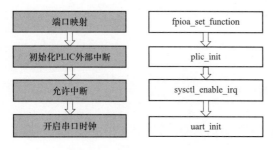

图 3-10　K210 串口通信的过程

（1）fpioa_set_function 函数：端口映射，K210 四个串口可以映射到不能的 IO 口；

（2）plic_init 函数：初始化 PLIC 外部中断，这个函数将设置 MIPZE-MEIP，STATUSSU-MIE 必须由用户设置；

（3）sysctl_enable_irq 函数：允许中断，主要是可以应用 K210 串口的接收数据中断和发送数据中断；

（4）uart_init 函数：开启串口时钟。

uart_init 函数的功能比较简单，只是开启串口时钟，并没有进行其他的初始化工作。uart_init 函数原型如下：

```
void uart_init(uart_device_number_t channel)
{
    sysctl_clock_enable(SYSCTL_CLOCK_UART1 + channel);
}
```

K210 串口通信类代码如下：

```
#define UART1  UART_DEVICE_1
#define UART2  UART_DEVICE_2
#define UART3  UART_DEVICE_3
class CUart
{
  public:
    int io;
    int func_n;
    uart_device_number_t uart;
CUart(uart_device_number_t u, unsigned long BaudRate=9600,
unsigned int WordLength=8, uart_stopbit_t StopBits=UART_STOP_1,
uart_parity_t Parity=UART_PARITY_NONE):uart(u)
    {
        if(uart==UART_DEVICE_1)
        {
            gpio_init(UART1_TX);
            gpio_init(UART1_RX);
        }
        else if(uart==UART_DEVICE_2)
        {
            gpio_init(UART2_TX);
            gpio_init(UART2_RX);
        }
```

```
        else if(uart==UART_DEVICE_3)
        {
            gpio_init(UART3_TX);
            gpio_init(UART3_RX);
        }
        else
            return;
        uart_config(uart, BaudRate, uart_bitwidth_t(WordLength),
StopBits, Parity);
        plic_init();
    }
    void start()
    {
        sysctl_enable_irq();
        uart_init(uart);
    }
    void stop()
    {
        sysctl_clock_enable(sysctl_clock_t(SYSCTL_CLOCK_UART1 + uart));
    }
    void gpio_init(int io, int func_n)
    {
        fpioa_set_function(io, fpioa_function_t(func_n+uart*2));
    }
    void send(char c)
    {
        volatile uart_t* const  uart_base[3] =
        {
            (volatile uart_t*)UART1_BASE_ADDR,
            (volatile uart_t*)UART2_BASE_ADDR,
            (volatile uart_t*)UART3_BASE_ADDR
        };
        //uartapb_putc(uart, (char*)&a);
        while (!(uart_base[uart]->LSR & (1u << 6))) continue;
        uart_base[uart]->THR = c;
    }
    void send(const char* buf)
    {
        while (*buf!='\0') send(*buf++);
    }
    void printf(const char *fmt, ...)
    {
        va_list ap;
        char string[256];
        va_start(ap, fmt);
        vsprintf(string, fmt, ap);
        send(string);
```

```
            va_end(ap);
        }
        char receive()
        {
            char recv = 0;
            while(!uart_receive_data(uart, &recv, 1));
            return recv;
        }
        void set_receive_irq(int (*func)(void* ch))
        {
            uart_set_receive_trigger(uart, UART_RECEIVE_FIFO_8);
            uart_irq_register(uart, UART_RECEIVE, func, NULL, 2);
        }
        void set_send_irq(int (*func)(void* ch))
        {
            uart_set_send_trigger(uart, UART_SEND_FIFO_0);
            uint32_t v_uart_num = uart;
            uart_irq_register(uart, UART_SEND, func, &v_uart_num, 2);
        }
    };
```

### 3.5.3　K210 串口通信的工作原理

K210 串口通信主要包括：

（1）发送控制寄存器（TCR）；

（2）DLL/DLH 波特率因子寄存器；

（3）数据位、停止位和校验（LCR）；

（4）中断使能寄存器（IER）；

（5）控制寄存器（FCR）；

（6）状态寄存器（MCR）；

（7）发送寄存器（THR）、接收寄存器（RBR）。

**1. 配置参数**

波特率等参数设置实现代码如下：

```
void uart_configure(uart_device_number_t channel, uint32_t baud_rate,
uart_bitwidth_t data_width, uart_stopbit_t stopbit, uart_parity_t parity)
{
    configASSERT(data_width >= 5 && data_width <= 8);
    if (data_width == 5)
    {
        configASSERT(stopbit != UART_STOP_2);
    }
    else
    {
        configASSERT(stopbit != UART_STOP_1_5);
```

```
    }
    uint32_t stopbit_val = stopbit == UART_STOP_1 ? 0:1;
    uint32_t parity_val;
    switch (parity)
    {
        case UART_PARITY_NONE:
            parity_val = 0;
            break;
        case UART_PARITY_ODD:
            parity_val = 1;
            break;
        case UART_PARITY_EVEN:
            parity_val = 3;
            break;
        default:
            configASSERT(!"Invalid parity");
            break;
    }
    uint32_t freq = sysctl_clock_get_freq(SYSCTL_CLOCK_APB0);
    uint32_t u16Divider = (freq + __UART_BRATE_CONST * baud_rate / 2) /
        (__UART_BRATE_CONST * baud_rate);
    /* 设置 UART 寄存器*/
    uart[channel]->TCR &= ~(1u);
    uart[channel]->TCR &= ~(1u << 3);
    uart[channel]->TCR &= ~(1u << 4);
    uart[channel]->TCR |= (1u << 2);
    uart[channel]->TCR &= ~(1u << 1);
    uart[channel]->DE_EN &= ~(1u);
    uart[channel]->LCR |= 1u << 7;
    uart[channel]->DLL = u16Divider & 0xFF;
    uart[channel]->DLH = u16Divider >> 8;
    uart[channel]->LCR = 0;
    uart[channel]->LCR = (data_width-5)|(stopbit_val<<2)|(parity_val<<3);
    uart[channel]->LCR &= ~(1u << 7);
    uart[channel]->MCR &= ~3;
    uart[channel]->IER |= 0x80; /* THRE(发送保持寄存器空)*/
    g_uart_context[channel].receive_fifo_intterupt = UART_RECEIVE_FIFO_1;
    g_uart_context[channel].send_fifo_intterupt = UART_SEND_FIFO_8;
    uart[channel]->FCR=UART_RECEIVE_FIFO_1<<6|UART_SEND_FIFO_8<<4
|0x1<<3|0x1;
    }
```

2. 接收和发送回调函数设置

plic_irq_register 函数在 plic.h 文件中声明,函数定义在第 2 章中有详细介绍。第 2 章还介绍了系统总的外部中断的响应函数是 handle_irq_m_ext,在该函数之中,获取当前内核 ID (core_id),获取当前 IRQ 数字(int_num),然后执行前面注册的中断响应函数。实现代码如下：

```
void uart_irq_register(uart_device_number_t channel, uart_interrupt_mode_t
interrupt_mode, plic_irq_callback_t uart_callback, void *ctx, uint32_t priority){
    if(interrupt_mode == UART_SEND){
        uart[channel]->IER |= 0x2;
        g_uart_context[channel].uart_send_context.callback = uart_callback;
        g_uart_context[channel].uart_send_context.ctx = ctx;
    }
    else if(interrupt_mode == UART_RECEIVE){
        uart[channel]->IER |= 0x1;
        g_uart_context[channel].uart_receive_context.callback =
uart_callback;
        g_uart_context[channel].uart_receive_context.ctx = ctx;
    }
    g_uart_context[channel].uart_num = channel;
    plic_irq_disable(IRQN_UART1_INTERRUPT + channel);
    plic_set_priority(IRQN_UART1_INTERRUPT + channel, priority);
plic_irq_register(IRQN_UART1_INTERRUPT + channel, uart_irq_callback,
&g_uart_context[channel]);
    plic_irq_enable(IRQN_UART1_INTERRUPT + channel);
}
```

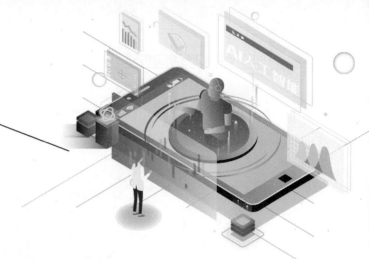

# 第4章

# 定时器与日历

## 4.1 K210 定时器程序

### 4.1.1 简单 K210 定时器程序

#### 1. 概述

K210 有 3 个定时器，每个定时器有 4 路 PWM 输出通道，如图 4-1 所示。定时器采用 32 位计数器宽度，可配置的向上／向下时基计数器，可以增加或减少。PWM 输出是每当定时器计数器重新加载时切换，定时器切换输出的脉冲宽度调制（PWM）占空比范围从 0%到 100%可变。

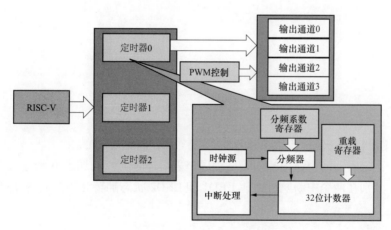

图 4-1 K210 定时器结构

下面是一个简单的定时器程序，采用定时器类 CTimer 实现，实现过程如图 4-2 所示。

定时器类 CTimer 构造函数主要包括两个参数：第一个参数是定时器号，第二个参数是通道号。成员函数 start 主要包括两个参数：第一个参数是定时器中断响应函数，第二个参数是定时时间长度（以 ms 为单位）。

下面是定时 1s 的程序，每秒产生一个中断，在中断响应函数中让 LED2 状态翻转一次，程序代码如下：

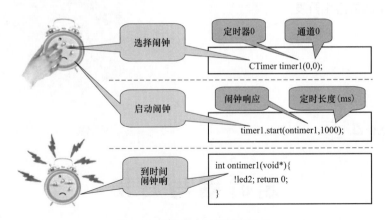

图 4-2　简单的定时器程序结构

```
#include "main.h"
CLed led1(LED1), led2(LED2);
CTimer timer1(0, 0);
int ontimer1(void*)
{
    !led2;
    return 0;
}
void setup()
{
    timer1.start(ontimer1, 1000);
}
void loop()
{
    sleep(1);
    !led1;
}
```

2. 一个定时器两个通道输出测试程序

下面是一个定时器两个通道输出测试程序，采用定时器 0 的通道 0 和通道 1，设置不同的计数长度，分别在两个中断响应中让 LED1 和 LED2 状态翻转（闪烁）。程序代码如下：

```
#include "main.h"
CLed led1(LED1), led2(LED2);
CTimer timer1(0, 0);
CTimer timer2(0, 1);
int ontimer1(void*)
{
    !led1;
    return 0;
}
int ontimer2(void*)
{
```

```
    !led2;
    return 0;
}
void setup()
{
    timer1.start(ontimer1, 977);
    timer2.start(ontimer2, 3507);
}
void loop()
{
    sleep(1);
    //!led1;
}
```

## 4.1.2　K210 定时器工作原理

### 1. K210 定时器特点

K210 芯片有 3 个定时器，每个定时器有 4 路通道，可以配置为 PWM。系统有 3 个定时器模块，它们有如下特性：

（1）32 位计数器宽度；

（2）可配置的向上/向下时基计数器，可以增加或减少；

（3）时钟独立可配；

（4）每个中断的可配置极性；

（5）单个或组合中断输出标志可配置；

（6）每个定时器有读/写一致性寄存器；

（7）定时器切换输出，每当定时器计数器重新加载时切换；

（8）定时器切换输出的脉冲宽度调制（PWM），0%到 100%占空比。

### 2. K210 定时器工作流程

K210 定时器工作流程如图 4-3 所示。

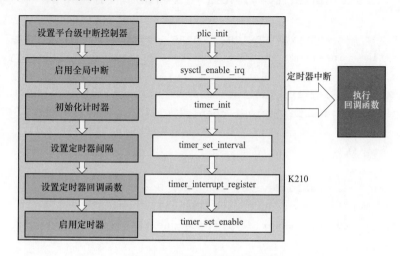

图 4-3　K210 定时器工作流程

定时器工作主要包括以下步骤：

（1）plic_init：初始化系统中断控制器（PLIC）；

（2）sysctl_enable_irq：启用 RISC-V 机器模式全局中断；

（3）timer_init：对于每一个定时器设备，初始化计时器；

（4）timer_set_interval：设置定时器间隔；

（5）timer_interrupt_register：设置定时器回调函数；

（6）timer_set_enable：启用定时器。

3. CTimer 类

CTimer 类实现代码如下：

```cpp
class CTimer
{
  timer_device_number_t device;
  timer_channel_number_t channel;
  public:
    CTimer(int d=0, int c=0)
    :device(timer_device_number_t(d)), channel(timer_channel_number_t(c))
    {
        plic_init();
        sysctl_enable_irq();
        timer_init(device);
    }
    void start(timer_callback_t callback, size_t s=200000000, int mode=0,
uint32_t priority=1, void *ctx=(void *)0)
    {
        start_n(callback, s*1000000, mode, priority, ctx);
    }
    void start_n(timer_callback_t callback, size_t nanoseconds=200000000,
int mode=0, uint32_t priority=1, void *ctx=(void *)0)
    {
        timer_set_interval(device, channel, nanoseconds);
        //timer_interrupt_register(device, channel, mode, priority, callback,
ctx);
        timer_irq_register(device, channel, mode, priority, callback, ctx);
        timer_set_enable(device, channel, 1);
    }
    void stop()
    {
        timer_set_enable(device, channel, 0);
        //timer_interrupt_deregister(device, channel);
        timer_irq_unregister(device, channel);
    }
};
```

## 4.2 实 时 时 钟

### 4.2.1 实时时钟应用

#### 1. 实时时钟测试程序

K210 实时时钟（RTC）是用来计时的单元，下面是实时时钟测试程序，在系统设置函数中设置日历和时间初值，在主循环函数中读取日历和时间，并且通过串口输出。实时时钟测试程序代码如下：

```
#include "main.h"
CLed led1(LED1), led2(LED2);
CRtc rtc1;
void setup()
{
    rtc1.set(2018, 12, 1, 23, 30, 29);
}
void loop()
{
    sleep(1);
    !led1;
    rtc1.update();
    printf("%4d-%d-%d %d:%d:%d\n", rtc1.year, rtc1.month,
rtc1.day, rtc1.hour, rtc1.minute, rtc1.second);
}
```

采用 Obtian_Studio 的串口调试功能检测 K210 串口输出结果，运行结果如图 4-4 所示。

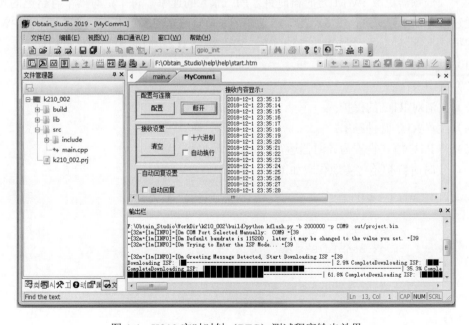

图 4-4　K210 实时时钟（RTC）测试程序输出效果

2. 实时时钟的工作原理

RTC 是用来计时的单元，在设置时间后具备计时功能：

（1）可使用外部高频晶振进行计时；

（2）可配置外部晶振频率与分频；

（3）支持万年历配置，可配置的项目包含世纪、年、月、日、时、分、秒与星期；

（4）可按秒进行计时，并查询当前时刻；

（5）支持设置一组闹钟，可配置的项目包含年、月、日、时、分、秒，闹钟到达时触发中断；

（6）中断可配置，支持每日、每时、每分、每秒触发中断；

（7）可读出小于 1s 的计数器计数值，最小刻度单位为外部晶振的单个周期；

（8）上电/复位后数据清零。

实时时钟的工作原理如图 4-5 所示，包括 RTC 时钟源，通过系统时钟分频产生秒时钟，通过一个秒计数器产生时间，通过天计数器产生天数，再使用软件计算出日历。

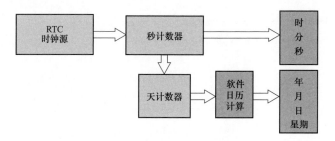

图 4-5　实时时钟的工作原理

3. RTC 实时时钟初始化

使用预分频器更改 PWM 定时器时钟（PT_clk）的速率。每个定时器都有自己的预分频器，通过寄存器 PWM_TIMER0_CFG0_REG 的 PWM_TIMERx_PRESCALE 配置。PWM 定时器根据该寄存器的设置以较慢的速度递增或递减。RTC 实时时钟初始化过程如下：

（1）重置 RTC；

（2）启用 RTC；

（3）取消对 RTC 的保护；

（4）设置 RTC 时钟频率；

（5）将 RTC 模式设置为计时器运行模式。

RTC 实时时钟初始化实现代码如下：

```
int rtc_init(void)
{
    sysctl_reset(SYSCTL_RESET_RTC);
    sysctl_clock_enable(SYSCTL_CLOCK_RTC);
    rtc_protect_set(0);
    rtc_timer_set_clock_frequency(
        sysctl_clock_get_freq(SYSCTL_CLOCK_IN0)
    );
```

```
rtc_timer_set_clock_count_value(1);
rtc_timer_set_mode(RTC_TIMER_RUNNING);
return 0;
}
```

从函数 rtc_timer_set_clock_frequency 可以看出，RTC 的时钟信号源来自由系统的时钟 SYSCTL_CLOCK_IN0。

4. CRtc 类

CRtc 类的实现代码如下：

```
class CRtc
{
  public:
    int year, month, day, hour, minute, second;
    CRtc(){
        rtc_init();
    }
    void set(int year=2019, int month=1, int day=1, int hour=0, int minute=
0, int second=0)
    {
        rtc_timer_set(year, month, day, hour, minute, second);
    }
    void update()
    {
        rtc_timer_get(&year, &month, &day, &hour, &minute, &second);
    }
};
```

## 4.2.2　日历算法

1. 日期计算方法

一个回归年为 365 天 5 小时 48 分 45.5 秒，闰年规则为：

（1）普通年能被 4 整除而不能被 100 整除的为闰年，例如 2004 年就是闰年，1900 年不是闰年；

（2）世纪年能被 400 整除而不能被 3200 整除的为闰年，例如 2000 年是闰年，3200 年不是闰年；

（3）对于数值很大的年份能整除 3200，但同时又能整除 172800 则也是闰年，例如 172800 年是闰年，86400 年不是闰年。

在 K210 里使用的普通应用软件，（3）可以不去考虑，可以留下给子孙的子孙们去考虑。

2. 星期的计算方法

对于星期的计算，可以采用两种办法：方法一是把参考日期与星期作为起点，因为星期没有闰星期，知道了天数又知道了参考星期，那么非常容易推算出当前星期；方法二是根据日期推算出星期，这个方法不需要保存参考星期，但计算方式复杂许多。为了编程的方便，采用第一种方法比较合适。

3. 实现方法

选择 2001 年 1 月 1 日 0 点 0 分 0 秒（星期一）作为参点。

（1）知道了日期计算总秒数：

例如当前时间是 2011 年 4 月 1 号 2 点 3 分 4 秒，计算距离参考点的总秒数，可保存到 K210 中作为从这个数开始计时。

1）整年的天数：

Y＝(y－2001)
整年的天数(Y*365＋ Y>>2)

2）整月的天数：

M1[]＝{31, 59, 90, 120, 151, 181, 212, 243, 273, 304, 334, 365}; //非闰年
M2[]＝{31, 60, 91, 121, 152, 182, 213, 244, 274, 305, 335, 366}; //闰年

整月的天数为 M1 [n-1]。

3）总秒数：

(((((Y * 365＋ Y>>2)＋ M1[n-1]＋d)*24＋h)*60＋min)*60＋sec

（2）知道了总秒数 SEC 计算日期：

1）计算总天数：

Minutes＝SEC/60
Sec＝SEC%60
hours＝Minutes/60
Minutes＝Minutes%60
Days＝hours/24

2）年数的计算：

Yes＝ Day/265.25＝（Day<<2)/1461

3）月份的计算：

剩下的天数为（Yes*365）＋（Yes>>2）

到 M1 [] 找到月份。

4）最后剩下的就是天数。

4. 一个 PC 机上完整的日历算法测试程序

下面是一个 PC 机上完整的日历算法测试程序，该程序完全按上面的方法进行设计，可以使用 PC 机上的编译器（VC＋＋或 GCC 等）编译并且在 PC 机上运行。PC 机上完整的日历算法测试程序实现代码如下：

```
unsigned M1[13]={0, 31, 59, 90, 120, 151, 181, 212, 243, 273, 304, 334, 365};//
非闰年
unsigned M2[13]={0, 31, 60, 91, 121, 152, 182, 213, 244, 274, 305, 335, 366};//
闰年
#define Year_Start    2001//开始年份
struct RTC_DATA//定义一个日期-时间结构
{
  unsigned int year;
```

```
//月 (1～12)，日 (1～31)，时 (0～23)，分 (0～59)，秒 (0～59)，周 (0～6) 0＝周日
  unsigned char  mon, day, hour, min, sec, wday;
};
unsigned long  Timer2Seconds(RTC_DATA * p_tm)
{
    unsigned long seconds;
    unsigned int Yes, Days;
    unsigned char n=p_tm->mon-1;
    Yes=p_tm->year-Year_Start;
    Days＝(Yes*365)＋(Yes>>2);
    if(p_tm->year%4==0)
     seconds＝(((Days＋ M2[n]＋(p_tm->day-1))*24+p_tm->hour)*60
+p_tm->min)*60+p_tm->sec;
    else
     seconds＝(((Days＋ M1[n]＋(p_tm->day-1))*24+p_tm->hour)*60
+p_tm->min)*60+p_tm->sec;
    return ( seconds );
}
void  Seconds2Timer(unsigned long SEC, RTC_DATA &p_tm)
{
    unsigned long year=0;, mon=1, day=0, hour=0, min=0, sec=0, wday=0;
    min ＝SEC/60;        sec＝ SEC%60;
    hour＝ min/60;        min＝ min%60;
    day＝ hour/24;        wday＝day;     //1)计算总天数
    wday＝(wday＋1)%7;    hour＝ hour%24;
    year＝((day＋1)<<2)/1461;          //2)年数的计算
    day-＝((year*1461)>>2);  year+＝2001;
    for(int i＝1;i<12;i++)            //3)月份的计算;到M1[]找到月份
    {
        if(year%4==0&&M2[i]>day)
        {
            mon＝i;
            if(mon>1)day＝day-M2[i-1];//4)最后剩下的就是天数
            break;
        }
        else if(M1[i]>day)
        {
            mon＝i;
            if(mon>1)day＝day-M1[i-1];//4)最后剩下的就是天数
            break;
        }
    }
p_tm.year＝year;   p_tm.mon＝mon;      p_tm.day＝day+1;
p_tm.hour＝hour;   p_tm.min＝min;      p_tm.sec＝sec;
    p_tm.wday＝wday;
}
int main()
{
unsigned long seconds=0;
int *c = new int();
```

```
RTC_DATA mytimer;
mytimer.year=2011;    mytimer.mon=3;    mytimer.day=8;
   mytimer.hour=5;        mytimer.min=34;    mytimer.sec=44;
seconds=Timer2Seconds(&mytimer);
printf("seconds=%d\r\n", seconds);
Seconds2Timer(seconds, mytimer);
      printf("%0.2d 年 %0.2d 月 %0.2d 日，%0.2d:%0.2d:%0.2d, %0.1d\r\n",
mytimer.year, mytimer.mon, mytimer.day, mytimer.hour, mytimer.min, mytimer.sec,
mytimer.wday);
      return 0;
}
```

# 4.3 脉冲宽度调制器

## 1．PWM 测试程序

脉冲宽度调制器（PWM）用于控制脉冲输出的频率和占空比。其本质是一个定时器，所以注意设置 PWM 号与通道时，不要与程序中使用的定时器程序冲突。下面的程序，让 K210 板上的 LED1 灯从暗慢慢变亮，然后又从亮慢慢变暗，如此反复，有人把它叫作"呼吸灯"。代码如下：

```
#include "main.h"
CTimer timer1(0, 0);
CPwm pwm1(PWM1);
int ontimer1(void*)
{
    static double cnt=0.00;
    cnt+=0.01;
    if(cnt<1)pwm1.set(200000, cnt);
    else if(cnt<2)pwm1.set(200000, 2-cnt);
    else cnt=0;
    return 0;
}
void setup()
{
    timer1.start(ontimer1, 10);//1ms
    pwm1.set(200000, 0.5);
    pwm1.start();
}
```

在 io_map.h 中定义 PWM 的引脚映射：

```
#define PWM1 24, FUNC_TIMER1_TOGGLE1
```

## 2．PWM 定时器模块工作原理

用户可配置 PWM 定时器模块的以下功能：

（1）通过指定 PWM 定时器频率或周期来控制事件发生的频率；

（2）配置特定 PWM 定时器与其他 PWM 定时器或模块同步；

（3）使 PWM 定时器与其他 PWM 定时器或模块同相；

（4）设置定时器计数模式：递增，递减，或递增递减循环计数模式。

使用预分频器更改 PWM 定时器时钟（PT_clk）的速率。每个定时器都有自己的预分频器，通过寄存器 PWM_TIMER0_CFG0_REG 的 PWM_TIMERx_PRESCALE 配置。PWM 定时器根据该寄存器的设置以较慢的速度递增或递减。

CPwm 类的实现代码如下：

```
class CPwm
{
  pwm_device_number_t device;
  pwm_channel_number_t channel;
  public:
    CPwm(int io=24, _fpioa_function func_fpioa=FUNC_TIMER0_TOGGLE1)
    {
        int f=func_fpioa-FUNC_TIMER0_TOGGLE1;
        int d=f/(PWM_CHANNEL_MAX);
        int c=(f%PWM_CHANNEL_MAX);
        fpioa_set_function(io, func_fpioa);
        device=pwm_device_number_t(d);
        channel=pwm_channel_number_t(c);
        plic_init();
        sysctl_enable_irq();
        pwm_init(device);
    }
    void set(double frequency=200000, double duty=0.5)
    {
        pwm_set_frequency(device, channel, frequency, duty);
    }
    void start()
    {
        pwm_set_enable(device, channel, 1);
    }
    void close()
    {
        pwm_set_enable(device, channel, 0);
    }
};
```

也可以采用 K210 官方库函数实现 PWM 功能，程序如下：

```
#define TIMER_NOR    0
#define TIMER_CHN    0
#define TIMER_PWM    1
#define TIMER_PWM_CHN 0
int timer_callback(void *ctx)
{
```

```c
    static double cnt = 0.01;
    static int flag = 0;
    pwm_set_frequency(pwm_device_number_t(TIMER_PWM), pwm_channel_number_t
(TIMER_PWM_CHN), 200000, cnt);
    flag ? (cnt -= 0.01): (cnt += 0.01);
    if(cnt > 1.0)
    {
        cnt = 1.0;
        flag = 1;
    }
    else if (cnt < 0.0)
    {
        cnt = 0.0;
        flag = 0;
    }
    return 0;
}
int main(void)
{
    //Init FPIOA pin mapping for PWM
    fpioa_set_function(24, FUNC_TIMER1_TOGGLE1);
    //Init Platform-Level Interrupt Controller(PLIC)
    plic_init();
    // Enable global interrupt for machine mode of RISC-V
    sysctl_enable_irq();
    timer_init(timer_device_number_t(TIMER_NOR)); // Init timer
    // Set timer interval to 10ms (1e7ns)
    timer_set_interval(timer_device_number_t(TIMER_NOR), timer_channel_number_t
(TIMER_CHN), 1e7);
    // Set timer callback function with repeat method
    timer_irq_register(timer_device_number_t(TIMER_NOR), timer_channel_number_t
(TIMER_CHN), 0, 1, timer_callback, NULL);
    // Enable timer
     timer_set_enable(timer_device_number_t(TIMER_NOR),  timer_channel_number_t
(TIMER_CHN), 1);
    pwm_init(pwm_device_number_t(TIMER_PWM)); // Init PWM
    //SetPWMto 200000Hz
    pwm_set_frequency(pwm_device_number_t(TIMER_PWM),
  pwm_channel_number_t(TIMER_PWM_CHN), 200000, 0.5);
    // EnablePWM
    pwm_set_enable(pwm_device_number_t(TIMER_PWM),
  pwm_channel_number_t(TIMER_PWM_CHN), 1);
    while(1)
        continue;
}
```

## 4.4　看　门　狗

### 4.4.1　看门狗测试程序

看门狗 WDT 是 APB 的一种从外设，并且也是同步化硬件组件设计的组成部分，分别为
WDT0、WDT1。一个时钟超时 WDT 可以执行以下任务：

（1）产生一个系统复位信号；

（2）首先产生一个中断，不管该位是否已经被中断服务清除，其次它会产生一个系统复
位信号。

下面是看门狗测试程序代码：

```
#include "main.h"
CLed led1(LED1), led2(LED2);
CUart uart1(UART1);
CRtc rtc1;
CWdg wdg1;
int wdt0_irq(void *ctx)
{
    static int s_wdt_irq_cnt = 0;
    uart1.printf("wdt0_irq:%s\n", __func__);
    s_wdt_irq_cnt ++;
    if(s_wdt_irq_cnt < 2)
        wdg1.clear();
    else
        while(1);
    return 0;
}

void setup()
{
    rtc1.set(2018, 12, 1, 23, 30, 29);
    uart1.start();
    uart1.printf("\r\nwdt start!\n");
    wdg1.start(2000, wdt0_irq);
}
void loop()
{
    sleep(1);
    !led1;
    rtc1.update();
    uart1.printf("%4d-%d-%d %d:%d:%d\n", rtc1.year,
rtc1.month, rtc1.day, rtc1.hour, rtc1.minute, rtc1.second);
    static int timeout = 0;
```

```
    if(++timeout <2)
        wdg1.feed();
}
```

输出结果:

```
wdt start!
2018-12-1 23:30:30
2018-12-1 23:30:31
wdt0_irq:wdt0_irq
2018-12-1 23:30:32
wdt0_irq:wdt0_irq
wdt start!
2018-12-1 23:30:30
```

去掉 wdg1.clear:

```
int wdt0_irq(void *ctx)
{
    static int s_wdt_irq_cnt = 0;
    uart1.printf("wdt0_irq:%s\n", __func__);
    s_wdt_irq_cnt ++;
    return 0;
}
```

输出结果:

```
wdt start!
2018-12-1 23:30:30
(这个省略几十次的中断输出)
wdt0_irq:wdt0_irq
wdt0_irq:wdt0_
wdt start!
2018-12-1 23:30:30
2018-12-1 23:30:31
wdt0_irq:wdt0_irq
```

取消中断功能, 程序如下:

```
#include "main.h"
CLed led1(LED1), led2(LED2);
CUart uart1(UART1);
CRtc rtc1;
CWdg wdg1;
void setup()
{
    rtc1.set(2018, 12, 1, 23, 30, 29);
    uart1.start();
    uart1.printf("\r\nwdt start!\n");
    wdg1.start(2000);
}
```

```
void loop()
{
    sleep(1);
    !led1;
    rtc1.update();
    uart1.printf("%4d-%d-%d %d:%d:%d\n", rtc1.year,
rtc1.month, rtc1.day, rtc1.hour, rtc1.minute, rtc1.second);
    static int timeout = 0;
    if(++timeout <2)
        wdg1.feed();
}
```

输出结果如下：

```
wdt start!
2018-12-1 23:30:30
2018-12-1 23:30:31
wdt start!
2018-12-1 23:30:30
```

## 4.4.2 看门狗工作原理

（1）K210看门狗定时器主要包含模块有：

1）一个APB从接口；

2）一个当前计数器同步的寄存器模块；

3）一个随着计数器递减的中断/系统重置模块和逻辑控制电路；

4）一个同步时钟域来为异步时钟同步做支持。

（2）看门狗定时器支持如下设置：

1）APB总线宽度可配置为8、16和32位；

2）时钟计数器从某一个设定的值递减到0来指示时间的计时终止；

3）可选择的外部时钟使能信号，用于控制计数器的计数速率；

4）占空比可编程调节；

5）可编程和硬件设定计数器起始值；

6）计数器重新计时保护；

7）暂停模式，仅当使能外部暂停信号时；

8）WDT偶然禁用保护；

9）测试模式，用来进行计数器功能测试（递减操作）。

当外部异步时钟的功能启用时，将会产生时钟中断和系统重置信号，即使APB总线时钟关闭。

（3）看门狗定时器类CWdg代码如下：

```
class CWdg
{
 public:
    wdt_device_number_t id;
```

```
CWdg(int i＝0):id(wdt_device_number_t(i))
{
    plic_init();
    sysctl_enable_irq();
}
void start(uint64_t time_out_ms＝2000, plic_irq_callback_t on_irq=0)
{
    wdt_start(id, time_out_ms, on_irq);
}
void feed()
{
    wdt_feed(id);
}
void clear()
{
    wdt_clear_interrupt(id);
}
}
```

# 第5章

# 音频输入/输出接口

## 5.1　K210 音频输入/输出实例

### 5.1.1　K210 播放 PCM 音乐

#### 1. 播放 PCM 音乐程序

K210 集成电路内置音频总线共有 3 个（$I^2S_0$、$I^2S_1$、$I^2S_2$），都是 MASTER 模式。其中 $I^2S_0$ 支持可配置连接语音处理模块，实现语音增强和声源定向的功能。K210 开发板音频播放设备接口如图 5-1 所示，PCM 音频数据通过 $I^2S$ 音频总线接口连接到外部的 DAC 芯片，DAC 芯片一般可以选择 TM8211、PT8211 等，把数字音频转换成模拟音频信号，再连接到外部的音频信号放大电路进行放大，最终驱动喇叭播放声音。

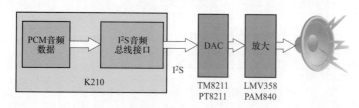

图 5-1　K210 开发板音频播放设备接口

下面是通过 K210 的 $I^2S$ 接口播放 PCM 音乐的程序，PCM 音乐数据以数组的形式保存在 pcm_data.h 文件之中，调用 play 函数播放音频数据，程序如下：

```
#include "main.h"
#include "pcm_data.h"
CIis iis0(IIS0);
void setup1()
{
    iis0.config();
}
void loop1()
{
    iis0.play((uint8_t *)test_pcm, sizeof(test_pcm));
}
```

2. 音频总线接口

KD233 开发板音频总线接口如图 5-2 所示。

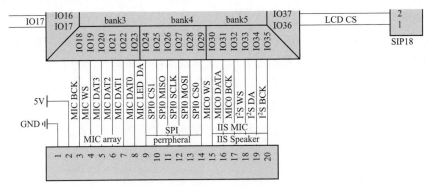

| IO_30 | B5 bank5_0 J25 | | MOSI |
|---|---|---|---|
| IO_31 | A5 bank5_1 J27 | | MISO |
| IO_32 | B4 bank5_2 J29 | | TF_CS# |
| IO_33 | A4 bank5_3 J31 | | IIS_DA |
| IO_34 | B3 bank5_4 J33 | | IIS_WS |
| IO_35 | A3 bank5_5 J35 | | IIS_BCK |

图 5-2　KD233 开发板音频总线接口

根据上述 KD233 开发板音频总线接口，可以在 io_map.h 文件中定义 KD233 开发板引脚的映射，代码如下：

```
#define IIS0        I2S_DEVICE_0, I2S_TRANSMITTER, 0x0C
#define IIS0_DATA  33, FUNC_I2S0_OUT_D1
#define IIS0_WS    34, FUNC_I2S0_WS
#define IIS0_CLK   35, FUNC_I2S0_SCLK
```

Sipeed M1 AI 开发板音频总线接口如图 5-3 所示。

图 5-3　Sipeed M1 AI 开发板音频总线接口

根据上述 Sipeed M1 AI 开发板音频总线接口，在 io_map.h 文件中定义 Sipeed M1 AI 开发板引脚的映射，代码如下：

```
#define IIS0        I2S_DEVICE_0, I2S_TRANSMITTER, 0x0C
#define IIS0_DATA  34, FUNC_I2S0_OUT_D1
#define IIS0_WS    33, FUNC_I2S0_WS
#define IIS0_CLK   35, FUNC_I2S0_SCLK
```

Sipeed M1 AI 开发板下载完成之后需要重新上电，才能播放出声音。

3. 采用 Winhex 软件把 WAV、PCM 音乐文件转 C 数组

Winhex 是一个专门用来应对各种日常紧急情况的工具，它可以用来检查和修复各种文件、恢复删除文件和硬盘损坏造成的数据丢失等，同时它还可以查看其他程序隐藏起来的文件和数据。总体来说 Winhex 是一款非常不错的十六进制编辑器。

Winhex 集成了强大的工具，包括磁盘编辑器、Hex 转换器和 RAM 编辑工具，并能够方便地调用系统常用工具，如计算器、记事本、浏览器等。在未登记注册的版本中，可以编辑

但不能保存大小超过 512KB 的文件，且只能浏览而不能修改编辑 RAM 区域。按 F8，弹出十六进制和十进制转换器，左边栏显示十六进制数字，右边栏显示十进制数字。如果在左边输入十六进制数，按 Enter，其十进制结果就出现在右边的矩形框中了，反之亦然。如果按组合键 Alt＋F8，可调用系统计算器。按 F9，弹出磁盘编辑器对话框，首先选择磁盘分区，然后按"确定"按钮就可以方便地对磁盘的空余空间进行清理。点击工具栏中的"RAM 编辑工具"按钮，弹出 RAM 编辑器，选择需要浏览或编辑修改的 RAM 区，选择"确定"就可以了，RAM 的内容就显示在主窗口了。

采用 Winhex 软件把 WAV、PCM 音乐文件转 C 数组的步骤如下：

（1）Winhex 打开所选文件；

（2）选中要选择的第一个数据，单击右键，选择"选块开始（alt＋1）"；

（3）选中要选择的最后一个数据，单击右键，选择"选块结束（alt＋2）"；

（4）左键单击编辑→全部复制→C 源码（此时已把 C 数组文件粘贴到了剪贴板）；

（5）将文本复制到一个文件，文本会以数组形式展现。

### 5.1.2 音频信号采集与播放

K210 开发板音频信号采集与播放设备接口如图 5-4 所示，包括音频信号采集和音频数据播放两部分。音频信号采集部分主要通过数字麦克风采集音频信号，通过 IIS 音频总线接口把数据采集到 K210 内存之中。音频数据播放部分与上述 5.1 介绍的相同，K210 把采集到的 PCM 音频数据通过 $I^2S$ 音频总线接口连接到外部的 DAC 芯片和音频信号放大电路进行放大，最后驱动喇叭播放声音。

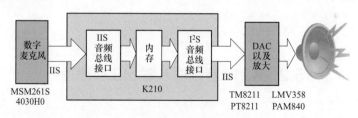

图 5-4　音频信号采集与播放设备接口

音频信号采集与播放程序如下：

```
#include "main.h"
CIis iis0(IIS0);
CIis iis2(IIS2);
void setup1()
{
    iis0.config(RESOLUTION_16_BIT, SCLK_CYCLES_32,
        TRIGGER_LEVEL_4, RIGHT_JUSTIFYING_MODE);
    iis2.config(RESOLUTION_16_BIT, SCLK_CYCLES_32,
        TRIGGER_LEVEL_4, STANDARD_MODE);
}
#define FRAME_LEN    128
#define BUF_LEN     1024
uint32_t rx_buf[BUF_LEN];
uint32_t g_index;
```

```
uint32_t g_tx_len;
//#include "pcm_data.h"
void loop1()
{
    //iis0.play((uint8_t *)test_pcm, sizeof(test_pcm));
    g_index += (FRAME_LEN*2);
    if(g_index >= 1023)g_index = 0;
    iis2.receive(DMAC_CHANNEL1, &rx_buf[g_index], FRAME_LEN * 2);
if(g_index-g_tx_len>=FRAME_LEN||g_tx_len-g_index>
=(1023-FRAME_LEN*2))
    {
        iis0.send(DMAC_CHANNEL0, &rx_buf[g_tx_len], FRAME_LEN * 2);
        g_tx_len += (FRAME_LEN * 2);
        if (g_tx_len >= 1023)g_tx_len = 0;
    }
}
```

KD233 音频信号采集与播放程序引脚的映射如下：

```
//i2s_0
#define IIS0       I2S_DEVICE_0, I2S_TRANSMITTER, 0x0C
#define IIS0_DATA  33, FUNC_I2S0_OUT_D1
#define IIS0_WS    34, FUNC_I2S0_WS
#define IIS0_CLK   35, FUNC_I2S0_SCLK
//i2s_2
#define IIS2       I2S_DEVICE_2, I2S_RECEIVER, 0x3
#define IIS2_DATA  36, FUNC_I2S2_IN_D0
#define IIS2_WS    37, FUNC_I2S2_WS
#define IIS2_CLK   38, FUNC_I2S2_SCLK
```

## 5.2  K210 音频输入/输出工作原理

### 5.2.1  K210 音频总线工作原理

**1. K210 音频总线介绍**

K210 集成电路内置音频总线共有 3 个（$I^2S_0$、$I^2S_1$、$I^2S_2$），都是 MASTER 模式。其中 $I^2S_0$ 支持可配置连接语音处理模块，实现语音增强和声源定向的功能。

$I^2S$ 标准总线定义了三种信号：时钟信号 BCK、声道选择信号 WS 和串行数据信号 SD。一个基本的 $I^2S$ 数据总线有一个主机和一个从机。主机和从机的角色在通信过程中保持不变。$I^2S$ 模块包含独立的发送和接收声道，能够保证优良的通信性能。

$I^2S$ 模块具有以下功能：

（1）根据音频格式自动配置设备（支持 16、24、32 位深，44100 采样率，1-4 声道）；

（2）可配置为播放或录音模式；

（3）自动管理音频缓冲区。

**2. K210 音频总线工作流程**

K210 音频总线工作流程如图 5-5 所示，包括端口映射、系统时钟（锁相）设置、$I^2S$ 端口时钟设置、I²S 发送通道设置等过程。

K210 音频总线的特性有：

（1）总线宽度可配置为 8、16、32 位；

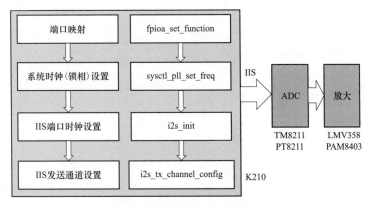

图 5-5 K210 音频总线工作流程

（2）每个接口最多支持 4 个立体声通道；

（3）由于发送器和接收器的独立性，所以支持全双工通信；

（4）APB 总线和 I²S SCLK 的异步时钟；

（5）音频数据分辨率为 12、16、20、24、32 位；

（6）$I^2S_0$ 发送 FIFO 深度为 64 字节，接收为 8 字节，$I^2S_1$ 和 $I^2S_2$ 的发送和接收 FIFO 深度都为 8 字节；

（7）支持 DMA 传输；

（8）可编程 FIFO 阈值。

**3. 音频处理器（APU）**

K210 音频处理器（APU）前处理模块负责语音方向扫描和语音数据输出的前置处理工作。APU 前处理模块的功能特性有：

（1）可以支持最多 8 路音频输入数据流，即 4 路双声道；

（2）可以支持多达 16 个方向的声源同时扫描预处理与波束形成；

（3）可以支持一路有效的语音数据流输出；

（4）内部音频信号处理精度达到 16 位；

（5）输入音频信号支持 12、16、24、32 位精度；

（6）支持多路原始信号直接输出；

（7）可以支持高达 192K 采样率的音频输入；

（8）内置 FFT 变换单元，可对音频数据提供 512 点快速傅里叶变换；

（9）利用系统 DMAC 将输出数据存储到 SoC 的系统内存中。

**4. 音频总线类**

音频总线类程序代码如下：

```
class CIis
{
    i2s_device_number_t iis;
```

```
    i2s_channel_num_t channel=I2S_CHANNEL_1;
    i2s_transmit_t mode=I2S_TRANSMITTER;
    uint32_t make;
    public:
CIis(i2s_device_number_t i=I2S_DEVICE_0,
i2s_transmit_t md=I2S_TRANSMITTER, uint32_t mk=0x3)
    :iis(i), mode(md), make(mk)
    {
        if(mode==I2S_TRANSMITTER)channel=I2S_CHANNEL_1;
        else channel=I2S_CHANNEL_0;
        if(i==I2S_DEVICE_0) {
            gpio_init(IIS0_DATA); gpio_init(IIS0_WS); gpio_init(IIS0_CLK);
        }
        else if(i==I2S_DEVICE_1) {
            gpio_init(IIS1_DATA); gpio_init(IIS1_WS); gpio_init(IIS1_CLK);
        }
        else if(i==I2S_DEVICE_2) {
            gpio_init(IIS2_DATA); gpio_init(IIS2_WS); gpio_init(IIS2_CLK);
        }
        else return;
    }
    void gpio_init(int io, fpioa_function_t func_n)
    {
        fpioa_set_function(io, func_n);
    }
    void config(
      i2s_word_length_t word_length=RESOLUTION_16_BIT,
      i2s_word_select_cycles_t word_select_size=SCLK_CYCLES_32,
      i2s_fifo_threshold_t trigger_level=TRIGGER_LEVEL_4,
      i2s_work_mode_t word_mode=RIGHT_JUSTIFYING_MODE)
      {
        i2s_init(iis, mode, make);
        if(mode==I2S_TRANSMITTER)
            i2s_tx_channel_config(iis, channel,
              word_length, word_select_size ,
              trigger_level,
              word_mode);
        else
            i2s_rx_channel_config(iis, channel,
              word_length, word_select_size ,
              trigger_level,
              word_mode);
    }
void play(const uint8_t *buf, size_t buf_len, dmac_channel_number_t
channel_num=DMAC_CHANNEL0, size_t frame=1024,
size_t bits_per_sample=16, uint8_t track_num=2)
    {
```

```
        i2s_play(iis, channel_num, buf, buf_len, frame,
bits_per_sample, track_num);
    }
    void receive(dmac_channel_number_t channel_num, uint32_t *buf,
size_t buf_len)
    {
        i2s_receive_data_dma(iis, buf, buf_len, channel_num);
    }
    void send(dmac_channel_number_t channel_num, const void *buf,
size_t buf_len)
    {
        i2s_send_data_dma(iis, buf, buf_len, channel_num);
    }
};
```

### 5.2.2　K210 开发板音频接口芯片介绍

#### 1. TM8211

TM8211 是两路 16 位数模转换集成电路，可广泛应用于数字音频、多媒体系统。芯片采用 CMOS 工艺设计，内部电路结构基于 $R$-$2R$ 电阻网络结构设计，并在全电源电压范围内实现 16bit 的动态范围。TM8211 可通过采用数字串行总线数据输入，采用快速 $R$-$2R$ 网络结构来支持 8X 的过采样音频信号处理。TM8211 内部结构如图 5-6 所示。

$R$-$2R$ 电阻网络 DAC 是单纯的电阻网络，不需要运放的辅助，一个 $n$ 位的 $R$-$2R$ 电阻网络 DAC 需要 $n-1$ 个 $R$ 电阻和 $n+1$ 个 $2R$ 电阻，只需要两种阻值，方便手工制作，在精度要求不高的应用中，可以直接使用电阻搭建，避免使用集成 DAC，从而降低成本。

8bit 的 $R$-$2R$ 电阻网络 DAC 的原理如图 5-7 所示，这个电路最神奇的地方在于，无论从哪个位置断开，向内看阻抗均为 $R$。输出阻抗固定为 $R$，由于输出阻抗恒定且容易计算，因此在输出做阻抗匹配时候比较方便。

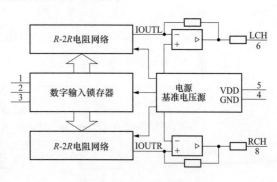

图 5-6　TM8211 内部结构

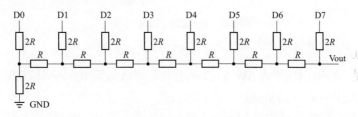

图 5-7　8bit 的 $R$-$2R$ 电阻网络 DAC 的原理

TM8211 支持较宽范围的采样频率，并与 PT8211、TDA1311 兼容，输入采用 LSBJ（Least Significant Bit Justified）格式，数字编码格式采用 MSB 在前的补码格式。TM8211 采用 8-pin

SOP 封装。TM8211 特性如下：

（1）CMOS 技术；

（2）支持 3.3V 总线输入电平；

（3）低功耗；

（4）单片双通道输出；

（5）16 bit 动态范围；

（6）低全谐波失真；

（7）两输出通道间无相移；

（8）8 pins，SOP 或 DIP 封装。

TM8211 主要应用于数字音频系统、CD ROM/VCD、多媒体声卡、MPEG 解码板、机顶盒，其电路原理如图 5-8 所示。

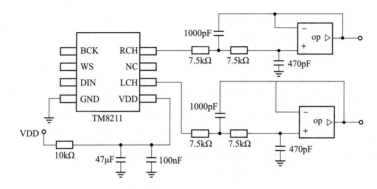

图 5-8　TM8211 电路原理

TM8211 的 I²S 时序如图 5-9 所示。

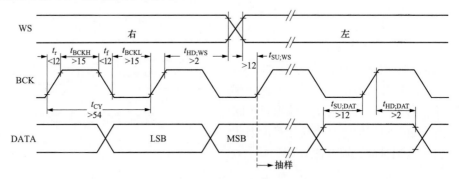

图 5-9　TM8211 的 I²S 时序

## 2. PAM8403

PAM8403 是一颗输出功率为 3W 的 D 类音频功率放大器 IC，它具有谐波失真低、噪声干扰小的特点，使其对声音的重放能够得到较好的音质。采用新型无耦合输出及无低通滤波电路之架构，使其可直接驱动喇叭，降低了整个方案成本及 PCB 空间的占用。在相同的外围元器件个数下，D 类功率放大器 IC PAM8403 比甲类功率放大器的效率要好得多，延长了电池的续航力，是携便式设备（如笔记本电脑等）的理想选择。

PAM8403 采用 SOP-16 封装。无滤波器的 D 类放大器，低静态电流，低 EMI，在 4Ω 负载和 5V 电源条件下，提供高达 3W 输出功率，效率高达 90%，低 THD，低噪声。PAM8403 电路原理如图 5-10 所示。

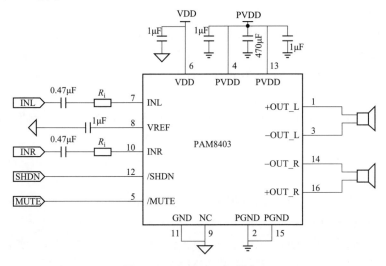

图 5-10 PAM8403 电路原理

### 3. MSM261S4030H0

$I^2S$ 是通用的数字音频接口，广泛使用于 DSP 和数字音频处理领域。敏芯推出的 MSM261S4030H0 和 MSM261S4737Z0 系列产品内置完整的 24bit $I^2S$ 音频接口，无需额外添加 codec，可实现直接与 DSP 或 MCU 的全数字化信号连接，为音频系统设计师降低信号链设计复杂度和整体成本。

在一个典型的音频系统中，通常由麦克风采集音频信号并转换为模拟电压信号输出，经 codec 的 DAC 转换为数字信号并编码后由主控芯片进行音频处理。对于少数干扰敏感的应用则会使用 PDM（脉冲密度调制）输出的 Mic，经 codec 编码为 $I^2S$ 信号后输入主控芯片。而敏芯发布的 $I^2S$ 麦克风无需任何模拟前端和 codec，将原生的数字音频信号输入主控芯片。

敏芯 $I^2S$ 在系统体积、成本、功耗和抗干扰性方面都具有极大的优势，具有极低的工作功耗，并特别集成了低功耗模式，两种模式之间可实现无缝切换。在普通模式下，产品可以提供最优的性能指标；而在低功耗模式，麦克风可以在保证一定的性能下以极低的功耗持续运行，该特性使敏芯 $I^2S$ 产品尤其适用于需要语音唤醒和语音监控等功能的移动电子产品，可有效延长系统的工作时间和电池寿命。

MSM261S4030H0 和 MSM261S4737Z0 都具有 +/−1dB 的超窄灵敏度公差控制，确保产品之间的灵敏度匹配，为多麦克风降噪、波束成形等应用进行了优化。产品有两种封装形式：MSM261S4737Z0 为底部进音产品，可以提供更好的性能特性；MSM261S4030H0 为顶部进声产品，可以提供更紧凑的封装尺寸和方便的表面贴装方式，电路原理如图5-11 所示。

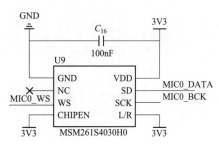

图 5-11 MSM261S4030H0 电路原理

### 5.2.3 WAV 和 PCM 音频格式介绍

**1. WAV 和 PCM 的区别**

WAV 是一种无损的音频文件格式，WAV 符合 PIFF（Resource Interchange File Format）规范。所有的 WAV 都有一个文件头，这个文件头音频流的编码参数。WAV 对音频流的编码没有硬性规定，除了 PCM 之外，还有几乎所有支持 ACM 规范的编码都可以为 WAV 的音频流进行编码。

PCM（Pulse Code Modulation，脉码调制录音），所谓 PCM 录音就是将声音等模拟信号变成符号化的脉冲列，再予以记录。PCM 信号是由［1］、［0］等符号构成的数字信号，而未经过任何编码和压缩处理。与模拟信号比，它不易受传送系统的杂波及失真的影响，动态范围宽，可得到音质相当好的影响效果。

简单来说，WAV 是一种无损的音频文件格式，PCM 是没有压缩的编码方式。

**2. WAV 和 PCM 的关系**

WAV 可以使用多种音频编码来压缩其音频流，不过我们常见的都是音频流被 PCM 编码处理的 WAV，但这不表示 WAV 只能使用 PCM 编码，MP3 编码同样也可以运用在 WAV 中。和 AVI 一样，只要安装好了相应的 Decode，就可以欣赏这些 WAV 了。在 Windows 平台下，基于 PCM 编码的 WAV 是被支持得最好的音频格式，所有音频软件都能完美支持，由于本身可以达到较高的音质的要求，WAV 也是音乐编辑创作的首选格式，适合保存音乐素材。因此，基于 PCM 编码的 WAV 被作为了一种中介的格式，常常使用在其他编码的相互转换之中，例如 MP3 转换成 WMA。

简单来说，PCM 是无损 WAV 文件中音频数据的一种编码方式，但 WAV 还可以用其他方式编码。

**3. PCM 文件**

PCM 文件是模拟音频信号经模数转换（A/D 变换）直接形成的二进制序列，该文件没有附加的文件头和文件结束标志。Windows 的 Convert 工具能够把 PCM 音频格式的文件转换成 Microsoft 的 WAV 格式的文件。

将音频数字化事实上就是将声音数字化，最常见的方式是通过脉冲编码调制 PCM。脉冲编码调制过程工作原理如图 5-12 所示，即首先考虑声音经过麦克风，转换成一连串电压变化的信号，要将此信号转为 PCM 格式，可用三个参数（声道数、采样位数、采样频率）来表示声音。图 5-12 中的横坐标为时间（s），纵坐标为电压大小。

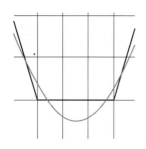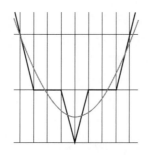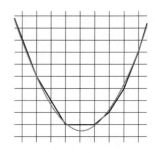

图 5-12　脉冲编码调制过程工作原理

图 5-12 中的格子从左到右，逐渐加密，先是加大横坐标的密度，然后加大纵坐标的密度。显然，当横坐标的单位越小，即两个采样时刻的间隔越小，则越有利于保持原始声音的真实情况，换句话说，采样的频率越大则音质越有保证。同理，当纵坐标的单位越小，则越有利于音质的提高，即采样的位数越大越好。

采样频率，即取样频率，指每秒钟取得声音样本的次数。采样频率越高，声音的质量也就越好，声音的还原也就越真实，但同一时间它占的资源更多。人耳的分辨率非常有限，太高的频率并不能分辨出来。在 16 位声卡中有 22kHz、44kHz 等几个等级，当中，22kHz 相当于普通 FM 广播的音质，44kHz 已相当于 CD 音质了，常用采样频率都不超过 48kHz。

采样位数，即采样值或取样值（就是将采样样本幅度量化）。它是用来衡量声音波动变化的一个参数，也能说是声卡的分辨率。它的数值越大，分辨率也就越高，所发出声音的能力越强。

声道数有单声道和立体声之分，单声道的声音仅仅能使用一个喇叭发声（有的也处理成两个喇叭输出同一个声道的声音）。立体声的 PCM 能够使两个喇叭都发声（一般左右声道有分工），更能感受到空间效果。

采样位数和采样频率示意图如图 5-13 所示，图中的黑色曲线表示的是 PCM 文件录制的自然界的声波，虚线曲线表示的是 PCM 文件输出的声波。图中横坐标是采样频率，纵坐标是采样位数。

在计算机中采样位数一般有 8 位和 16 位之分。但有一点请大家注意，8 位不是说把纵坐标分成 8 份，而是分成 2 的 8 次方即 256 份；同理，16 位是把纵坐标分成 2 的 16 次方 65536 份。而采样频率一般有 11025Hz（11kHz）、22050Hz（22kHz）、44100Hz（44kHz）三种。PCM 文件所占容量的公式为

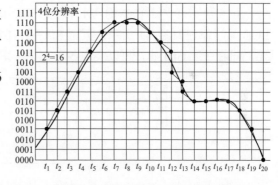

图 5-13　采样位数和采样频率示意图

存储量＝（采样频率×采样位数×声道）

×时间/8（单位：字节数）

比如，数字激光唱盘（CD－DA，红皮书标准）的标准采样频率为 44.1kHz。采样数位为 16 位，立体声（2 声道），能够几乎无失真地播出频率高达 22kHz 的声音，这也是人类所能听到的最高频率声音。激光唱盘 1min 音乐需要的存储量为

（44.1×1000×16×2）×60/8＝10,584,000（字节）＝10.584MB

这个数值就是 PCM 声音文件在硬盘中所占磁盘空间的存储量。

计算机音频文件的格式决定了其声音的品质：

（1）44kHz，16bit 的声音，称"CD 音质"；

（2）22kHz、16bit 的声音效果近似于立体声（FM Stereo）广播，称"广播音质"；

（3）11kHz、8bit 的声音，称"电话音质"。

微软的 WAV 文件就是 PCM 编码的一种。

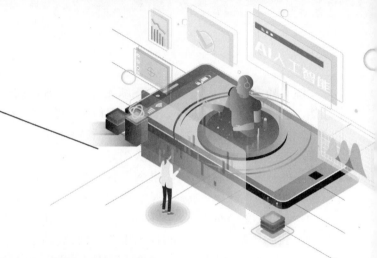

基于RISC-V的人工智能应用开发

# 第6章

# 显 示 屏 驱 动

## 6.1 K210 的 LCD 显示

### 6.1.1 最简单的 K210 LCD 显示程序

K210 没有专门的 LCD 接口，但可以采用普通的 IO 口或者 SPI 接口连接 LCD 屏。K210 有 4 组 SPI 串行外设接口，支持 1/2/4/8 线全双工模式，SPI0、SPI1、SPI2 可支持 25MHz 时钟，SPI3 最高可支持 100MHz 时钟，支持 32 位宽、32 位深的 FIFO，支持 DMA 功能。K210 LCD 显示原理如图 6-1 所示，采用 SPI＋DMA 功能，可以满足 K210 连接 LCD 屏的功能需要，同时通过 GUI 库，可以实现各种文字和图形的显示。

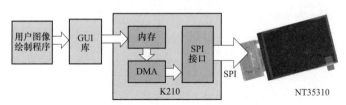

图 6-1　K210 LCD 显示原理

在 Obtian_Studio 中采用"K210 项目\LCD 显示模板"创建一个 K210 液晶屏显示项目，下面是该项目的主程序，在 setup 函数中初始化 LCD 接口，然后在主循环中显示一行字符串"我的第一个 LCD 程序"，字符串的颜色由"RGB（红，绿，蓝）"宏定义设置。第一个 LCD 程序代码如下：

```
#include "include/main.h"
CLcd lcd;
void setup()
{
    lcd.init();
}
void loop()
{
    lcd.TextOut(50, 50, "我的第一个 LCD 程序", RGB(255, 0, 0));
}
```

在 Obtian_Studio 的 K210 项目 LCD 显示模板里，默认使用的是 KD233 开发板，在 src/include 目录下的 IO 映射文件 io_map.h 文件之中有如下定义：

```
#define BOARD_KD233    1
#define BOARD_LICHEEDAN 0
```

在上述宏定义之中，BOARD_KD233 定义为 1，代表按 K233 开发板进行编译。编译完成之后按 Obtain_Studio 工具栏上的运行按钮即可以下载程序到 K210 开发板上，运行效果如图 6-2 所示。

图 6-2　KD233 最简单的 LCD 显示程序运行效果

如果要在 Sipeed M1 AI 开发板运行，则修改 io_map.h 之中的宏定义如下：

```
#define BOARD_KD233    0
#define BOARD_LICHEEDAN 1
```

还需要在 Obtain_Studio 之中打开 st7789.c 和 lcd_st7789.c 文件，什么都不用修改，重新保存一下，然后再重新编译项目，完成之后即可以下载，程序运行效果如图 6-3 所示。

图 6-3　Sipeed M1 AI 开发板最简单的 LCD 显示程序运行效果

### 6.1.2　显示统一接口函数的实现

为了方便单片机 LCD 屏显示程序设计，可以采用一种"显示程序统一接口"的方式，

TFT 驱动程序统一接口函数的实现方法如图 6-4 所示。采用该显示程序统一接口设置的程序，即可以在 K210 上运行，也可以在 STM32 开发板上运行。

　　统一接口函数主要包括初始化函数 init、画点函数 setPixel、画区域函数 rect、读取 TFT 内某点函数 getPixel，有了这几个函数，基本上可以完成所有 GUI 绘图的低层实现。画区域的功能也可以采用画点函数 setPixel 来实现，但是画点函数每画一个点需要发送 x 和 y 两个位置数据，这样在发送大量数据时的速度比较慢，而区域绘制函数可以只发送一次位置和区域大小数据就可以批量发送数据，因此绘制速度要快很多。

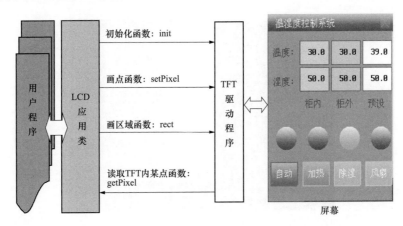

图 6-4　统一接口函数

统一接口函数的实现代码如下：

```cpp
class CTft_Driver
{
  public:
   void setPixel(unsigned int x, unsigned int y, unsigned int Color)
   {
      lcd_draw_point(x, y, Color);
   }
   void init(lcd_dir_t dir=DIR_XY_LRUD, unsigned int Color=RGB(255, 255, 255))
   {
      #if BOARD_LICHEEDAN
        sysctl_pll_set_freq(sysctl_pll_t(SYSCTL_CLOCK_PLL0), 400000000);
        lcd_init();
        lcd_clear(Color);
      #else
        sysctl_set_power_mode(SYSCTL_POWER_BANK1, SYSCTL_POWER_V18);
        fpioa_set_function(8, fpioa_function_t(FUNC_GPIOHS0
+ DCX_GPIONUM));
        fpioa_set_function(6, FUNC_SPI0_SS3);
        fpioa_set_function(7, FUNC_SPI0_SCLK);
        sysctl_set_spi0_dvp_data(1);
        lcd_init();
        lcd_set_direction(dir);
```

```
        lcd_clear(Color);
    #endif


}
void clear(uint16_t color)
{
    lcd_clear(color);
}
void rect(uint16_t x1, uint16_t y1, uint16_t width,
uint16_t height, uint32_t color)
{
     #if BOARD_LICHEEDAN
        uint32_t index;
    uint8_t dat[4];
    dat[0]=color>>8&0xff;
    dat[1]=color&0xff;
    dat[2]=dat[0];
    dat[3]=dat[1];
    LCD_Set_Window(x1, y1, width, height);
        LCD_SetCursor(x1, y1); //设置光标位置
    LCD_WriteRAM_Prepare();       //开始写入GRAM
    uint32_t B=width*height/2;
    for(index=0;index<B;index++)
    {
        tft_write_byte((uint8_t*)&dat, 4);
    }
     #else
        uint32_t data = ((uint32_t)color << 16) | (uint32_t)color;
        lcd_set_area(x1, y1, x1+width, y1+height);
        tft_fill_data(&data, width * height / 2);
    #endif
}
void image(uint16_t x1, uint16_t y1, uint16_t width,
uint16_t height, uint32_t *ptr)
{
    lcd_draw_picture(x1, y1, width, height, ptr);
}
};
```

# 6.2　GUI 程 序 设 计

## 6.2.1　GUI 基础

### 1. GUI 介绍

图形用户界面（Graphical User Interface，简称 GUI），又称图形用户接口，是指采用图

图 6-5　100×100 矩形

形方式显示的计算机操作用户界面。GUI 的广泛应用是当今计算机发展的重大成就之一，它极大地方便了非专业用户的使用。人们从此不再需要死记硬背大量的命令，取而代之的是可以通过窗口、菜单、按键等方式来方便地进行操作。嵌入式 GUI 具有轻型、占用资源少、高性能、高可靠性、便于移植、可配置等特点。

2．矩形绘制程序

最简单的图形绘制程序是在屏幕上显示一个矩形，例如在屏幕上绘制一个 100×100 大小的红色矩形，如图 6-5 所示。

绘制一个 100×100 大小的红色矩形参考程序代码如下：

```
#include "include/main.h"
CLcd lcd;
void setup()
{
    lcd.init();
}
void loop()
{
    for(int j=100;j<200;j++)
    for(int i=100;i<200;i++)
      lcd.setPixel(i, j, RGB(255, 0, 0));
}
```

上述程序在 K233 开发板上的运行效果如图 6-6 所示。

图 6-6　K233 开发板矩形绘制

上述程序在 Sipeed M1 AI 开发板上的运行效果如图 6-7 所示。

上述程序通过绘制点的函数来绘制一个区域，速度比较慢。如果希望快速绘制一个大的区域，则可以使用 imag 或者 rect 函数来实现。如果改用缓冲区数据绘制函数 imag 进行绘制，程序代码如下：

图 6-7 Sipeed M1 AI 开发板矩形绘制

```
#include "include/main.h"
CLcd lcd;
void setup()
{
    lcd.init();
}
void loop()
{
  uint16_t pic[10000];
  for(int i=0;i<10000;i++)pic[i]=(uint16_t)(RGB(255, 0, 0));
  lcd.image(100, 100, 100, 100, (uint32_t *)pic);
}
```

上述程序采用 imag 函数绘制矩形，需要提供一个与矩形大小相对应的内存块，对于绘制普通的实心矩形，调用 rect 函数来绘制更加方便，并且不用分配那么大的内存块。如果改用绘制实心框的函数 rect 进行绘制，程序代码如下：

```
#include "include/main.h"
CLcd lcd;
void setup()
{
    lcd.init();
}
void loop()
{
    lcd.rect(100, 100, 100, 100, RGB(255, 0, 0));
}
```

**3. 空心方框绘制程序**

绘制一个空心方框，也就是绘制一个空心矩形，思路是分别绘制矩形的四条边，如图 6-8 所示。

画一个空心方框的程序如下所示：

```
void FrameDraw(int x, int y, int w, int h)
{
```

图 6-8 空心方框

```
    int x1=x+w, y1=y+h;
    for(int i=x;i<x1;i++)p_tft->setPixel(i, y, RGB(0, 0, 255));
    for(int i=x;i<x1;i++)p_tft->setPixel(i, y1, RGB(0, 0, 255));
    for(int i=y;i<y1;i++)p_tft->setPixel(x, i, RGB(0, 0, 255));
    for(int i=y;i<y1;i++)p_tft->setPixel(x1, i, RGB(0, 0, 255));
}
```

**4. 按钮绘制程序**

绘制一个按钮的基本思路是绘制一个颜色渐变的矩形，然后绘制矩形的边框，如图 6-9 所示。

绘制按钮程序代码如下：

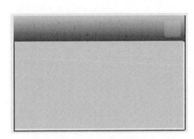

图 6-9　绘制按钮

```
void Draw()
{
    int x0=100, y0=70, x1=200, y1=130;
    unsigned int m_r=220, m_g=70, m_b=0;
    unsigned int s_r=(255-m_r)/(y1-y0+1),
s_g=(255-m_g)/(y1-y0+1), s_b=(255-m_b)/(y1-y0+1);
    m_r=200;m_g=200;m_b=200;
    for(int j=y0;j<y1;j++)        //画底色
    {
        if(m_r>s_r)m_r-=s_r;
        if(m_g>s_g)m_g-=s_g;
        if(m_b>s_b)m_b-=s_b;
        for(int i=x0;i<x1;i++) p_tft->setPixel(i, j, RGB(m_r, m_g, m_b));
    }
}
```

**5. 窗口绘制程序**

绘制一个窗口的思路是上方标题栏采用渐变的颜色，标题栏绘制一个四方框，框内绘制两条交叉线"×"，如图 6-10 所示。

图 6-10　绘制窗口

绘制窗口的程序代码如下：

```
void Windows()
{
    int x=10, y=20, w=200, h=130;
```

```
        FrameDraw(x, y, w, h);                //画边框
        int x1＝x＋w, y1＝y＋30, m＝50;
        volatile unsigned int co;
        for(int j＝y;j<y1;j＋＋)                 //画窗口上边
        {
            m＋＝5;   co＝ RGB(255-m, 255-m, 255);
            for(int i＝x;i<x1;i＋＋)
            {
                if(i>(x1-25)&&i<(x1-5)&&j>(y+5)&&j<(y1-5))
                    p_tft->setPixel(i, j, RGB(255, 255-m, 255-m));
                else       p_tft->setPixel(i, j, co);
            }
        }
x1＝x＋w-2, y1＝y＋h-2;
    co＝ RGB(209, 209, 200);//c;//
    for(int j＝y+30-1;j<y1;j＋＋)        //填充主窗口
    for(int i＝x+1;i<x1;i＋＋)
                p_tft->setPixel(i, j, co);
    //画右上角的关闭按键
    for(int i＝0;i<15;i＋＋)
        p_tft->setPixel(x1-21+i, y+8+i, co);
    for(int i＝0;i<15;i＋＋)
        p_tft->setPixel(x1-7-i, y+8+i, co);
}
```

## 6.2.2　简单的控件和窗口

Obtain_GUI 库几个常用的头文件如下：

```
#include    "Obtain_GUI/BaseControl.h"
#include    "Obtain_GUI/windows.h"
#include    "Obtain_GUI_Config.h"
#include    "Desktop.h"
```

CButton 类实现的按钮如图 6-11 所示。

CButton 类实现按钮的程序代码如下：

```
int main()
{
    CLcd lcd;
    lcd.init();
    p_tft=&lcd;
    //while(1)
    {
        CBaseControl* but0＝
new CButton(20, 20, 70, 40, RGB(0xff, 0, 0), "Post");
        but0->Draw();
    }
```

图 6-11　CButton 类实现的按钮

```
    return 0;
  }
```

CWindows 类实现的窗口如图 6-12 所示。

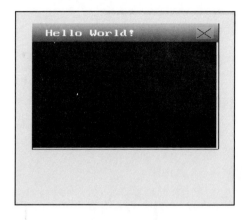

图 6-12　CWindows 类实现的窗口

CWindows 类实现窗口的程序代码如下：

```
#include  "Obtain_GUI/windows.h"
int main()
{
   CLcd lcd;
   lcd.init();
   p_tft=&lcd;
   //while(1)
   {
      CWindows* mw=new CWindows(20, 20, 200, 200, 0, "Hello World!");
      mw->DrawAll();
   }
   return 0;
}
```

实现如图 6-13 所示的自定义新窗口并添加控件。

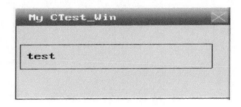

图 6-13　自定义新窗口

自定义新窗口类程序代码如下：

```
class myWin:public CWindows
```

```
{ public:
    void setup()
    {
        init(5, 40, 238, 150, RGB(0xff, 0xff, 0), "My CTest_Win");
    CBaseControl* edit0=new CEdit(5, 30, 210, 40,
RGB(0xff, 0xff, 0), "test");
        //edit0->setClickFun(onEditClick0);
    this->addControl(edit0);
    }
};
```

调用自定义新窗口类的主程序代码如下：

```
int main()
{
    CLcd lcd;
    lcd.init();
    p_tft=&lcd;
    //while(1)
    {
        myWin* mw1=new myWin();
        mw1->setup();
        mw1->DrawAll();
    }
    return 0;
}
```

在绘制大量数据的时候，由于都通过 setPixel 单点绘制速度比较慢，太浪费时间，因此可以增加一个直接写入批量数据的函数。

### 6.2.3　GUI 的事件处理

通过设置事件的回调函数来实现 GUI 的事件响应。采用 setClickFun 函数进行回调函数的设置，程序代码如下：

```
class myWin: public CWindows
{
public:
    void setup()
    {
        init(5, 40, 238, 150, RGB(0xff, 0xff, 0), "My CTest_Win");
    CBaseControl* edit0
=new CEdit(5, 30, 210, 40, RGB(0xff, 0xff, 0), "test");
        edit0->setClickFun((FUN)&myWin::onEditClick0);
    this->addControl(edit0);
```

```
    }
    void onEditClick0(Event &ev)
    {
        MessageBox("Desk_onStart");
    }
};
```

在主函数中，调用 Touch 初始触摸屏，调用 EventProcessing 函数进行事件的处理，程序代码如下：

```
int main()
{
    CLcd lcd;
    lcd.init();
    p_tft=&lcd;
    tou.init();
    myWin* mw1=new myWin();
    mw1->setup();
    app->init(mw1);
    while(1)
    {
        Touch();
        app->EventProcessing();
    }
    return 0;
}
```

### 6.2.4 完整的 GUI 例子

下面是一个简单的智能手机桌面风格的应用程序，智能手机桌面风格的应用程序与普通的窗口应用程序基本相似，在桌面上可以显示各种控件。但也有一些不同之处，一是外观不同；二是桌面上的控件相对位置与窗口控件不同；三是部分功能不同，例如桌面不需要关闭窗口功能。

为了方便进行设计，可以从公共窗口类中派生出一个专用的桌面类，负责桌面框架、桌面图标的绘制以及桌面事件响应等功能。

**1. 创建桌面应用类**

桌面应用类用于实现一个简易的类似于 Windows 等操作系统桌面功能的类，用户可以根据需要添加该类中的控件，实现不同的桌面功能。该类也可以进一步设计成可动态配置的形式，这样更加方便用户的使用。

**2. 主程序**

主程序代码如图 6-14 所示。

**3. 运行效果**

编译和下载，启动界面，运行效果如图 6-15 所示。

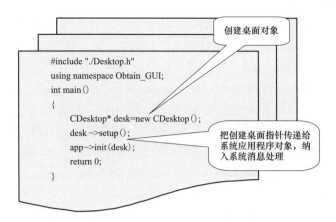

创建桌面对象

```
#include "./Desktop.h"
using namespace Obtain_GUI;
int main ()
{
        CDesktop* desk=new CDesktop ();
        desk ->setup ();
        app->init (desk);
        return 0;
}
```

把创建桌面指针传递给系统应用程序对象，纳入系统消息处理

图 6-14　创建桌面应用类应用程序

图 6-15　简单的智能手机桌面风格的应用程序运行效果

## 6.3　汉字显示以及基本图形绘制

### 6.3.1　汉字库

1. 常用汉字编码

（1）GB 编码。GB 编码全称是 GB/T 2312—1980《信息交换用汉字编码字符集 基本集》，1980 年发布，是中文信息处理的国家标准，在大陆及海外使用简体中文的地区（如新加坡等）是强制使用的唯一中文编码。P-Windows3.2 和苹果 OS 就是以 GB/T 2312—1980 为基本汉字编码，Windows 95/98 则以 GBK 为基本汉字编码，但兼容支持 GB/T 2312—1980。GB 码共收录 6763 个简体汉字、682 个符号，其中汉字部分包括：一级字 3755 个，以拼音排序；二级字 3008 个，以偏旁排序。

GB 编码标准的制定和应用对规范、推动中文信息化进程起了很大作用。1990 年又制定了繁体字的编码标准 GB/T 12345—1990《信息交换用汉字编码字符集 辅助集》，目的在于规范必须使用繁体字的各种场合，以及古籍整理等。该标准共收录 6866 个汉字（比GB/T 2312—1980 多 103 个字，其他厂商的字库大多不包括这些字），纯繁体的字大概有2200 余个。GB/T 2312—1980 集与 GB/T 12345—1990 集不是相交的，一个是简体，一个是繁体。

（2）BIG5 编码。BIG5 编码是台湾、香港地区普遍使用的一种繁体汉字的编码标准，包

括 440 个符号、一级汉字 5401 个、二级汉字 7652 个，共计 13060 个汉字。BIG5 是一个双字节编码方案，其第一字节的值在 16 进制的 A0～FE，第二字节在 40～7E 和 A1～FE。因此，其第一字节的最高位是 1，第二字节的最高位则可能是 1，也可能是 0。

（3）GBK 编码（Chinese Internal Code Specification）。GBK 编码，俗称大字符集，是中国大陆制订的、等同于 UCS 的新的中文编码扩展国家标准。GBK 工作小组成立于 1995 年 10 月，同年 12 月完成 GBK 规范。该编码标准兼容 GB/T 2312—1980，共收录汉字 21003 个、符号 883 个，并提供 1894 个造字码位，简、繁体字融于一库。Windows95/98 简体中文版的字库表层编码采用的就是 GBK，通过 GBK 与 UCS 之间——对应的码表与底层字库联系。其第一字节的值在 16 进制的 81～FE 之间，第二字节在 40～FE。

（4）Unicode 编码。Unicode 编码，即通用多八位编码字元集，国际标准组织于 1984 年 4 月成立 ISO/IEC JTC1/SC2/WG2 工作组，针对各国文字、符号进行统一性编码。1991 年美国跨国公司成立 Unicode Consortium，并于 1991 年 10 月与 WG2 达成协议，采用同一编码字集。Unicode 采用 16 位编码体系，其字符集内容与 ISO10646 的 BMP（Basic Multilingual Plane）相同。Unicode 于 1992 年 6 月通过 DIS（Draf International Standard），版本 V2.0 于 1996 公布，内容包含符号 6811 个、汉字 20902 个、韩文拼音 11172 个、造字区 6400 个、保留 20249 个，共计 65534 个。

2. 汉字的编码规则

计算机上使用的汉字有两类代码，一类叫外码，用来输入汉字，如拼音码、郑码、五笔字型码等。由于人们不断寻求更佳的汉字输入法，外码也就层出不穷。不同的外码其规则也不同，如果计算机内部存储汉字时，也采用这些五花八门的编码，势必使汉字系统过于复杂。因此，不论用什么输入法输入的汉字，在存入存储器时，都将它的外码转换成一种统一的代码，这就是汉字内码。

国标 GB/T 2312—1980 规定，全部国标汉字及符号组成 94×94 的矩阵，在这矩阵中，每一行称为一个"区"，每一列称为一个"位"。这样，就组成了 94 个区（01～94 区），每个区内有 94 个位（01～94）的汉字字符集。区码和位码简单地组合在一起（即两位区码居高位，两位位码居低位）就形成了"区位码"。区位码可唯一确定某一个汉字或汉字符号，反之，一个汉字或汉字符号都对应唯一的区位码，如汉字"玻"的区位码为"1803"（即在 18 区的第 3 位）。

所有汉字及符号的 94 个区划分成如下四个组：

（1）1～15 区为图形符号区，其中，1～9 区为标准区，10～15 区为自定义符号区；

（2）16～55 区为一级常用汉字区，共有 3755 个汉字，该区的汉字按拼音排序；

（3）56～87 区为二级非常用汉字区，共有 3008 个汉字，该区的汉字按部首排序；

（4）88～94 区为用户自定义汉字区。

英文字符的代码 ASCII 只用一个字节表示。为什么一个汉字要用两个字节来表示呢？原来一个字节（8 位二进制数）能表示的最大整数范围是 0～255，也就是说最多能表示 256 种不同的状态，这用于表示几十个英文字符足够了。但是汉字有成千上万个，所以至少要用两个字节（16 位二进制数）来编码。两个字节最多可有 65536 种不同的编码。常见的汉字编码范围如表 6-1 所示。

表 6-1                                                 汉 字 编 码 范 围

| 名称 | 第一字节 | 第二字节 |
|---|---|---|
| GB2312 | 0xB0~0xF7（176~247） | 0xA0~0xFE（160~254） |
| GBK | 0x81~0xFE（129~254） | 0x40~0xFE（64~254） |
| Big5 | 0x81~0xFE（129~255） | 0x40~0x7E（64~126），0xA1~0xFE（161~254） |

### 3. 汉字的区码和位码计算

汉字的内码是从上述区位码的基础上演变而来的。它是在计算机内部进行存储、传输所使用的汉字代码。区码和位码的范围都在01~94内，如果直接用它作为内码就会与基本ASCII码发生冲突，因此汉字的内码采用如下的运算规定：

高位内码＝区码＋20H＋80H

低位内码＝位码＋20H＋80H

在上述运算规则中加 20H 应理解为基本 ASCII 的控制码；加 80H 意在把最高二进制位置"1"，以与基本 ASCII 码相区别，或者说是识别是否汉字的标志位。例如"啊"字在 16 区 01 位，它的内码为：

第一字节＝16＋160＝176

第二字节＝1＋160＝161

又例如将汉字"玻"的区位码转换成机内码：

高位内码＝(18)D＋(20)H＋(80)H

＝(00010010)B＋(00100000)B＋(10000000)B

＝(10110010)B

＝(B2)H＝B2H

低位内码＝(3)D＋(20)H＋(80)H

＝(00000011)B＋(00100000)B＋(10000000)B

＝(10100011)B

＝(A3)H＝A3H

内码＝区码＋20H＋80H＋位码＋20H＋80H

＝(1011001010100011)B＝B2A3H

## 6.3.2  程序中加入汉字库实现汉字显示

### 1. 程序中加入汉字库

在程序中加入汉字库，是实现汉字显示最常用的方法，实现起来比较简单，运行速度也较快。但由于该方式把汉字库作为程序的一部插入到所生成的可执行二进制代码之中，这样程序庞大，例如插入一个 16×16 点阵的 GB/T 2312—1980 汉字库，程序加大了 200K，因此该方式仅仅适合于 Flash 比较大的处理器和开发板上。另外也可以只插入用到的汉字的字库，这样占用的程序空间小，但不能显示其他的汉字。

单片机和嵌入式程序中使用汉字库一般以数组的形式加入，因此或以根据需要自己创建一个这样的数组，然后放到一个头文件或 C 文件中。也可以从网上下载速成文件，例如网上有 16×16 点阵的汉字库文件 HzLib_65k.h，可以下载下来直接使用。

### 2. 汉字显示函数

在 CLcd 类中（文件名为 lcd.h），用 DrawGB 函数来实现一个汉字显示功能，在该函数中，首先计算汉字的内码，然后从 HzLib 数组中读取汉字的字模，然后调用 setPixel 函数来绘制一个点，通过循环把一个汉字的字模中所有的点都绘制到 TFT 上。汉字的字模包括在 \stm32_C++TFT\build\lib 目录下的 HzLib_65k.h 文件之中，以一个数组的形式定义。

可以在 lcd.h 文件中，当需要汉字库时，就文件形状加入一个宏定义"#define HzLib_65k"，不需要时就不加。lcd.h 文件再定义汉字库的选择宏定义，在不选择时只创建一个空的组数，宏定义内容如下：

```
#ifdef HzLib_65k
#include "HzLib_65k.h"
#else
unsigned char const HzLib[] = {
// 啊
//------------------------------------------------------
//; 源文件 / 文字:啊
//; 宽×高(像素): 16×16
//------------------------------------------------------
0x00, 0x00, 0xF7, 0x7E, 0x95, 0x04, 0x95, 0x04, 0x96, 0x74, 0x96, 0x54, 0x95,
0x54, 0x95, 0x54,
0x95, 0x54, 0xF5, 0x54, 0x97, 0x74, 0x04, 0x04, 0x04, 0x04, 0x04, 0x04,
0x14, 0x04, 0x08,
};
#endif
```

3. 汉字显示函数

在汉字显示函数中，首先计算汉字的内码，然后计算该汉字在汉字库数组中的位置。采用一个大循环来显示一个汉字，在大循环里采用两个子循环来显示一个汉字的左边和右边，第一个子循环汉字的左边，第二个子循环显示显示汉字的右边。最终每汉字点阵中的一个点，都调用一次 setPixel 函数来绘制一个点。汉字显示函数代码如下：

```
void CLcd::DrawGB(unsigned int x, unsigned int y, char ch[2], unsigned int charColor)
{
    unsigned char tmp_char=0;
    int num=0;
    unsigned long address=( ((*ch)-176)*94 + ((*(ch+1))-161) )*32;
    for (int i=0;i<16;i++)
    {
    tmp_char=HzLib[address+num];
    for (int j=0;j<8;j++)
    {
      if ( (tmp_char >> 7-j) & 0x01 == 0x01)
      {
          setPixel(x+j, y+i, charColor); // 字符颜色
      }
    }
    num++;
```

```
        tmp_char＝HzLib[address＋num];
        for (int j＝0;j<8;j++)
        {
          if ( (tmp_char >> 7-j) & 0x01 == 0x01)
            {
              setPixel(x+j+8, y+i-1, charColor); // 字符颜色
            }
        }
        num++;
    }
}
```

### 6.3.3　使用汉字库实现汉字显示

#### 1. 创建二进制汉字库文件

在使用汉字库时，首先要有二进制汉字库文件，可以采用现成的二进制汉字库文件，也可以根据前面的 **HzLib_65k.h** 等数组文件来创建二进制汉字库文件。例如，写一个 ARM GCC 项目，在文件中写入如下一行代码：

```
#include    "HzLib_65k.h"
```

#### 2. 使用汉字库

为了方便使用汉字库，并且与前面把程序中加入汉字库实现汉字显示的方式进行区别，可以创建一个新的类 CText，让该类固定地使用汉字库，或根据需要选择不同的汉字库。CText 从 CLcd 派生出来，这样就可以继承 CLcd 类的功能，只需要重写文本输出函数即可。CLcd 类声明如下：

```
class CText:public CLcd
{
public:
void TextOut(unsigned int x, unsigned int y, const char* ch, unsigned int
CharColor);
    void TextOut(unsigned int x0, unsigned int y0, unsigned int w, unsigned int
h, const char* ch, unsigned int CharColor);
    void get_HzLib(unsigned long address, unsigned char* c_HzLib);
    void DrawGB(unsigned int x, unsigned int y, const char ch[2], unsigned int
charColor);
    void DrawGB(unsigned int x, unsigned int y, const char ch[2], unsigned int
charColor, unsigned int bkColor);
    };
```

#### 3. 输出一行文本

在 CText 类中，第一个 TextOut 函数在（x，y）处开始输出一行文字，内容为参数 ch 指向的地址，字的颜色为参数 CharColor 指定的颜色。在输出时，根据字符的内码判断是英语字符还是中文字符，然后选择不同的字符输出函数。输出一行文本成员函数 TextOut 的实现代码如下：

```
void TextOut(unsigned int x, unsigned int y, const char* ch, unsigned int
CharColor)
{
    for(;*ch!='\0';ch++)
    {
        if((*ch&0x80)==0)//英文
        {
            DrawChar(x, y, *ch, CharColor);
            x+=8;
        }
        else//中文
        {
            DrawGB(x, y, ch, CharColor);
            x+=16;
            ch++;
        }
    }
}
```

### 4. 在某个区域内输出多行文本

CText 类的第二个 TextOut 函数实现在某个区域内输出多行文本。与第一个 TextOut 函数比较，该函数仅仅是多了区域的判断和换行的功能。当遇到换行 '\n' 时，让 "x=x0; y0+=20;"，即 x 坐标从头开始，y 坐标增加 20，即换到了下一行。当 x 坐标值超过右边界时[即程序中 "if（x>（x0+w））" 的判断]，实现换行。第二个 TextOut 函数的实现代码如下：

```
void TextOut(unsigned int x0, unsigned int y0, unsigned int w, unsigned int
h, const char* ch, unsigned int CharColor)
{
    unsigned int x=x0;
    for(;*ch!='\0';ch++)
    {
        if(*ch=='\n')
        {
            x=x0;y0+=20;
            continue;
        }
        if(x>(x0+w))
        {
            x=x0;y0+=20;
        }
        if((*ch&0x80)==0)//英文
        {
            DrawChar(x, y0, *ch, CharColor);
            x+=8;
        }
        else//中文
        {
```

```
            DrawGB(x, y0, ch, CharColor);
            x+=16;
            ch++;
        }
    }
}
```

5. 显示一个汉字

CText 类的第二个 DrawGB 函数实现一个汉字的显示。该函数只绘制汉字笔画所在的点，背景点不绘制。显示一个汉字的实现代码如下：

```
void DrawGB(unsigned int x, unsigned int y, const char ch[2], unsigned int charColor)
{
    unsigned char tmp_char=0;
    int num=0;

    unsigned long address=( ((*ch)-176)*94 + ((*(ch+1))-161) )*32;
    unsigned char c_HzLib[32];
    get_HzLib(address, c_HzLib);
    for (int i=0;i<16;i++)
    {
    tmp_char=c_HzLib[num];
    for (int j=0;j<8;j++)
    {
      if (( (tmp_char >>(7-j)) & 0x01) == 0x01)
      {
        setPixel(x+j, y+i, charColor);          // 字符颜色
      }
    }
    num++;
    tmp_char=c_HzLib[num];
    for (int j=0;j<8;j++)
    {
      if ( (((tmp_char >> (7-j)) & 0x01) == 0x01)
      {
        setPixel(x+j+8, y+i-1, charColor);    // 字符颜色
      }
    }
    num++;
    }
}
```

6. 显示一个带背景的汉字

CText 类的第二个 DrawGB 函数用于显示一个带背景的汉字。显示一个带背景汉字的实现代码如下：

```
void DrawGB(unsigned int x, unsigned int y, const char ch[2], unsigned int
```

105

```
charColor, unsigned int bkColor)
    {
        char tmp_char=0;
        int num=0;

    unsigned  long address=( ((*ch)-176)*94 + ((*(ch+1))-161) )*32;
     unsigned char  c_HzLib[32];
    get_HzLib(address, c_HzLib);
    for (int i=0;i<16;i++)
    {
      tmp_char=c_HzLib[num];
      for (int j=0;j<8;j++)
      {
        if (( (tmp_char >> (7-j)) & 0x01)== 0x01)
          {
            setPixel(x+j, y+i, charColor);          // 字符颜色
          }
          else
          {
            setPixel(x+j, y+i, bkColor);            // 背景颜色
          }
      }
      num++;
      tmp_char=c_HzLib[num];
      for (int j=0;j<8;j++)
      {
        if ( ((tmp_char >>(7-j)) & 0x01) == 0x01)
          {
            setPixel(x+j+8, y+i-1, charColor);    // 字符颜色
          }
          else
          {
            setPixel(x+j+8, y+i-1, bkColor);      // 背景颜色
          }
      }
      num++;
    }
  }
```

7. 使用上的汉字库实现汉字显示实例

在需要显示汉字之处，创建 CText，然后调用 TextOut 函数即可输出汉字文本。在运行之前，要把汉字库文件 Hz65k.o 保存到根目录下，并把插入到 STM32 板的 SD 接口上。使用上的汉字库实现汉字显示的测试代码如下：

```
CText text;
    text.TextOut(30, 30, 150, 150, "班超是东汉一个很有名气的将军，他从小就很用功，对未
```
来也充满了理想。\n 有一天，他正在抄写文件的时候，写着写着，突然觉得很闷，忍不住站起来，丢下笔

说：「大丈夫应该像傅介子、张骞那样，在战场上立下功劳，怎么可以在这种抄抄写写的小事中浪费生命呢!」 ", RGB (255, 0, 0));

### 6.3.4　基本图形绘制

#### 1. 画线

画线函数用于绘制两个已知点之间的直线。因为该函数中需要计算直线的斜率，因此主要用于斜线的绘制，如果是绘制横线和竖线，则直接用一个 for 循环来绘制直线更加高效。如果希望统一用 line 函数画线，并且希望绘制横线和竖线的效率都比较高，那么可以在 line 函数中加入横线或竖线的判断，方式是判断两个点的 x 坐标或 y 坐标是否相等。另外画线函数中还包括了线的宽度参数 pan。画线函数实现代码如下：

```
void CLcd::line(unsigned int x0, unsigned int y0, unsigned int x1, unsigned
int y1, unsigned int Colo, unsigned char pan)
{
    float ph;
    unsigned int t;
    if(x0>x1){t=x0;x0=x1;x1=t;}
    if(y0>y1){t=y0;y0=y1;y1=t;}
    int w=x1-x0;
    int h=y1-y0;
    if(w>h)
    {
        ph=(float)(h)/(float)(w);
        for(int j=0;j<pan;j++, y0++)
        for(int i=0;i<w;i++)
            setPixel(x0+i, y0+i*ph, Colo);
    }
    else
    {
        ph=(float)(w)/(float)(h);
        for(int j=0;j<pan;j++, x0++)
        for(int i=0;i<h;i++)
            setPixel(x0+i*ph, y0+i, Colo);
    }
}
```

#### 2. 画矩形

画矩形主要包括绘制空心矩形、实心矩形和带边框的实心矩形三种，分别由三个函数实现。绘制空心矩形和带边框的实心矩形两种采用相同的函数名称，只是参数列表不同，即采用函数重载的方式实现。画矩形的实现代码如下：

```
void CLcd::rectangle(unsigned int x0, unsigned int y0, unsigned int x1,
unsigned int y1, unsigned int Colo, unsigned char pan)
{
    unsigned int t;
    if(x0>x1){t=x0;x0=x1;x1=t;}
```

```
        if(y0>y1){t=y0;y0=y1;y1=t;}
        line(x0, y0, x1, y0, Colo, pan);
        line(x0, y1, x1+pan, y1, Colo, pan);
        line(x0, y0, x0, y1, Colo, pan);
        line(x1, y0, x1, y1, Colo, pan);
    }
    void CLcd::rectangleFU(unsigned int x0, unsigned int y0, unsigned int x1,
unsigned int y1, unsigned int Colo)
    {
        unsigned int t;
        if(x0>x1){t=x0;x0=x1;x1=t;}
        if(y0>y1){t=y0;y0=y1;y1=t;}

        for(int i=x0;i<x1;i++)
        for(int j=y0;j<y1;j++)
        {
            setPixel(i, j, Colo);
        }
    }
    void CLcd::rectangle(unsigned int x0, unsigned int y0, unsigned int x1,
unsigned int y1, unsigned int Colo, unsigned char pan, unsigned int FUColo)
    {
        unsigned int t;
        if(x0>x1){t=x0;x0=x1;x1=t;}
        if(y0>y1){t=y0;y0=y1;y1=t;}
        rectangle(x0, y0, x1, y1, Colo, pan);
        rectangleFU(x0+pan, y0+pan, x1, y1, FUColo);
    }
```

3. 画圆

画圆主要包括绘制空心圆、实心圆和带边框的实心圆三种，分别由三个函数实现。由于画的绘制里用到了正弦余弦函数，因此绘制速度比较慢。画圆的实现代码如下：

```
    void CLcd::circle(unsigned int x, unsigned int y, unsigned int r, unsigned
int Colo, unsigned char pan)
    {
        float angle;
        float step=1.0;
        unsigned int x0, y0, x1, y1;

        for(int i=0;i<pan;i++)
        {
            if(r!=0)step=0.5/(float)r;
            for(angle=0;angle<1.59;angle+=step)
            {
                x0=r*cos(angle);
                y0=r*sin(angle);
```

```
                setPixel(x+x0, y+y0, Colo);
                setPixel(x+x0, y-y0, Colo);
                setPixel(x-x0, y+y0, Colo);
                setPixel(x-x0, y-y0, Colo);
            }
            --r;
        }
    }
    void CLcd::circleFU(unsigned int x, unsigned int y, unsigned int r, unsigned
int Colo)
    {
        float angle;
        float step=1.0;
        unsigned int x0, y0;
        if(r!=0)step=0.5/(float)r;
        for(angle=0;angle<1.59;angle+=step)
        {
            x0=r*cos(angle);
            y0=r*sin(angle);

            int x1=x+x0;
            for(int y1=y+y0;y1>y-y0;y1--)
                setPixel(x1, y1, Colo);

            x1=x-x0;
            for(int y1=y+y0;y1>y-y0;y1--)
                setPixel(x1, y1, Colo);
        }
    }
    void CLcd::circle(unsigned int x, unsigned int y, unsigned int r, unsigned
int Colo, unsigned char pan, unsigned int FUColo)
    {
        circle(x, y, r, Colo, pan);
        circleFU(x, y, r-pan, FUColo);
    }
```

# 6.4　SPI 串行外设接口

## 6.4.1　K210 SPI 串行外设接口特点

### 1. 概述

K210 SPI 串行外设接口共有 4 组 SPI 接口,其中 SPI0、SPI1、SPI3 只能工作在 MASTER 模式,SPI2 只能工作在 SLAVE 模式,它们有如下特性:

(1) 支持 1/2/4/8 线全双工模式;

(2) SPI0、SPI1、SPI2 可支持 25MHz 时钟;

（3）SPI3 最高可支持 100MHz 时钟；

（4）支持 32 位宽、32 位深的 FIFO；

（5）独立屏蔽中断——主机冲突，发送 FIFO 溢出，发送 FIFO 空，接收 FIFO 满，接收 FIFO 下溢，接收 FIFO 溢出中断都可以被屏蔽独立；

（6）支持 DMA 功能；

（7）支持双沿的 DDR 传输模式；

（8）SPI3 支持 XIP（就地执行）。

2. LCD 屏的 SPI 端口映射

K210 LCD 屏的 SPI 接口原理如图 6-16 所示。

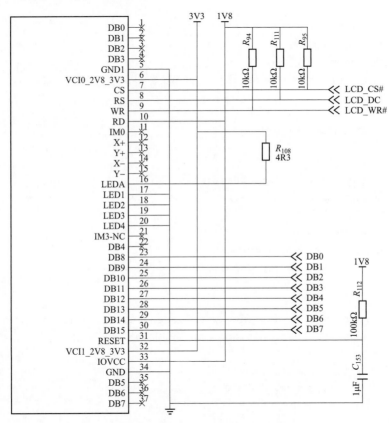

图 6-16　K210 LCD 屏的 SPI 接口原理图

KD233 开发板 LCD 屏的 SPI 端口映射：

```
sysctl_set_power_mode(SYSCTL_POWER_BANK1, SYSCTL_POWER_V18);
fpioa_set_function(8, fpioa_function_t(FUNC_GPIOHS0 + DCX_GPIONUM));
fpioa_set_function(6, FUNC_SPI0_SS3);
fpioa_set_function(7, FUNC_SPI0_SCLK);
sysctl_set_spi0_dvp_data(1);
gpiohs_set_drive_mode(DCX_GPIONUM, GPIO_DM_OUTPUT);
```

荔枝丹开发板（Sipeed M1 AI 开发板）LCD 屏的 SPI 端口映射：

```
fpioa_set_function(37, FUNC_GPIOHS0 + 10);//rst
gpiohs_set_drive_mode(10, GPIO_DM_OUTPUT);
sysctl->misc.spi_dvp_data_enable = 1;        //SPI_D0···.D7 output
fpioa_set_function(38, FUNC_GPIOHS2);//dc
gpiohs->output_en.u32[0] |= 0x00000004;
sysctl_reset(SPI_SYSCTL(RESET));
sysctl_clock_set_threshold(SPI_SYSCTL(THRESHOLD), 5);        //pll0/2
sysctl_clock_enable(SPI_SYSCTL(CLOCK));
fpioa_set_function(36, SPI_SS);
fpioa_set_function(39, SPI(SCLK));
```

## 3. SPI 操作函数

（1）SPI 通道选择与配置如下：

```
#define DCX_GPIONUM            (2)
#define SPI_CHANNEL            0
#define SPI_SLAVE_SELECT       3
void tft_hard_init(void)
{
    init_dcx();
    spi_init(SPI_CHANNEL, SPI_WORK_MODE_0, SPI_FF_OCTAL, 8, 0);
    spi_set_clk_rate(SPI_CHANNEL, 25000000);
}
```

（2）SPI 初始过程如下：

```
void tft_hard_init(void)
{
    init_dcx();
    spi_init(SPI_CHANNEL, SPI_WORK_MODE_0, SPI_FF_OCTAL, 8, 0);
    spi_set_clk_rate(SPI_CHANNEL, 25000000);
}
```

（3）SPI 写命令函数的实现方法如下：

```
void tft_write_command(uint8_t cmd)
{
    set_dcx_control();
    spi_init(SPI_CHANNEL, SPI_WORK_MODE_0, SPI_FF_OCTAL, 8, 0);
    spi_init_non_standard(SPI_CHANNEL, 8/*instrction length*/, 0/*address
length*/, 0/*wait cycles*/, SPI_AITM_AS_FRAME_FORMAT/*spi address trans mode*/);
    spi_send_data_normal_dma(DMAC_CHANNEL0, SPI_CHANNEL, SPI_SLAVE_SELECT,
(uint8_t *)(&cmd), 1, SPI_TRANS_CHAR);
}
```

（4）SPI 写数据函数的实现方法如下：

```
void tft_write_byte(uint8_t *data_buf, uint32_t length)
{
    set_dcx_data();
    spi_init(SPI_CHANNEL, SPI_WORK_MODE_0, SPI_FF_OCTAL, 8, 0);
```

```
        spi_init_non_standard(SPI_CHANNEL, 8/*instrction length*/, 0/*address
length*/, 0/*wait cycles*/, SPI_AITM_AS_FRAME_FORMAT/*spi address trans mode*/);
        spi_send_data_normal_dma(DMAC_CHANNEL0, SPI_CHANNEL, SPI_SLAVE_SELECT,
data_buf, length, SPI_TRANS_CHAR);
    }
```

## 6.4.2　SPI 串行外设接口工作原理

### 1. SPI 介绍

SPI 的通信原理很简单，它以主从方式工作，这种模式通常有一个主设备和一个或多个从设备，需要至少 4 根线，单向传输时也可以只用 3 根线（也是所有基于 SPI 的设备共有的）上述 4 根线分别为：

（1）SDI——SerialData In，串行数据输入；

（2）SDO——SerialDataOut，串行数据输出；

（3）SCLK——Serial Clock，时钟信号，由主设备产生；

（4）CS——Chip Select，从设备使能信号，由主设备控制。

其中，CS 是从芯片是否被主芯片选中的控制信号，也就是说只有片选信号为预先规定的使能信号时（高电位或低电位），主芯片对此从芯片的操作才有效。这就使在同一条总线上连接多个 SPI 设备成为可能。

接下来介绍负责通信的 3 根线。通信是通过数据交换完成的，这里先要知道 SPI 是串行通信协议，也就是说数据是一位一位传输的。这就是 SCLK 时钟线存在的原因，由 SCLK 提供时钟脉冲，SDI、SDO 则基于此脉冲完成数据传输。数据输出通过 SDO 线，数据在时钟上升沿或下降沿时改变，在紧接着的下降沿或上升沿被读取。完成一位数据传输，输入也使用同样原理。因此，至少需要 8 次时钟信号的改变（上沿和下沿为一次），才能完成 8 位数据的传输。

SCLK 信号线只由主设备控制，从设备不能控制信号线。同样，在一个基于 SPI 的设备中，至少有一个主控设备。这样的传输方式有一个优点，与普通的串行通信不同，普通的串行通信一次连续传送至少 8 位数据，而 SPI 允许数据一位一位传送，甚至允许暂停，因为 SCLK 时钟线由主控设备控制，当没有时钟跳变时，从设备不采集或传送数据。也就是说，主设备通过对 SCLK 时钟线的控制可以完成对通信的控制。SPI 还是一个数据交换协议，因为 SPI 的数据输入和输出线独立，所以允许同时完成数据的输入和输出。不同的 SPI 设备的实现方式不尽相同，主要是数据改变和采集的时间不同，在时钟信号上沿或下沿采集有不同定义，具体请参考相关器件的文档。

SPI 接口的一个缺点是没有指定的流控制，没有应答机制确认是否接收到数据。

### 2. SPI 数据传输

串行外设接口（SPI）是微控制器和外围 IC（如传感器、ADC、DAC、移位寄存器、SRAM 等）之间使用最广泛的接口之一。产生时钟信号的器件称为主机。主机和从机之间传输的数据与主机产生的时钟同步。同 $I^2C$ 接口相比，SPI 器件支持更高的时钟频率。用户应查阅产品数据手册以了解 SPI 接口的时钟频率规格。

SPI 接口只能有一个主机，但可以有一个或多个从机。图 6-17 显示了主机和从机之间的 SPI 连接。

来自主机的片选信号用于选择从机。这通常是一个低电平有效信号，拉高时从机与 SPI

总线断开连接。当使用多个从机时，主机需要为
每个从机提供单独的片选信号。本书中的片选信
号始终是低电平有效信号。

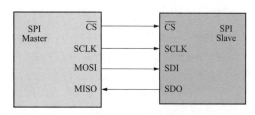

图 6-17 含主机和从机的 SPI 配置

MOSI 和 MISO 是数据线。MOSI 将数据从主
机发送到从机，MISO 将数据从从机发送到主机。

要开始 SPI 通信，主机必须发送时钟信号，
并通过使能 CS 信号选择从机。片选通常是低电
平有效信号。因此，主机必须在该信号上发送逻辑 0 以选择从机。SPI 是全双工接口，主机
和从机可以分别通过 MOSI 和 MISO 线路同时发送数据。在 SPI 通信期间，数据的发送（串
行移出到 MOSI/SDO 总线上）和接收［采样或读入总线（MISO/SDI）上的数据］同时进行。
串行时钟沿同步数据的移位和采样。SPI 接口允许用户灵活选择时钟的上升沿或下降沿来采
样和/或移位数据。欲确定使用 SPI 接口传输的数据位数，请参阅器件数据手册。

3. 时钟极性和时钟相位

在 SPI 中，主机可以选择时钟极性和时钟相位。在空闲状态期间，CPOL 位设置时钟信
号的极性。空闲状态是指传输开始时 CS 为高电平且在向低电平转变的期间，以及传输结束
时 CS 为低电平且在向高电平转变的期间。CPHA 位选择时钟相位。根据 CPHA 位的状态，
使用时钟上升沿或下降沿来采样和/或移位数据。主机必须根据从机的要求选择时钟极性和时
钟相位。根据 CPOL 和 CPHA 位的选择，有 4 种 SPI 模式可用。表 6-2 显示了这 4 种 SPI 模式。

表 6-2　　　　　　　　　　　通过 CPOL 和 CPHA 选择 SPI 模式

| SPI 模式 | CPOL | CPHA | 空闲状态下的时钟极性 | 用于采样和/或移位数据的时钟相位 |
|---|---|---|---|---|
| 0 | 0 | 0 | 逻辑低电平 | 数据在上升沿采样，在下降沿移出 |
| 1 | 0 | 1 | 逻辑低电平 | 数据在下降沿采样，在上升沿移出 |
| 2 | 1 | 1 | 高电平 | 数据在下降沿采样，在上升沿移出 |
| 3 | 1 | 0 | 高电平 | 数据在上升沿采样，在下降沿移出 |

图 6-18～图 6-21 显示了 4 种 SPI 模式下的通信示例。在这些示例中，数据显示在 MOSI
和 MISO 线上。传输的开始和结束用绿色虚线表示，采样边沿用橙色虚线表示，移位边沿用
蓝色虚线表示。请注意，这些图形仅供参考，要成功进行 SPI 通信，用户须参阅产品数据手
册并确保满足器件的时序规格。

SPI 模式 0 时序如图 6-18 所示，CPOL＝0，CPHA＝0：CLK 空闲状态 ＝ 低电平，数
据在上升沿采样，并在下降沿移出。

SPI 模式 1 时序如图 6-19 所示，CPOL＝0，CPHA＝1：CLK 空闲状态 ＝ 低电平，数
据在下降沿采样，并在上升沿移出。在此模式下，时钟极性为 0，表示时钟信号的空闲状态
为低电平。此模式下的时钟相位为 1，表示数据在下降沿采样（由橙色虚线显示），并且数据
在时钟信号的上升沿移出（由蓝色虚线显示）。

SPI 模式 2 时序如图 6-20 所示，CPOL＝1，CPHA＝1：CLK 空闲状态 ＝ 高电平，数
据在下降沿采样，并在上升沿移出。在此模式下，时钟极性为 1，表示时钟信号的空闲状态
为高电平。此模式下的时钟相位为 1，表示数据在下降沿采样（由橙色虚线显示），并且数据

在时钟信号的上升沿移出（由蓝色虚线显示）。

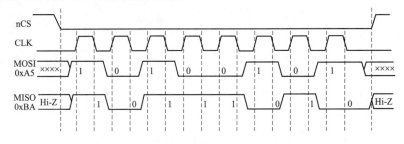

图 6-18  SPI 模式 0 时序

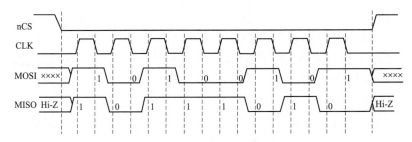

图 6-19  SPI 模式 1 时序

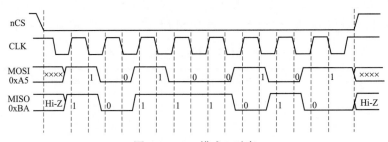

图 6-20  SPI 模式 2 时序

SPI 模式 3 时序如图 6-21 所示，CPOL＝1，CPHA＝0：CLK 空闲状态 ＝ 高电平，数据在上升沿采样，并在下降沿移出。在此模式下，时钟极性为 1，表示时钟信号的空闲状态为高电平。此模式下的时钟相位为 0，表示数据在上升沿采样（由橙色虚线显示），并且数据在时钟信号的下降沿移出（由虚线显示）。

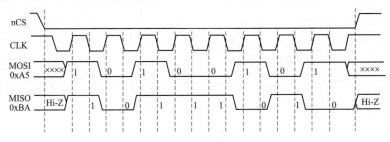

图 6-21  SPI 模式 3 时序

4. 常规模式连接

多个从机可与单个 SPI 主机一起使用。从机可以采用常规模式连接，或采用菊花链模式连接。

在常规模式下，主机需要为每个从机提供单独的片选信号。一旦主机使能（拉低）片选信号，MOSI/MISO 线上的时钟和数据便可用于所选的从机。如果使能多个片选信号，则 MISO 线上的数据会被破坏，因为主机无法识别哪个从机正在传输数据。

从图 6-22 可以看出，随着从机数量的增加，来自主机的片选线的数量也增加。这会快速增加主机需要提供的输入和输出数量，并限制可以使用的从机数量。可以使用其他技术来增加常规模式下的从机数量，例如使用多路复用器产生片选信号。

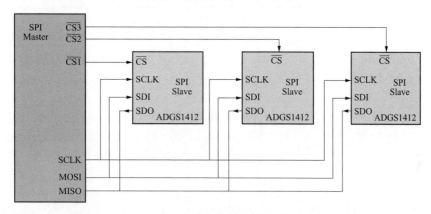

图 6-22　多从机 SPI 配置

### 5. 菊花链模式

在菊花链模式下，所有从机的片选信号连接在一起，数据从一个从机传播到下一个从机。在此配置中，所有从机同时接收同一 SPI 时钟。来自主机的数据直接送到第一个从机，该从机将数据提供给下一个从机，依此类推。

使用该方法时，由于数据是从一个从机传播到下一个从机，所以传输数据所需的时钟周期数与菊花链中的从机位置成比例。例如在图 6-23 所示的 8 位系统中，为使第 3 个从机能够获得数据，需要 24 个时钟脉冲，而常规 SPI 模式下只需 8 个时钟脉冲。

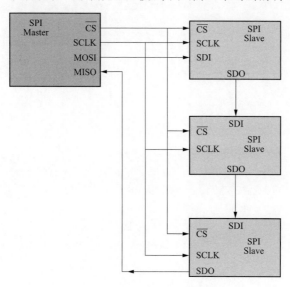

图 6-23　多从机 SPI 菊花链配置

图 6-24 显示了时钟周期和通过菊花链的数据传播。并非所有 SPI 器件都支持菊花链模式。请参阅产品数据手册以确认菊花链是否可用。

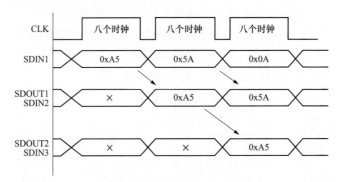

图 6-24　菊花链配置：数据传播

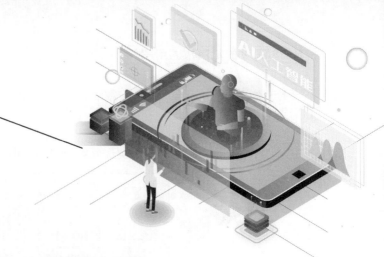

# 第7章

# 摄像头数据采集

## 7.1 K210摄像头数据采集

### 7.1.1 K210摄像头数据采集程序

K210 数字视频端口（Digital Video Port，DVP）是摄像头接口模块，支持 DVP 接口的摄像头，支持串行摄像机控制总线协议（Serial Camera Control Bus，SCCB）配置摄像头寄存器，最大支持 640×480 及以下分辨率，每帧大小可配置。通过简单的配置，K210 就可以通过 DVP 接口读取摄像头的图像数据，方便把 K210 应用于各图像采集、图像识别产品之中。

K210 摄像头数据采集程序的工作原理如图 7-1 所示，通过 DVP 接口采集摄像头的图像数据，然后保存到内存，最后通过 SPI 接口把数据输出到液晶屏上显示出来。同时，通过 SCCB 接口与实现对摄像头的初始化与控制。

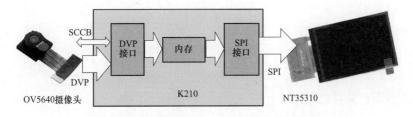

图 7-1 K210 摄像头数据采集程序的工作原理

K210 摄像头数据采集测试程序代码如下：

```
#include "main.h"
CLcd lcd;
CCamera cam1;
void setup()
{
lcd.init(DIR_YX_LRUD);
cam1.init();
}
void loop()
{
```

```
cam1.wait();
lcd.rect(0, 0, 320, 240, (uint32_t *)(display_image.addr));
}
```

也可以把内存分成两块，构成乒乓缓存结构，如图 7-2 所示。

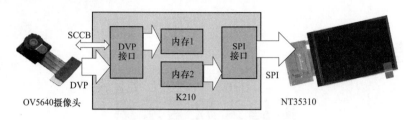

图 7-2　双缓冲区模式显示原理

双缓冲区模式 K210 摄像头数据采集测试程序代码如下：

```
#include "main.h"
uint32_t gram0[38400] __attribute__((aligned(64)));
uint32_t gram1[38400] __attribute__((aligned(64)));
CLcd lcd;
CCamera cam1;
void setup()
{
    lcd.init(DIR_YX_LRUD);
    cam1.init((unsigned long)gram0, (unsigned long)gram1);
}
void loop()
{
    cam1.wait();
lcd.rect(0, 0, 320, 240, (uint32_t *)
(CCamera::cam_ram_mux?gram0:gram1));
}
```

## 7.1.2　K210 数字视频接口

### 1. K210 数字视频接口介绍

K210 数字视频接口（DVP）是摄像头接口模块，特性如下：

（1）支持 DVP 接口的摄像头。

（2）支持 SCCB 协议配置摄像头寄存器。

（3）最大支持 640×480 及以下分辨率，每帧大小可配置。

（4）支持 YUV422 和 RGB565 格式的图像输入。

（5）支持图像同时输出到 KPU 和显示屏：

——输出到 KPU 的格式可选 RGB888 或 YUV422 输入时的 Y 分量；

——输出到显示屏的格式为 RGB565。

（6）检测到一帧开始或一帧图像传输完成时可向 CPU 发送中断。

K210 数字视频接口结构如图 7-3 所示。

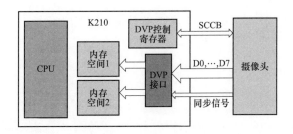

图 7-3　K210 数字视频接口结构

KD233 摄像头接口原理如图 7-4 所示。

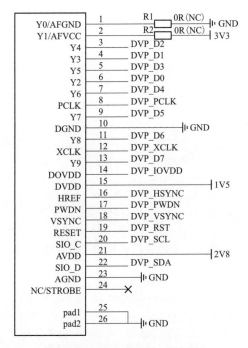

图 7-4　KD233 摄像头接口原理

## 2. CCamera 类

（1）camera.cpp 程序如下：

```cpp
#include "camera.hpp"
uint32_t CCamera::cam_lcd_gram0＝0;
uint32_t CCamera::cam_lcd_gram1＝0;
volatile uint8_t CCamera::cam_dvp_finish_flag＝0;
volatile uint8_t CCamera::cam_ram_mux＝0;
int on_irq_dvp(void* ctx)
{
    if (dvp_get_interrupt(DVP_STS_FRAME_FINISH))
    {
        /* 切换缓冲区*/
        dvp_set_display_addr(CCamera::cam_ram_mux ?
CCamera::cam_lcd_gram0:CCamera::cam_lcd_gram1);
```

```
        dvp_clear_interrupt(DVP_STS_FRAME_FINISH);
        CCamera::cam_dvp_finish_flag = 1;
    }
    else
    {
        dvp_start_convert();
        dvp_clear_interrupt(DVP_STS_FRAME_START);
    }
    return 0;
}
```

（2）camera.h 程序如下：

```
#ifndef CAMERA_HPP_
#define CAMERA_HPP_
#include "lib.h"
int on_irq_dvp(void* ctx);
class CCamera
{
public:
    static uint32_t cam_lcd_gram0;
    static uint32_t cam_lcd_gram1;
    static volatile uint8_t cam_dvp_finish_flag;
    static volatile uint8_t cam_ram_mux;
public:
    void init(unsigned long gram0, unsigned long gram1)
    {
    cam_lcd_gram0=(unsigned long)gram0;
    cam_lcd_gram1=(unsigned long)gram1;
    /* 设置 CPU 和 DVP 时钟 */
    sysctl_pll_set_freq(SYSCTL_PLL0, 400000000UL);
    sysctl_pll_set_freq(SYSCTL_PLL1, 160000000UL);
    io_mux_init();
    io_set_power();
    plic_init();
    /* DVP 初始化 */
    printf("DVP init\n");
    #if OV5640
    dvp_init(16);
    dvp_enable_burst();
    dvp_set_output_enable(dvp_output_mode_t(0), (1));
    dvp_set_output_enable(dvp_output_mode_t(1), (1));
    dvp_set_image_format(DVP_CFG_RGB_FORMAT);
    dvp_set_image_size(320, 240);
    ov5640_init();
    #else
    dvp_init(8);
    dvp_enable_burst();
```

```
    dvp_set_output_enable(dvp_output_mode_t(0), 1);
    dvp_set_output_enable(dvp_output_mode_t(1), 1);
    dvp_set_image_format(DVP_CFG_RGB_FORMAT);
    dvp_set_image_size(320, 240);
    ov2640_init();
    #endif
    dvp_set_ai_addr((uint32_t)0x40600000, (uint32_t)0x40612C00,
(uint32_t)0x40625800);
    dvp_set_display_addr((unsigned long)cam_lcd_gram0);
    dvp_config_interrupt(DVP_CFG_START_INT_ENABLE |
DVP_CFG_FINISH_INT_ENABLE, 0);
    dvp_disable_auto();
    /* DVP中断配置 */
    printf("DVP interrupt config\n");
    plic_set_priority(IRQN_DVP_INTERRUPT, 1);
    plic_irq_register(IRQN_DVP_INTERRUPT, on_irq_dvp, NULL);
    plic_irq_enable(IRQN_DVP_INTERRUPT);
    /* 系统中断使能 */
    sysctl_enable_irq();
    /* 启动DVP*/
    cam_ram_mux = 0;
    cam_dvp_finish_flag = 0;
    dvp_clear_interrupt(DVP_STS_FRAME_START | DVP_STS_FRAME_FINISH);
    dvp_config_interrupt(DVP_CFG_START_INT_ENABLE |
DVP_CFG_FINISH_INT_ENABLE, 1);
    }
    void wait(void)
    {   /* 等待*/
        while (cam_dvp_finish_flag == 0);
        cam_dvp_finish_flag = 0;
        cam_ram_mux ^= 0x01;
    }
void io_mux_init(void)
{
    /* 设置及初始化DVP的IO口 */
#if BOARD_KD233
    fpioa_set_function(11, FUNC_CMOS_RST);
    fpioa_set_function(13, FUNC_CMOS_PWDN);
    fpioa_set_function(14, FUNC_CMOS_XCLK);
    fpioa_set_function(12, FUNC_CMOS_VSYNC);
    fpioa_set_function(17, FUNC_CMOS_HREF);
    fpioa_set_function(15, FUNC_CMOS_PCLK);
    fpioa_set_function(10, FUNC_SCCB_SCLK);
    fpioa_set_function(9, FUNC_SCCB_SDA);
#endif
#if BOARD_LICHEEDAN
    fpioa_set_function(47, FUNC_CMOS_PCLK);
```

121

```
        fpioa_set_function(46, FUNC_CMOS_XCLK);
        fpioa_set_function(45, FUNC_CMOS_HREF);
        fpioa_set_function(44, FUNC_CMOS_PWDN);
        fpioa_set_function(43, FUNC_CMOS_VSYNC);
        fpioa_set_function(42, FUNC_CMOS_RST);
        fpioa_set_function(41, FUNC_SCCB_SCLK);
        fpioa_set_function(40, FUNC_SCCB_SDA);
#endif
}
 void io_set_power(void)
{
    /* 设置 DVP 接口电压为 1.8V */
    sysctl_set_power_mode(SYSCTL_POWER_BANK2, SYSCTL_POWER_V18);
}
void ai_addr(uint32_t r_addr, uint32_t g_addr, uint32_t b_addr)
{
    dvp_set_ai_addr(r_addr, g_addr, b_addr);
}
};
#endif /* CAMERA_HPP_ */
```

## 7.2  DVP 接口工作原理

### 7.2.1  DVP 接口

摄像头的接口主要有 MIPI 接口、DVP 接口、CSI 接口三大类。常用的计算机摄像头接口是 USB 接口，而常见的智能手机上的摄像头是 MIPI 接口，还有一部分的摄像头（比如说某些支持 DVP 接口的硬件）是 DVP 接口。通俗地讲，USB 是串行通用串行总线（Universal Serial Bus）的简称，而 MIPI 是移动行业处理器接口（Mobile Industry Processor Interface），DVP 是数字视频端口（Digital Video Port）的简称，CSI 是相机串行接口（CMOS Sensor Interface）的简称。

1. DVP 接口

DVP 总线 PCLK 极限约在 96M 左右，而且走线长度不能过长，所有 DVP 最大速率最好控制在 72M 以下，PCB layout 较容易画；MIPI 总线速率 lvds 接口耦合，走线必须差分等长，并且需要保护，故对 PCB 走线以及阻抗控制要求高一点（一般来讲差分阻抗要求在 85～125Ω 之间）。

DVP 是并口，需要 PCLK、VSYNC、HSYNC、D [0:11]——可以是 8/10/12bit 数据，具体情况要看 ISP 或 baseband 是否支持；MIPI 是 LVDS 低压差分串口，只需要 CLKP/N、DATAP/N——最大支持 4-lane，一般 2-lane 可以搞定。MIPI 接口比 DVP 的接口信号线少，由于是低压差分信号，产生的干扰小，抗干扰能力也强。最重要的是 DVP 接口在信号完整性方面受限制，速率也受限制。500W 还可以勉强用 DVP，800W 及以上都采用 MIPI 接口。

2. MIPI 接口

MIPI 是 2003 年由 ARM、Nokia、ST、TI 等公司成立的一个联盟，目的是把手机内部的接口如摄像头、显示屏接口、射频/基带接口等标准化，从而减少手机设计的复杂程度和增加设计灵活性。MIPI 联盟下面有不同的 WorkGroup，分别定义了一系列的手机内部接口标准，比如摄像头接口 CSI、显示接口 DSI、射频接口 DigRF、麦克风/喇叭接口 SLIMbus 等。统一接口标准的好处是手机厂商根据需要可以从市面上灵活选择不同的芯片和模组，更改设计和功能时更加快捷方便。

MIPI 其优点是更低功耗、更高数据传输率和更小的 PCB 占位空间，并且专门为移动设备进行的优化，因而更适合手机和智能平板的连接。DVP 总线 PCLK 极限大约在 96M 左右，而且走线长度不能过长，所有 DVP 最大速率最好控制在 72M 以下，故 PCB layout 会较好画。MIPI 总线速率随便就几百兆，而且是 lvds 接口耦合，走线必须差分等长，并且注意保护，故对 PCB 走线以及阻抗控制要求高一点。

采用 MIPI 接口的模组相较于并口具有速度快、传输数据量大、功耗低、抗干扰好的优点，越来越受到客户的青睐。例如一款同时具备 MIPI 和并口传输的 8M 的模组，8 位并口传输时需要至少 11 根的传输线，高达 96M 的输出时钟才能达到 12FPS 的全像素输出而采用 MIPI 接口仅需要 2 个通道 6 根传输线就可以达到，在全像素下 12FPS 的帧率且消耗电流会比并口传输低大概 20MA。由于 MIPI 是采用差分信号传输的，所以在设计上需要按照差分设计的一般规则进行严格的设计关键是需要实现差分阻抗的匹配。MIPI 协议规定传输线差分阻抗值为 80～125Ω。

## 7.2.2 OV5640 摄像头

OV5640 是 500 万像素摄像头芯片，可在无铅封装 1/4 英寸，为大容量移动市场提供完整的 500 万像素相机解决方案，旨在应用于大容量自动对焦（AF）电话市场。OV5640 片上系统（SOC）传感器采用 OmniVision 的 1.4μm OmniBSI_6_4 背面照明结构，以提供优异的像素性能和最好的一流微光灵敏度，同时使超紧凑相机模块设计尺寸达到 8.5mm×8.5mm、小于 6mm 高度。OV5640 提供了完整的相机的全部功能，包括防抖动技术、AF 控制和 MIPI，同时更容易调谐双芯片解决方案。OV5640500 内部结构如图 7-5 所示，OV5640500 引脚功能说明如表 7-1 所示。

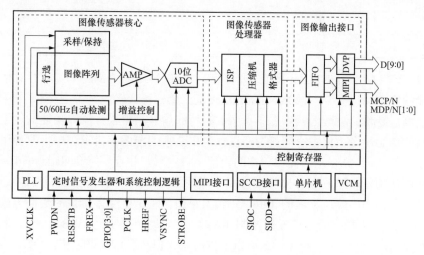

图 7-5　OV5640500 内部结构

表 7-1                                    OV5640500 引脚功能说明

| 名称 | 类型 | 功能/说明 |
| --- | --- | --- |
| AVDD | 电源 | 模拟电源 |
| SIO_D | 输入/输出 | SCCB 数据口 |
| SIO_C | 输入 | SCCB 时钟口 |
| D1 | 输出 | 数据位 1 |
| D3 | 输出 | 数据位 3 |
| PWDN | 输入（0） | POWER DOWN 模式选择，0：工作，1：停止 |
| VREF2 | 参考 | 并 0.1μF 电容 |
| AGND | 电源 | 模拟地 |
| D0 | 输出 | 数据位 0 |
| D2 | 输出 | 数据位 2 |
| DVDD | 电源 | 核电压＋1.8VDC |
| VREF1 | 参考 | 参考电压并 0.1μF 电容 |
| VSYNC | 输出 | 帧同步 |
| HREF | 输出 | 行同步 |
| PCLK | 输出 | 像素时钟 |
| STROBE | 输出 | 闪光灯控制输出 |
| XCLK | 输入 | 系统时钟输入 |
| D7 | 输出 | 数据位 7 |
| D5 | 输出 | 数据位 5 |
| DOVDD | 电源 | I/O 电源，电压（1.7～3.0） |
| RESET | 输入 | 初始化所有寄存器到默认值，为 0 复位 |
| DOGND | 电源 | 数字地 |
| D6 | 输出 | 数据位 6 |
| D4 | 输出 | 数据位 4 |

OV5640 支持 60 帧/s 的 720p 高清视频和 30 帧/s 的 1080p 高清视频，具有对格式化和输出数据传输的完全用户控制。720p/60 高清视频是在全视场（FOV）中用 2×2 分频捕获的，增加了灵敏度，提高了信噪比（SNR）。此外，独特的后装箱重采样滤波功能消除了倾斜边缘周围的锯齿状伪影，最小化了空间伪影，以提供更清晰的图像。为了进一步改善相机的性能和用户体验，OV5640 具有用于图像稳定的内部防抖引擎，并且支持 Scalado_6_4 标记，以便进行更快地图像预览和缩放。OV5640 提供数字视频端口（DVP）并行接口和高速双通道 MIPI 接口，支持多种输出格式。集成的 JPEG 压缩引擎简化了带宽受限接口的数据传输。该传感器的自动图像控制功能包括自动曝光控制（AEC）、自动白平衡（AWB）、自动带通滤波器（ABF）、50/60 Hz 自动亮度检测和自动黑电平校准（ABLC）。OV5640 提供帧速率、AEC/AGC 16 区域大小/位置/重量控制、镜像和翻转、裁剪、开窗和平移的可编程控制器。它还提供颜

色饱和度、色调、伽马、锐度（边缘增强）、透镜校正、缺陷像素消除和噪声消除以提高图像质量。

### 7.2.3 SCCB 总线

#### 1. SCCB 协议介绍

SCCB（Serial Camera Control Bus）是和 $I^2C$ 相同的一个协议。SIO_C 和 SIO_D 分别为 SCCB 总线的时钟线和数据线。SCCB 总线通信协议只支持 100KB/s 或 400KB/s 的传输速度，并且支持两种地址形式：

（1）从设备地址（ID Address，8 位），分为读地址和写地址，高 7 位用于选中芯片，第 0 位是读/写控制位（R/W），决定是对该芯片进行读或写操作；

（2）内部寄存器单元地址（Sub_Address，8 位），用于决定对内部的哪个寄存器单元进行操作，通常还支持地址单元连续的多字节顺序读写操作。

SCCB 控制总线功能的实现完全是依靠 SIO_C、SIO_D 两条总线上电平的状态以及两者之间的相互配合实现的。SCCB 总线的时序如图 7-6 所示。

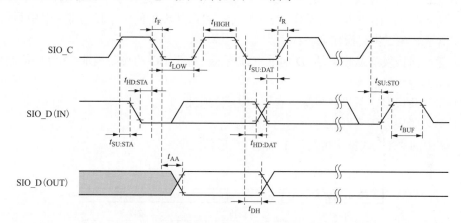

图 7-6 SCCB 总线时序

外部控制器对 OV5640 寄存器的配置参数是通过 SCCB 总线传输过去的，而 SCCB 总线跟 $I^2C$ 十分类似，所以在 STM32 驱动中我们直接使用片上 $I^2C$ 外设与它通信。SCCB 与标准的 $I^2C$ 协议的区别是它每次传输只能写入或读取一个字节的数据，而 $I^2C$ 协议是支持突发读写的，即在一次传输中可以写入多个字节的数据（EEPROM 中的页写入时序即突发写）。

#### 2. SCCB 的起始、停止信号及数据有效性

SCCB 的起始信号、停止信号及数据有效性与 $I^2C$ 完全一样，如图 7-7 及图 7-8 所示。

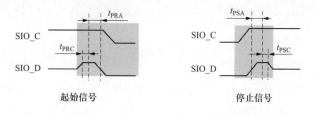

图 7-7 SCCB 的起始信号和停止信号

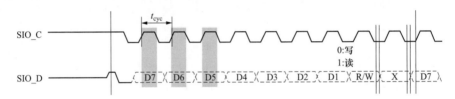

图 7-8　SCCB 的数据有效性

（1）起始信号：在 SIO_C 为高电平时，SIO_D 出现一个下降沿，则 SCCB 开始传输；

（2）停止信号：在 SIO_C 为高电平时，SIO_D 出现一个上升沿，则 SCCB 停止传输；

（3）数据有效性：除了开始和停止状态，在数据传输过程中，当 SIO_C 为高电平时，必须保证 SIO_D 上的数据稳定，也就是说，SIO_D 上的电平变换只能发生在 SIO_C 为低电平的时候，SIO_D 的信号在 SIO_C 为高电平时被采集。

3．SCCB 数据读写过程

在 SCCB 协议中定义的读写操作与 I²C 也是一样的，只是换了一种说法。它定义了两种写操作，即三步写操作和两步写操作。三步写操作可向从设备的一个目的寄存器中写入数据，如图 7-9 所示。在三步写操作如下：

（1）第一阶段发送从设备的 ID 地址＋W 标志（等于 I²C 的设备地址：7 位设备地址＋读写方向标志）；

（2）第二阶段发送从设备目标寄存器的 16 位地址；

（3）第三阶段发送要写入寄存器的 8 位数据。

图 7-8 中的"X"数据位可写入 1 或 0，对通信无影响。

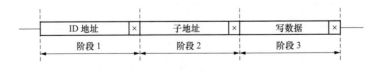

图 7-9　SCCB 的三步写操作

而两步写操作没有第三阶段，即只向从器件传输了设备 ID＋W 标志和目的寄存器的地址，如图 7-10 所示。两步写操作是用来配合后面的读寄存器数据操作的，它与读操作一起使用，实现 I²C 的复合过程。

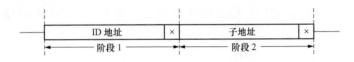

图 7-10　SCCB 的两步写操作

两步读操作用于读取从设备目的寄存器中的数据，如图 7-11 所示。两步读操作如下：

（1）在第一阶段中发送从设备的设备 ID＋R 标志（设备地址＋读方向标志）和自由位；

（2）在第二阶段中读取寄存器中的 8 位数据和写 NA 位（非应答信号）。

由于两步读操作没有确定目的寄存器的地址,所以在读操作前,必须有一个两步写操作,以提供读操作中的寄存器地址。

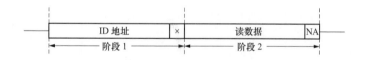

图 7-11  SCCB 的两步读操作

可以看到,以上介绍的 SCCB 特性都与 I²C 无区别,而 I²C 比 SCCB 还多出了突发读写的功能,所以 SCCB 可以看作是 I²C 的子集,我们完全可以使用 STM32 的 I²C 外设来与 OV5640 进行 SCCB 通信。

### 7.2.4  I²C 总线

#### 1.  I²C 总线介绍

SCCB 是简化的 I²C 协议,SIO-l 是串行时钟输入线,SIO-O 是串行双向数据线,分别相当于 I²C 协议的 SCL 和 SDA。SCCB 的总线时序与 I²C 基本相同,它的响应信号 ACK 被称为一个传输单元的第 9 位,分为 Don't care 和 NA。Don't care 位由从机产生,NA 位由主机产生。由于 SCCB 不支持多字节的读写,NA 位必须为高电平。另外,SCCB 没有重复起始的概念,因此在 SCCB 的读周期中,当主机发送完片内寄存器地址后,必须发送总线停止条件。不然在发送读命令时,从机将不能产生 Don't care 响应信号。

I²C(Inter－Integrated Circuit)总线是由 PHILIPS 公司开发的两线式串行总线,用于连接微控制器及其外围设备。是微电子通信控制领域广泛采用的一种总线标准。它是同步通信的一种特殊形式,具有接口线少、控制方式简单、器件封装形式小、通信速率较高等优点。I²C 总线特点如下:

(1)只要求两条总线线路:一条串行数据线 SDA,一条串行时钟线 SCL;

(2)每个连接到总线的器件都可以通过唯一的地址和一直存在的简单的主机/从机关系通过软件设定地址,主机可以作为主机发送器或主机接收器;

(3)它是一个真正的多主机总线,如果两个或更多主机同时初始化,数据传输可以通过冲突检测和仲裁防止数据被破坏;

(4)串行的 8 位双向数据传输位速率在标准模式下可达 100kbit/s,快速模式下可达 400kbit/s,高速模式下可达 3.4Mbit/s;

(5)连接到相同总线的 IC 数量只受到总线的最大电容 400pF 限制。

#### 2.  I²C 总线工作原理

I²C 总线只有两根双向信号线一根是数据线 SDA,另一根是时钟线 SCL,如图 7-12 所示。

I²C 总线通过上拉电阻接正电源。当总线空闲时,两根线均为高电平。连到总线上的任一器件输出的低电平,都将使总线的信号变低,即各器件的 SDA 及 SCL 都是线"与"关系,如图 7-13 所示。

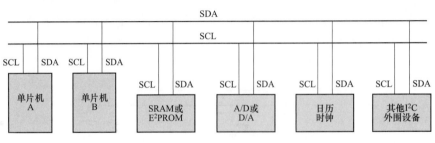

图 7-12    $I^2C$ 总线结构

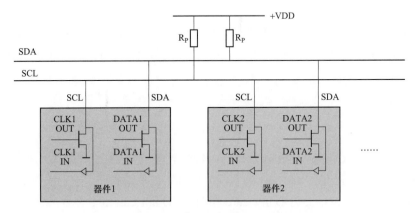

图 7-13    $I^2C$ 总线的连接方式

每个接到 $I^2C$ 总线上的器件都有唯一的地址。主机与其他器件间的数据传送可以是由主机发送数据到其他器件，这时主机即为发送器，由总线上接收数据的器件则为接收器。

3. $I^2C$ 总线的数据传送

$I^2C$ 总线是由数据线 SDA 和时钟 SCL 构成的串行总线，可发送和接收数据。在 CPU 与被控 IC 之间、IC 与 IC 之间进行双向传送，最高传送速率 100kbit/s。各种被控制电路均并联在这条总线上，但就像电话机一样，只有拨通各自的号码才能工作，所以每个电路和模块都有唯一的地址，在信息的传输过程中，$I^2C$ 总线上并接的每一模块电路既是主控器（或被控器），又是发送器（或接收器），这取决于它所要完成的功能。

CPU 发出的控制信号分为地址码和控制量两部分，地址码用来选址，即接通需要控制的电路，确定控制的种类；控制量决定该调整的类别（如对比度、亮度等）及需要调整的量。这样，各控制电路虽然挂在同一条总线上，却彼此独立，互不相关。

$I^2C$ 总线在传送数据过程中共有三种类型信号，它们分别是开始信号、结束信号和应答信号：

（1）开始信号：SCL 为高电平时，SDA 由高电平向低电平跳变，开始传送数据。

（2）结束信号：SCL 为低电平时，SDA 由低电平向高电平跳变，结束传送数据。

（3）应答信号：接收数据的 IC 在接收到 8bit 数据后，向发送数据的 IC 发出特定的低电平脉冲，表示已收到数据。

CPU 向受控单元发出一个信号后，等待受控单元发出一个应答信号，CPU 接收到应答信号后，根据实际情况作出是否继续传递信号的判断。若未收到应答信号，判断为受控单元出现故障。

#### 4. I²C 总线数据位的有效性规定

总线进行数据传送时，时钟信号为高电平期间，数据线上的数据必须保持稳定，只有在时钟线上的信号为低电平期间，数据线上的高电平或低电平状态才允许变化。I²C 总线数据位格式如图 7-14 所示。

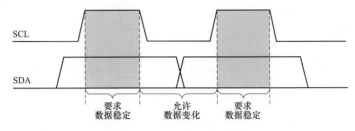

图 7-14 I²C 总线数据位格式

为了保证数据传送的可靠性，I²C 总线的数据传送有严格的时序要求。I²C 总线的起始信号、终止信号、发送 "0" 及发送 "1" 的模拟时序，如图 7-15 所示。

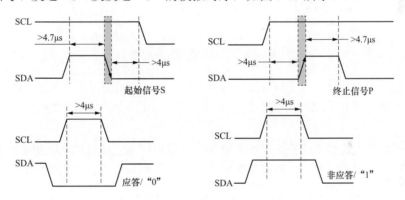

图 7-15 I²C 总线时序

#### 5. 起始和终止信号

SCL 线为高电平期间，SDA 线由高电平向低电平的变化表示起始信号；SCL 线为高电平期间，SDA 线由低电平向高电平的变化表示终止信号。起始和终止信号时序如图 7-16 所示。

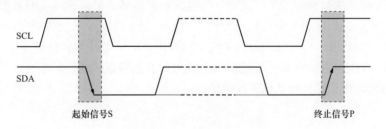

图 7-16 起始和终止信号时序

起始和终止信号都是由主机发出的，在起始信号产生后，总线就处于被占用的状态；在终止信号产生后，总线就处于空闲状态。

连接到 I²C 总线上的器件，若具有 I²C 总线的硬件接口，则很容易检测到起始和终止信号。对于不具备 I²C 总线硬件接口的有些单片机来说，为了检测起始和终止信号，必须保证在每个时钟周期内对数据线 SDA 采样两次。

接收器件收到一个完整的数据字节后，有可能需要完成一些其他工作，如处理内部中断服务等，可能无法立刻接收下一个字节，这时接收器件可以将 SCL 线拉成低电平，从而使主机处于等待状态。直到接收器件准备好接收下一个字节时，再释放 SCL 线使之为高电平，从而使数据传送可以继续进行。

6. 数据传送格式

（1）字节传送与应答。

每一个字节必须保证是 8 位长度。数据传送时，先传送最高位（MSB），每一个被传送的字节后面都必须跟随一位应答位（即一帧共有 9 位）。字节传送与应答时序如图 7-17 所示。

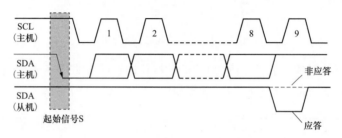

图 7-17　字节传送与应答时序

由于某种原因，从机不对主机寻址信号应答时（如从机正在进行实时性的处理工作而无法接收总线上的数据），它必须将数据线置于高电平，而由主机产生一个终止信号以结束总线的数据传送。

如果从机对主机进行了应答，但在数据传送一段时间后无法继续接收更多的数据时，从机可以通过对无法接收的第一个数据字节的"非应答"通知主机，主机则应发出终止信号以结束数据的继续传送。

当主机接收数据时，它收到最后一个数据字节后，必须向从机发出一个结束传送的信号。这个信号是由对从机的"非应答"来实现的。然后，从机释放 SDA 线，以允许主机产生终止信号。

（2）数据帧格式。

$I^2C$ 总线上传送的数据信号是广义的，既包括地址信号，又包括真正的数据信号。

在起始信号后必须传送一个从机的地址（7 位），第 8 位是数据的传送方向位（R/T），用"0"表示主机发送数据（T），"1"表示主机接收数据（R）。每次数据传送总是由主机产生的终止信号结束。但是，若主机希望继续占用总线进行新的数据传送，则可以不产生终止信号，马上再次发出起始信号对另一从机进行寻址。

# 第8章

# 外 部 存 储 器

## 8.1　SD 卡文件读写实例

1. K210 SPI 外部存储器接口

K210 通过 SPI 接口与外部存储器连接，勘智 KD233 开发板、Sipeed M1 AI 开发板等都提供了外部串行 SPI FLASH 存储器和 SD 卡接口，如图 8-1 所示，外部 FLASH 存储器即作为程序存储器，剩下部分也可以作为普通用户程序器。

K210 开发板上一般都提供了 SD 卡接口，SD 卡应用是单片机和嵌入式系统中的重要组成部分，将为单片机和嵌入式系统提供一种低成本、高性能、使用灵活的数据存储与数据交换平台，并将得到广泛的应用。

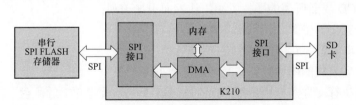

图 8-1　K210 SPI 外部存储器接口

2. SD 卡写入

SD 卡写入方法是创建一个 CFile 对象 file，然后调用成员函数 open 打开文件，由于 open 函数默认的方式是读方式，因此需要在第二个参数中指定为创建新文件和写入文件属性。调用成员函数 write 向文件写入内容，完成之后关闭文件，最后在液晶屏上显示"写卡成功！"。如果写入失败，则在液晶屏上显示"写卡失败！"。SD 卡写入程序如下：

```
#include "main.h"
CLcd lcd;
void setup()
{
    CFile file;
    if(file.open("file_a.TXT", FA_CREATE_ALWAYS| FA_WRITE)==FR_OK)
    {
        file.write("我的第一个 K210 SD 卡读写程序");
```

```
        file.close();
        kd.init();
        lcd.TextOut(10, 50, "写卡成功！", RGB(255, 0, 0));
    }
    else
    {
        lcd.init();
        lcd.TextOut(10, 50, "写卡失败！", RGB(0, 0, 255));
    }
}
```

SD 卡写入程序运行效果如图 8-2 所示。

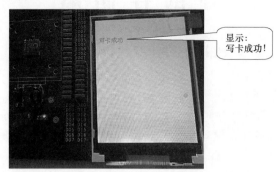

图 8-2　SD 卡写入程序运行效果

SD 卡可以为单片机和嵌入式系统提供如下应用：

（1）保存 LCD 界面所需的图片资源，让界面更加美观；

（2）保存音频文件资源，让系统具有丰富的音频效果；

（3）保存字库资源，让中文汉字轻松显示；

（4）保存现场采集的图像数据和其他测量数据；

（5）保存可执行文件，把用户程序保存在 SD 卡上，就像 PC 的硬盘一样，在需要执行某个功能的程序时，再从 SD 卡上读取到 RAM 中再运行。

3．SD 卡读出

SD 卡读出方法与写入类似，也是创建 CFile 类的对象，然后调用成员函数 read( )读出文件内容。SD 卡读出的代码如下：

```
#include "main.h"
CLcd lcd;
void setup()
{
    CFile file;
    file.open("file_a.TXT");
    BYTE buffer[file.size()];
    if(file.read(&buffer)==FR_OK)
    {
        lcd.init();
        lcd.TextOut(10, 50, (const char*)buffer, RGB(255, 0, 0));
    }
```

```
    else
    {
        lcd.init();
        lcd.TextOut(10, 50, "读卡失败！", RGB(255, 0, 0));
    }
    file.close();
}
```

SD 卡读卡程序运行效果如图 8-3 所示。

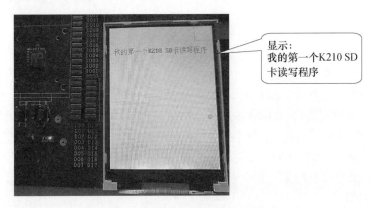

显示：
我的第一个K210 SD
卡读写程序

图 8-3　SD 卡读卡程序运行效果

对于一个长文件，一次读不完所有的内容，因此可以采用一个循环来分批读取，另外，可以通过 seek 成员函数中转到文件读取的起始位置。读取文件内容的成员函数为 read 的三个参数如下：

（1）第一个参数为读出内容存放的缓冲区首地址，在使用前需要分配好内存空间；

（2）第二个参数为一次读取的长度；

（3）第三个参数为实际读取的长度。

下面的程序是一边读出 SD 卡上的文件内容，一边通过串口把内容发送出去，代码如下：

```
#include "main.h"
CLcd lcd;
void setup()
{
    lcd.init();

    BYTE buffer[51];
    UINT br;
    CFile file;
    file.open("file_a.TXT");
    int lon=file.size();
    printf("\r\n file0 zise is:%d\r\n", lon);
    file.seek(0);
    while(file.read(&buffer, 50, &br)==FR_OK)
    {
        if(br<1)break;
```

```
        if(br<50)buffer[br]='\0';
        printf("\r\n %dfile0 contex is:\r\n   %s\r\n", br, buffer);
        memset(buffer, 0, 50);
    }
    file.close();
}
```

# 8.2　K210 的 SDIO 接口

## 8.2.1　SD 卡结构

### 1．SD 卡引脚定义

SD 卡结构如图 8-4 所示，SD 卡一般有两种模式：一种是 SD 模式，另一种是 SPI 模式。SDIO 接口由 4 个数据信号（DAT0-3）、1 个时钟信号（CLK）和 1 个指令信号（CMD）组成，数据和指令信号是双向的，而时钟信号则是单向的。通常，存储卡连接器上还有机械写保护（WP）和存储卡检测（CD）开关，而这些 WP 信号和 CD 信号会被返回处理器以实施一些控制功能，如为板上的某些部位上电。为避免数据信号和指令行的浮动，必须在 VDD 前安装上拉电阻器。

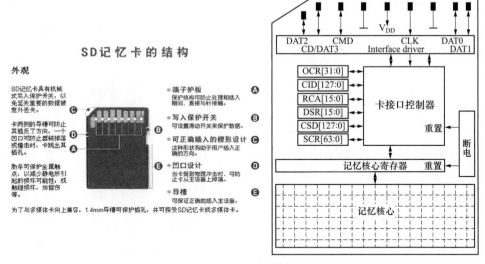

图 8-4　SD 卡结构

SD 卡的信号主要包括 CLK、CMD、DAT0～3 等几种，功能如下：

CLK：时钟信号。每个时钟周期传输一个命令或数据位，频率可在 0～25MHz 之间变化，SD 卡的总线管理器可以不受任何限制的自由产生 0～25MHz 的频率。

CMD：双向命令和回复线。命令是一次主机到从卡操作的开始，命令可以是从主机到单卡寻址，也可以是到所有卡；回复是对之前命令的回答，回复可以来自单卡或所有卡。

DAT0～3：数据线。数据可以从卡传向主机也可以从主机传向卡。

卡以命令形式来控制 SD 卡的读写等操作。可根据命令对多块或单块进行读写操作。在 SPI 模式下其命令由 6 个字节构成，其中高位在前。SD 卡主要引脚和功能如图 8-4 左图所示。

2. MicroSD 卡引脚定义

MicroSD 卡引脚排列如图 8-5 所示。

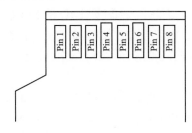

Pin 1　Pin 2　Pin 3　Pin 4　Pin 5　Pin 6　Pin 7　Pin 8

图 8-5　MicroSD 卡引脚排列

MicroSD 卡引脚名称见表 8-1。

表 8-1　　　　　　　　　　　MicroSD 卡引脚名称

| 引脚号 | SDIO 模式 | SPI 模式 |
| --- | --- | --- |
| 1 | DAT2 | RSV |
| 2 | CD/DAT3 | SPI_CS |
| 3 | CMD | SPI_MOSI |
| 4 | VDD | VDD |
| 5 | CLK | SPI_CLK |
| 6 | VSS | VSS |
| 7 | DAT0 | SPI_MISO |
| 8 | DAT1 | RSV |

使用 SPI 通信方式时，2 脚作为 SPI_CS 使用，不能用来进行 CD 功能（Card Detect），可以尝试读取 TF 的 CID 寄存器，能读取到就说明有卡插入， 并且表示卡是好的。

## 8.2.2　K210 的 SD 卡接口

1. SDIO 接口

SDIO（Input/Output）是一种 IO 接口规范。其最主要用途是为带有 SD 卡槽的设备进行外设功能扩展。SDIO 卡是一种 IO 外设，而不是 Memory。SDIO 卡外形与 SD 卡一致，可直接插入 SD 卡槽中。

市场上有多种 SDIO 接口的外设，如 SDIO 蓝牙、SDIO GPS、SDIO 无线网卡、SDIO 移动电视卡等。这些卡底部带有和 SD 卡外形一致的插头，可直接插入 SDIO 卡槽（即为 SD 卡槽）的智能手机、PDA 中，即可为这些手机、PDA 带来丰富的扩展功能。用户可根据实际需要，灵活选择外设扩展的种类、品牌和性能等级。SDIO 已为成为数码产品外设功能扩展的标准接口。

SDIO 卡插入带有标准 SD 卡槽的设备后，如果该设备不支持 SDIO，SDIO 卡不会对 SD 卡的命令做出响应，处于非激活状态，不影响设备的正常工作；如果该设备支持 SDIO 卡，则按照规范的要求激活 SDIO 卡。

SDIO 卡允许设备按 IO 的方式直接对寄存器进行访问,无须执行 FAT 文件结构或数据 sector 等复杂操作。此外,SDIO 卡还能向设备发出中断,这是与 SD memory 卡的本质区别。

2. SDIO 的 SPI 模式

K210 没有提供 SDIO 接口,因此只能通过 SDIO 的 SPI 模式进行读写。SPI 模式由基于闪存 SD 存储卡提供的次要通信协议组成。此模式是 SD 存储卡协议的子集。此接口在上电(CMD0)后的每一个复位命令期间被选择。SPI 标准只定义物理链接,而不提供数据传输协议。

SD 卡是基于命令和数据流,这些命令和数据流以一个起始位开始,以停止位结束。SPI 通道是面向字节的,每个命令或数据块都是由多个 8 位字节构成,并且每个字节都与 CS 片选信号对齐(例如,长度是 8 时钟周期的倍数)。SPI 模式下的响应行为有 3 个方面和 SD 模式不同:

(1)被选择的卡总是回应命令;

(2)使用附加的(8 位)响应结构;

(3)当卡遇到一个数据检索问题时,它会用一个响应错误来回应(替换预期的数据块),而不是 SD 模式中的超时。

在 SPI 模式下,SD 存储卡协议状态机将不被支持,但是支持所有的 SD 存储卡命令。每一个有效的数据块都会添加一个 16 位 CRC,此 CRC 由 CCITT 标准多项式 X16+X12+X5 +1 生成。

如果 SD 存储卡片块被允许,块长度可以是 1 至 MAX 块大小之间的任何长度。否则,数据读出的有效块长度只能在 READ_BL_LEN 中给出值。

起始地址可以是在卡的有效地址范围内的任何字节地址。但是,每一个块,必须包含一个单一的物理卡扇区中。在多块读操作中,每一个传输块都有一个 8-CRC 位。停止传输命令将实现停止数据传输操作。在 SPI 模式下,SD 存储卡支持单块和多块写命令。

3. K210 的 SD 卡接口电路设计

K210 的 SD 卡接口电路如图 8-6 所示,SD 卡采用 SPI 的接口模式与 K210 的 SPI0 连接。

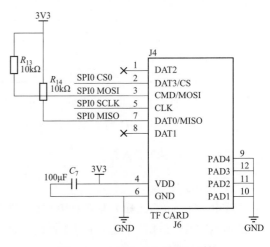

图 8-6 K210 的 SD 卡接口电路

# 8.3 FAT 文件系统

## 8.3.1 FAT 文件系统

1. 文件系统

操作系统中负责管理和存储文件信息的软件机构称为文件管理系统,简称文件系统。文件系统由三部分组成:与文件管理有关的软件、被管理的文件以及实施文件管理所需的数据结构。从系统角度来看，文件系统是对文件存储器空间进行组织和分配，负责文件的存储并对存入的文件进行保护和检索的系统。具体地说，它负责为用户建立文件，存入、读出、修改、转储文件，控制文件的存取，当用户不再使用时撤销文件等。

2. FAT 文件系统

文件配置表（File Allocation Table）又称文档分配表，是一种由微软开发并拥有部分专利的文档系统，供 MS-DOS 使用，也是所有非 NT 内核的微软窗口使用的文件系统。FAT 文件系统考虑到当时计算机性能有限，所以未被复杂化，因此几乎所有个人计算机的操作系统都支持。这特性使它成为理想的软盘和记忆卡文件系统，也适合用作不同操作系统中的数据交流。但 FAT 有一个严重的缺点，当文件被删除并且在同一位置被写入新数据，他们的片段通常是分散的，减慢了读写速度。磁盘碎片重整是一种解决方法，但必须经常重组来保持 FAT 文件系统的效率。

FAT 的缺点主要有以下几点：大磁盘浪费空间；磁盘利用效率抵；文件存储受限制；不支持长文件名，只能支持 8 个字符；安全性较差。

3. FAT16

FAT16 使用了 16 位的空间来表示每个扇区（Sector）配置文件的情形，故称之为 FAT16。FAT16 由于受到先天的限制，因此每超过一定容量的分区之后，它所使用的簇（Cluster）大小就必须扩增，以适应更大的磁盘空间。所谓簇就是磁盘空间的配置单位，就像图书馆内一格一格的书架一样。每个要存到磁盘的文件都必须配置足够数量的簇，才能存放到磁盘中。FAT16 各分区与簇大小的关系如表 8-2 所示。

表 8-2　　　　　　　　　　　　FAT16 各分区与簇大小的关系

| 分区大小 | FAT16 簇大小 |
| --- | --- |
| 16～127MB | 2KB |
| 128～255MB | 4KB |
| 256～511MB | 8KB |
| 512～1023MB | 16KB |
| 1024～2047MB | 32KB |

如果在一个 1000MB 的分区中存放 50KB 的文件，由于该分区簇的大小为 16KB，因此它要用到 4 个簇才行。而如果是一个 1KB 的文件，它也必须使用一个簇来存放。那么每个簇中剩下的空间可否拿来使用呢？答案是不行的，所以在使用磁盘时，无形中都会或多或少损失一些磁盘空间。FAT16 文件系统有两个最大的缺点：

（1）磁盘分区最大只能到 2GB；

（2）使用簇的大小不恰当，例如一个只有 1KB 大小的文件放置到磁盘分区中，它占用的空间并不是 1KB，而是 16KB，足足浪费了 15KB。

4. FAT32

FAT32 是 Windows 系统硬盘分区格式的一种。这种格式采用 32 位的文件分配表，使其对磁盘的管理能力大大增强，突破了 FAT16 对每一个分区的容量只有 2GB 的限制。由于现在的硬盘生产成本下降，其容量越来越大，运用 FAT32 的分区格式后，我们可以将一个大硬盘定义成一个分区而不必分为几个分区使用，大大方便了对磁盘的管理。已被性能更优异的 NTFS 分区格式所取代。

FAT32 性能特点如下：FAT32 具有一个优点就是簇容量小，在一个不超过 8GB 的分区中，FAT32 分区格式的每个簇容量都固定为 4KB，与 FAT16 相比，可以大大地减少磁盘的浪费，提高磁盘利用率。支持这一磁盘分区格式的操作系统有 Windows 系统。但是，这种分区格式也有它的缺点，首先是采用 FAT32 格式分区的磁盘，由于文件分配表的扩大，运行速度比采用 FAT16 格式分区的磁盘要慢。

FAT16 和 FAT32 有一个共同的缺点，就是当文件删除后写入新资料，FAT 不会将档案整理成完整片段再写入，长期使用后会使档案资料变得逐渐分散，而减慢了读写速度。硬盘碎片整理是一种解决方法，但必须经常整理来保持 FAT 文件系统的效率。

5. Ext2、Ext3、Ext4 文件系统

Ext2 是 GNU/Linux 系统中标准的文件系统，其特点为存取文件的性能极好，对于中小型的文件更显示出优势，这主要得利于其簇快取层的优良设计。其单一文件大小与文件系统本身的容量上限与文件系统本身的簇大小有关，在一般的 x86 计算机系统中，簇最大为 4KB，则单一文件大小上限为 2048GB，而文件系统的容量上限为 16384GB。在 2.4 版本的内核中，所能使用的单一分割区最大只有 2048GB，实际上能使用的文件系统容量最多也只有 2048GB。

Ext3 是一种日志式文件系统，是对 Ext2 系统的扩展，它兼容 Ext2。日志式文件系统的优越性在于：由于文件系统都有快取层参与运作，如不使用时必须将文件系统卸下，以便将快取层的资料写回磁盘中。因此每当系统要关机时，必须将其所有的文件系统全部 shut down 后才能进行关机。

Ext4（the fourth extended file system）是一种针对 Ext3 系统的扩展日志式文件系统，是专门为 Linux 开发的原始的扩展文件系统（ext 或 extfs）的第四版。

相对于 Ext3、Ext4 具有如下特点：

（1）兼容性。Ext3 升级到 Ext4 能提供系统更高的性能，消除存储限制和获取新的功能，并且不需要重新格式化分区，Ext4 会在新的数据上用新的文件结构，旧的文件保留原状。以 Ext3 文件系统的方式 mount 到 Ext4 上会不用新的磁盘格式，而且还能再用 Ext3 来重新挂载，这样仅仅失去了 Ext4 的优势。

（2）大文件系统/文件大小。现在 Ext3 支持最大 16TB 的文件系统。单个文件最大 2TB。Ext4 增加了 48 位块地址，最大支持 1EB 文件系统，和单个 16TB 的文件。

$1EB = 1024PB = 2^{60}$；

$1PB = 1024TB = 2^{50}$；

$1TB = 1024GB = 2^{40}$。

6. NTFS

NTFS（New Technology File System）是 Windows NT 操作环境和 Windows NT 高级服务器网络操作系统环境的文件系统。

NTFS 提供长文件名、数据保护和恢复，并通过目录和文件许可实现安全性。NTFS 支持大硬盘和在多个硬盘上存储文件（称为卷）。例如，一个大公司的数据库可能大得必须跨越不同的硬盘。NTFS 提供内置安全性特征，它控制文件的隶属关系和访问。从 DOS 或其他

操作系统上不能直接访问 NTFS 分区上的文件。如果要在 DOS 下读写 NTFS 分区文件的话可以借助第三方软件；现如 Linux 系统上已可以使用 NTFS-3G 对 NTFS 分区进行读写。

## 8.3.2　FatFs 介绍

### 1．模块介绍

FatFs 是一个通用的文件系统模块，用于在小型嵌入式系统中实现 FAT 文件系统。 FatFs 的编写遵循 ANSI C，因此不依赖于硬件平台。它可以嵌入到便宜的微控制器中，如 8051、PIC、AVR、SH、Z80、H8、ARM 等等，不需要做任何修改。FatFS 文件系统的结构如图 8-7 所示。FatFs 官方网站下载地址：http://elm-chan.org/fsw/ff/00index_e.html。

在下载的压缩包里主要包括四个源文件。其中 ff.c 和 ff.h 是 FatFs 的文件系统层和文件系统的 API 层，也是 FatFs 核心实现源程序，integer.h 是文件系统所用到的数据类型的定义，diskio.h 是硬件接口的声明。

FatFs 提供如下函数：

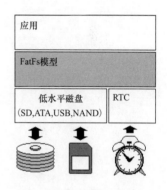

图 8-7　FatFS 文件系统的结构

f_mount　注册/注销一个工作区域(Work Area)；
f_open　打开/创建一个文件；
f_close　关闭一个文件；
f_read　读文件；
f_write　写文件；
f_lseek　移动文件读/写指针；
f_truncate　截断文件；
f_sync　清空缓冲数据；
f_opendir　打开一个目录；
f_readdir　读取目录条目；
f_getfree　获取空闲簇；
f_stat　获取文件状态；
f_mkdir　创建一个目录；
f_unlink　删除一个文件或目录；
f_chmod　改变属性(Attribute)；
f_utime　改变时间戳(Timestamp)；
f_rename　重命名/移动一个文件或文件夹；
f_mkfs　在驱动器上创建一个文件系统；
f_forward　直接转移文件数据到一个数据流；
f_gets　读一个字符串；
f_putc　写一个字符；
f_puts　写一个字符传；
f_printf　写一个格式化的字符磁盘 I/O 接口；
disk_initialize　初始化磁盘驱动器；
disk_status　获取磁盘状态；
disk_read　读扇区；
disk_write　写扇区；
disk_ioctl　设备相关的控制特性；
get_fattime　获取当前时间。

因为 FatFs 模块完全与磁盘 I/O 层分开，因此需要下面的函数来实现底层物理磁盘的读写与获取当前时间。底层磁盘 I/O 模块并不是 FatFs 的一部分，并且必须由用户提供。资源文件中也包含有范例驱动。

2. 设备的挂接

设备的挂接由 f_mount 函数实现，该 f_mount 函数注册/注销一个 FatFs 模块工作区。第一个参数是安装/卸载的逻辑驱动器数量，第二个参数为指向新的文件系统对象的指针，如果该参数为 NULL 则为卸载。

f_mount 函数代码如下：

```
FRESULT f_mount (BYTE vol, FATFS *fs)
{
FATFS *rfs;
if (vol >= _VOLUMES)                /*检查驱动器号是否有效*/
    return FR_INVALID_DRIVE;
rfs = FatFs[vol];                   /*获取当前 fs 对象*/
if (rfs) {
#if _FS_SHARE
    clear_lock(rfs);
#endif
#if _FS_REENTRANT                   /*放弃当前卷的同步对象*/
    if (!ff_del_syncobj(rfs->sobj)) return FR_INT_ERR;
#endif
    rfs->fs_type = 0;               /*清除旧的 fs 对象*/
}
if (fs) {
    fs->fs_type = 0;                /*清除新的 fs 对象*/
#if _FS_REENTRANT                   /*为新卷创建同步对象*/
    if (!ff_cre_syncobj(vol, &fs->sobj)) return FR_INT_ERR;
#endif
}
FatFs[vol] = fs;                    /*注册新的 fs 对象*/
return FR_OK;
}
```

f_mount 函数的本质实际上就是让 FatFs［vol］=fs，赋值之前先把原来的 FatFs［vol］给清除掉。FatFs 数组定义如下：

```
Static FATFS *FatFs [_VOLUMES];
```

FatFs 是 FATFS 结构的一个数组，指针到文件系统对象（逻辑驱动器），数组的大小为 _VOLUMES，而 _VOLUMES 是在 ffconf.h 中定义的一个宏 "#define _VOLUMES 1"，默认值为 1。

函数参数 Drive：逻辑驱动器号（0～9）注册/注销工作区。

函数参数 FileSystemObject：工作区域的指针（文件系统对象）进行登记。

返回值：FR_OK（0）该函数成功，FR_INVALID_DRIVE 该驱动器号是无效的。

该 f_mount 功能寄存器/注销一个工作区的 FatFs 模块。工作区必须考虑到这个函数之前，使用任何其他文件中的函数的每个卷。要注销一个工作区，指定一个空的 FileSystemObject，然后在工作的地方就可以丢弃。

这个函数总是成功，无论该驱动器的状态。没有媒体访问是发生在这个初始化函数，它只是给定工作区和寄存器的地址到内部表。卷装入过程后 f_mount 功能或媒体转变的第一个文件的访问。调用方法如下：

```
f_mount (0, &fs)
```

参数 0 是卷号，就像计算机上的 CDE 盘等。fs 是一个未初始化的一个文件系统对象，其定义：FATFS fs。这个函数好像就做了两件事，使全局文件系统指针 FatFS 指向 fs 对象，并使 fs.fstype＝0。

3. 打开文件

设备打开由 f_open 函数完成。f_open 函数最核心的功能是调用 chk_mounted 函数检查磁盘上是否已经打开过文件系统，如果已经打开过就获取已经打开的信息，并返回成功标志。如果还没有打开过，则调用 disk_initialize 函数初始化磁盘。到这时，才是第一次调用了与硬件接口相关的函数，即这时才开始控制硬件 IO 口。

如果调用 disk_initialize 函数返回 STA_NOINIT，表示硬件还未准备好，就让 chk_mounted 函数返回 FR_NOT_READY。如果调用 disk_initialize 函数返回成功，则进一步调用 disk_ioctl 函数，并读取信息，填充文件系统信息结构体 FATFS。

4. 关闭文件

在读写完成后，调用 f_close 函数来关闭文件，关闭文件源程序如下：

```
FRESULT f_close (FIL *fp)//Pointer to the file object to be closed
{
FRESULT res;
#if _FS_READONLY
FATFS *fs = fp->fs;
res = validate(fs, fp->id);
if (res == FR_OK) fp->fs = 0;          /*放弃文件对象*/
LEAVE_FF(fs, res);
#else
res = f_sync(fp);                      /*刷新缓存数据*/
#if _FS_SHARE
if (res == FR_OK) {                    /*递减开计数器*/
#if _FS_REENTRANT
    res = validate(fp->fs, fp->id);
    if (res == FR_OK) {
        res = dec_lock(fp->lockid);
        unlock_fs(fp->fs, FR_OK);
    }
#else
    res = dec_lock(fp->lockid);
#endif
}
#endif
if (res == FR_OK) fp->fs = 0;          /*放弃文件对象*/
return res;
```

```
#endif
}
#define _FS_READONLY    1          /* 0: 读/写或 1:只读*/
```

### 8.3.3  SD 卡文件操作类 CFile 的设计

为了便于对 SD 卡文件操作，可以把 ff.c 文件中提供的常用函数进行封装，同时把 FATFS 对象也封装到 CFile 类中，这样无需另外创建 FATFS 对象，并且在调用文件操作函数时，也无须在调用函数时输入 FATFS 对象指针。

CFile 类 file.hpp 实现代码如下：

```cpp
#include "lib.h"
class CFile
{
    FATFS fs; // Work area (file system object) for logical drive
    FIL fsrc;//, fdst; // 文件对象
    static bool CSdcard_isUsing;
    FILINFO file_info;
public:
    bool isUsing(){return CSdcard_isUsing;};
    void setUsing(bool b){CSdcard_isUsing=b;};
    CFile()
    {
        CSdcard_isUsing=false;
        init();
        f_mount(&fs, _T("0:"), 1);    //模式选项 0:不要挂载(延迟安装),
                                      //1:立即安装
    }
    void init();
    FRESULT open(const char* filename,
    BYTE type= FA_OPEN_EXISTING | FA_READ)
    {
        if(CSdcard_isUsing) return FR_NOT_READY;
        setUsing(true);
        //f_mount(0, &fs);
        FRESULT res=f_open(&fsrc, filename, type);
        f_stat(filename, &file_info);
        return res;
    }
    FRESULT close()
    {
        setUsing(false);
        return f_close(&fsrc);
    }
    FRESULT read(void* data, UINT data_size, UINT* return_size)
    {
```

```
    if(CSdcard_isUsing)
        return f_read(&fsrc, data, data_size, return_size);
    else return FR_NOT_READY;
}
FRESULT read(void* data, UINT data_size)
{
    UINT br;
    if(CSdcard_isUsing)
        return f_read(&fsrc, data, data_size, &br);
    else return FR_NOT_READY;
}
FRESULT read(void* data)
{
    UINT br;
    UINT data_size＝size();
    if(CSdcard_isUsing)
        return f_read(&fsrc, data, data_size, &br);
    else return FR_NOT_READY;
}
FRESULT write(const void* data, UINT data_size, UINT* return_size)
{
    if(CSdcard_isUsing)
        return f_write(&fsrc, data, data_size, return_size);
    else return FR_NOT_READY;
}
FRESULT write(const void* data, UINT data_size)
{
    UINT br;
    if(CSdcard_isUsing)
        return f_write(&fsrc, data, data_size, &br);
    else return FR_NOT_READY;
}
FRESULT write(const char* data)
{
    UINT br;
    UINT data_size＝0;
    while (*(data＋data_size)!＝'\0'){data_size＋＋;}
    if(CSdcard_isUsing)
        return f_write(&fsrc, data, data_size, &br);
    else return FR_NOT_READY;
}
FRESULT seek (DWORD len)
{
    if(CSdcard_isUsing)
        return f_lseek (&fsrc, len);
```

```
        else return FR_NOT_READY;
    }
    FRESULT opendir(DIR* dirs, const char* path)
    {
        if(CSdcard_isUsing)
            return f_opendir (dirs, path);
        else return FR_NOT_READY;
    }
    FRESULT readdir(DIR* dirs, FILINFO* file_info)
    {
        if(CSdcard_isUsing)
            return f_readdir (dirs, file_info);
        else return FR_NOT_READY;
    }
    long size()
    {
        return (long)file_info.fsize;
    }
    int test(void);
    void io_mux_init(void);
};
```

CFile 类 file.cpp 实现代码如下：

```
#include "file.hpp"
bool CFile::CSdcard_isUsing=false;
void CFile::io_mux_init(void)
{
    fpioa_set_function(29, FUNC_SPI1_SCLK);
    fpioa_set_function(30, FUNC_SPI1_D0);
    fpioa_set_function(31, FUNC_SPI1_D1);
    fpioa_set_function(32, FUNC_GPIOHS7);
    fpioa_set_function(24, FUNC_SPI1_SS3);
}
void CFile::init()
{
    sysctl_pll_set_freq(SYSCTL_PLL0, 400000000UL);
    sysctl_pll_set_freq(SYSCTL_PLL1, 160000000UL);
    sysctl_pll_set_freq(SYSCTL_PLL2, 45158400UL);
    io_mux_init();
    dmac_init();
    plic_init();
    sysctl_enable_irq();

    test();
}
```

## 8.3.4 目录操作

### 1. 创建目录

常用的 FatFs 目录操作函数如下：

（1）f_opendir  打开一个目录；

（2）f_readdir  读取目录条目；

（3）f_getfree  获取空闲簇 Get Free Clusters ；

（4）f_stat  获取文件状态；

（5）f_mkdir  创建一个目录；

（6）f_unlink  删除一个文件或目录。

（7）如果需要在 SD 卡中的创建一个"aaa\bbb\ccc"目录，如果原来不存在 aaa 目录和 aaa\bbb 目录，那么就不能在 aaa\bbb 目录下直接创建 ccc 目录。在这种情况下，可以分成如下三个步骤来创建目录：

（1）f_mkdir（"aaa"）；

（2）f_mkdir（"aaa\\bbbb"）；

（3）f_mkdir（"aaa\\bbbb\\ccc"）。

### 2. 目录结构的搜索

下面是一个目录结构搜索的函数 scan_files，通过一个迭代过程，就可以整个地搜索一次 SD 卡上的目录和文件名，并将文件名和目录列出来通过串口发送到上位机显示。搜索的步骤为：

（1）调用 f_opendir 函数打开父目录；

（2）通过 while 循环开始搜索目录下的文件和子目录；

（3）调用 f_readdir 函数读取目录下的文件和子目录信息；

（4）判断是文件还是子目录；

（5）如果是子目录，则在当前父目录名的基础上加上子目录名，作为新的目录，调用 scan_files 实现子目录的搜索，形成迭代过程；

（6）如果是文件，则输出文件名；

（7）继续 while 循环，直到父目录下的内容全部搜索完成。

scan_files 函数的实现代码如下：

```
static FRESULT scan_files (char* path)
{
    DWORD acc_size;                 //Work register for fs command
    WORD acc_files, acc_dirs;
    FILINFO finfo;
DIR dirs;
FRESULT res;
BYTE i;
    char *fn;
Uart_Printf("path is:%s\r\n", path);
if ((res = f_opendir(&dirs, path)) == FR_OK) {
```

```
        i = strlen(path);
        while(((res=f_readdir(&dirs, &finfo))==FR_OK)&&finfo.fname[0])
    {
            fn = finfo.fname;
         if (finfo.fattrib & AM_DIR) {
             acc_dirs++;
             *(path+i) = '/'; strcpy(path+i+1, &finfo.fname[0]);
             res = scan_files(path);
             *(path+i) = '\0';
             if (res != FR_OK) break;
         } else {
             acc_files++;
             acc_size += finfo.fsize;

                Uart_Printf("filename is:%s/%s\r\n", path, fn);
         }
      }
   }
   return res;
   }
```

# 8.4　SD 卡上图像文件的读取与显示

## 8.4.1　位图与 BMP 文件格式

### 1. 数字图像

数字图像是二维图像用有限数字数值像素的表示。一幅 M×N 个像素的数字图像，其像素灰度值可以用 M 行、N 列的矩阵 G 表示为：

$$G=\begin{bmatrix} g_{11} & g_{12} & \cdots & g_{1N} \\ g_{21} & g_{22} & \cdots & g_{2N} \\ \vdots & \vdots & & \vdots \\ g_{M1} & g_{M2} & \cdots & g_{MN} \end{bmatrix}$$

每个图像的像素通常对应于二维空间中一个特定的"位置"，并且有一个或者多个与那个点相关的采样值组成数值。根据这些采样数目及特性的不同，数字图像可以划分为：

（1）二值图像（Binary Image）：图像中每个像素的亮度值（Intensity）仅可以取自 0～1 的图像。

（2）灰度图像（Gray Scale Image）：图像中每个像素可以由 0（黑）～255（白）的亮度值表示。0～255 之间表示不同的灰度级。

（3）彩色图像（Color Image）：每幅彩色图像是由三幅不同颜色的灰度图像组合而成，一个为红色，一个为绿色，另一个为蓝色。

（4）伪彩色图像（false-color）multi-spectral thematic 立体图像（Stereo Image）：立体图像是一物体由不同角度拍摄的一对图像，通常情况下可以用立体像计算出图像的深度信息。

（5）三维图像（3D Image）：三维图像是由一组堆栈的二位图像组成。每一幅图像表示该物体的一个横截面。

比较流行的图像格式包括光栅图像格式 BMP、GIF、JPEG、PNG 等，以及矢量图像格式 WMF、SVG 等。大多数浏览器都支持 GIF、JPG 以及 PNG 图像的直接显示。SVG 格式作为 W3C 的标准格式在网络上的应用越来越广。

**2. 位图**

位图图像（bitmap），又称为点阵图像或绘制图像，是由称作像素（图片元素）的单个点组成的。这些点可以进行不同的排列和染色以构成图样。当放大位图时，可以看见构成整个图像的无数单个方块。扩大位图尺寸的效果是增大单个像素，从而使线条和形状显得参差不齐。然而，如果从稍远的位置观看它，位图图像的颜色和形状又显得是连续的。

位图颜色编码有 RGB 和 CMYK 两种：

（1）RGB 编码方法，位图颜色的一种编码方法，用红、绿、蓝三原色的光学强度来表示一种颜色，RGB 编码是最常见的位图编码方法，可以直接用于屏幕显示。

（2）CMYK 编码方法，位图颜色的一种编码方法，用青、品红、黄、黑四种颜料含量来表示一种颜色，CMYK 编码也是常用的位图编码方法之一，可以直接用于彩色印刷。

**3. BMP 文件结构**

位图文件可看成由 4 个部分组成：位图文件头（bitmap-file header）、位图信息头（bitmap-information header）、彩色表（color table）和定义位图的字节阵列，它们的名称和符号如表 8-3 所示。

表 8-3　　　　　　　　　BMP 图像文件组成部分的名称和符号

| 位图文件的组成 | 结构名称 | 符号 |
|---|---|---|
| 位图文件头 | BITMAPFILEHEADER | bmfh |
| 位图信息头 | BITMAPINFOHEADER | bmih |
| 彩色表（color table） | RGBQUAD | aColors [] |
| 图像数据阵列字节 | BYTE | aBitmapBits [] |

（1）位图的类型：

```
'BM' : Windows 3.1x, 95, NT, …;
'BA' : OS/2 Bitmap Array;
'CI' : OS/2 Color Icon;
'CP' : OS/2 Color Pointer;
'IC' : OS/2 Icon;
'PT' : OS/2 Pointer。
```

（2）位图信息头（Bitmap Info Header）的长度，用来描述位图的颜色、压缩方法等。下面的长度表示：

```
28h:Windows 3.1x, 95, NT, …;
0Ch:OS/2 1.x;
F0h:OS/2 2.x。
```

（3）每个像素的位数：

```
1:Monochrome bitmap;
4:16 color bitmap;
8:256 color bitmap;
16:16bit (high color) bitmap;
24:24bit (true color) bitmap;
32:32bit (true color) bitmap。
```

（4）压缩说明：

```
0 : none (也使用 BI_RGB 表示) ;
1 : RLE 8-bit / pixel (也使用 BI_RLE4 表示) ;
2 : RLE 4-bit / pixel (也使用 BI_RLE8 表示) ;
3 : Bitfields (也使用 BI_BITFIELDS 表示)。
```

（5）调色板规范。对于调色板中的每个表项，这 4 个字节用下述方法来描述 RGB 的值：
1 字节用于蓝色分量；
1 字节用于绿色分量；
1 字节用于红色分量；
1 字节用于填充符（设置为 0）。

（6）指定重要的颜色数。当该域的值等于颜色数时，表示所有颜色都一样重要。

（7）图像数据，该域的大小取决于压缩方法，它包含所有的位图数据字节，这些数据实际就是彩色调色板的索引号。位图文件结构内容摘要如表 8-4 所示。

**表 8-4** 位图文件结构内容摘要

| 项目 | 偏移 | 域的名称 | 大小 | 内 容 |
|---|---|---|---|---|
| 文件头 | 0000h | 标识符 | 2 bytes | 两字节的内容用来识别位图的类型 |
| | 0002h | File Size | 1 dword | 用字表示的整个文件的大小 |
| | 0006h | Reserved | 1 dword | 保留，设置为 0 |
| | 000Ah | Data Offset | 1 dword | 从文件开始到位图数据开始之间的数据之间的偏移量 |
| | 000Eh | Header Size | 1 dword | 位图信息头长度 |
| | 0012h | Width | 1 dword | 位图的宽度，以像素为单位 |
| | 0016h | Height | 1 dword | 位图的高度，以像素为单位 |
| | 001Ah | Planes | 1 word | 位图的位面数 |
| 信息头 | 001Ch | Bits Per Pixel | 1 word | 每个像素的位数 |
| | 001Eh | Compression | 1 dword | 压缩说明 |
| | 0022h | Data Size | 1 dword | 用字数表示的位图数据的大小。该数必须是 4 的倍数 |
| | 0026h | HResolution | 1 dword | 用像素/米表示的水平分辨率 |
| | 002Ah | VResolution | 1 dword | 用像素/米表示的垂直分辨率 |
| | 002Eh | Colors | 1 dword | 位图使用的颜色数。如 8 位/像素表示为 100h 或者 256 |
| | 0032h | Important Colors | 1 dword | 指定重要的颜色数 |
| 调色板 | 0036h | Palette | N*4 | 调色板规范（N*4 byte） |
| 数据 | 0436h | Bitmap Data | x bytes | |

4．位图文件头结构

位图文件头包含有关于文件类型、文件大小、存放位置等信息，在 Windows 3.0 以上版本的位图文件中用 BITMAPFILEHEADER 结构来定义：

```
typedef struct tagBITMAPFILEHEADER {     /* bmfh */
UINT bfType;                  //位图类型
DWORD bfSize;                 //位图大小
UINT bfReserved1;             //保留
UINT bfReserved2;
DWORD bfOffBits;              //位图数据偏移
} BITMAPFILEHEADER;
```

其中：

bfType　　说明文件的类型；

bfSize　　说明文件的大小，用字节为单位；

bfReserved1　保留，设置为 0；

bfReserved2　保留，设置为 0；

bfOffBits　说明从 BITMAPFILEHEADER 结构开始到实际的图像数据之间的字节偏移量。

5．位图信息头结构

位图信息用 BITMAPINFO 结构来定义，它由位图信息头（bitmap-information header）和彩色表（color table）组成，前者用 BITMAPINFOHEADER 结构定义，后者用 RGBQUAD 结构定义。BITMAPINFO 结构具有如下形式：

```
typedef struct tagBITMAPINFO {          /* bmi */
BITMAPINFOHEADER bmiHeader;
RGBQUAD bmiColors[1];
} BITMAPINFO;
```

其中：

bmiHeader　　说明 BITMAPINFOHEADER 结构；

bmiColors　　说明彩色表 RGBQUAD 结构的阵列。

BITMAPINFOHEADER 结构包含有位图文件的大小、压缩类型和颜色格式，其结构定义为：

```
typedef struct tagBITMAPINFOHEADER {    /* bmih */
DWORD biSize;
LONG biWidth;
LONG biHeight;
WORD biPlanes;
WORD biBitCount;
DWORD biCompression;
DWORD biSizeImage;
LONG biXPelsPerMeter;
LONG biYPelsPerMeter;
DWORD biClrUsed;
DWORD biClrImportant;
} BITMAPINFOHEADER;
```

其中:

| | |
|---|---|
| biSize | 说明 BITMAPINFOHEADER 结构所需要的字节数。 |
| biWidth | 说明图像的宽度，以像素为单位。 |
| biHeight | 说明图像的高度，以像素为单位。 |
| biPlanes | 为目标设备说明位面数，其值设置为 1。 |
| biBitCount | 说明位数/像素，其值为 1、2、4 或者 24。 |
| biCompression | 说明图像数据压缩的类型。其值可以是下述值之一: |
| BI_RGB: | 没有压缩; |
| BI_RLE8: | 每个像素 8 位的 RLE 压缩编码，压缩格式由 2 字节组成(重复像素计数和颜色索引); |
| BI_RLE4: | 每个像素 4 位的 RLE 压缩编码，压缩格式由 2 字节组成。 |
| biSizeImage | 说明图像的大小，以字节为单位。当用 BI_RGB 格式时，可设置为 0。 |
| biXPelsPerMeter | 说明水平分辨率，用像素/米表示。 |
| biYPelsPerMeter | 说明垂直分辨率，用像素/米表示。 |
| biClrUsed | 说明位图实际使用的彩色表中的颜色索引数。 |
| biClrImportant | 说明对图像显示有重要影响的颜色索引的数目，如果是 0，表示都重要。 |

### 8.4.2 BMP 文件操作

#### 1. 结构与 CImage 类的定义

由于作者在使用的 GCC 版本在编译 ITMAPFILEHEADER 结构时，占用的空间为 16 个字节而不是正常的 14 字节，这是因为该版本 GCC 把 ITMAPFILEHEADER 结构中的 long 和 int 两种数据类型都编译成占用 32 位的数据，即 4 个字节，无法满足 BMP 数据分析的需要。

因此根据该编译器重新构造了一个新的 ITMAPFILEHEADER 结构，数据类型都采用两个字节的 unsigned short 类型，多出的部分补上两个 unsigned short 类型的空间。unsigned short 类型基本可以满足单片机中 BMP 图片文件的解析。

新的 ITMAPFILEHEADER 结构以及 CImage 类的定义如下:

```
typedef unsigned long DWORD;
typedef unsigned short WORD;
typedef long LONG;
typedef struct tagBITMAPFILEHEADER {
  unsigned short  bfType;
  unsigned short  bfSize;
  unsigned short bfReserved1;
  unsigned short bfReserved2;
  unsigned short bfReserved3;
  unsigned short bfOffBits;
  unsigned short bfReserved4;
} BITMAPFILEHEADER, *PBITMAPFILEHEADER;

typedef struct tagBITMAPINFOHEADER{
  DWORD  biSize;
  LONG   biWidth;
```

```
LONG    biHeight;
WORD    biPlanes;
WORD    biBitCount;
DWORD   biCompression;
DWORD   biSizeImage;
LONG    biXPelsPerMeter;
LONG    biYPelsPerMeter;
DWORD   biClrUsed;
DWORD   biClrImportant;
} BITMAPINFOHEADER, *PBITMAPINFOHEADER;

#define WIDTHBYTES(i)  ((i＋31)/32*4)
CFile file;
class CImage
{
public:
  int show(const char* filename);
};
```

2. BMP 图片的读取与显示

BMP 图片的读取与显示通过 CImage 类的 show 成员函数实现，该函数只有一个输入参数 filename，用于指定要显示的图片文件名，文件放置于 SD 卡中，如果不是在 SD 的根目录下，则该参数需要带完整的路径。BMP 图片的读取与显示步骤为：

（1）读取文件头信息；

（2）读取图像头信息；

（3）判断是否是 bmp 文件，如果不是则返回；

（4）判断是否是压缩格式，如果是则返回；

（5）计算每一行图片的数据长度（字节数）；

（6）通过行循环完成图片数据的读取和显示；

（7）在行循环里从 SD 卡上读取一行的数据；

（8）通过像素循环绘制一行图像的每一个点；

（9）根据图像颜色格式绘制一个点。

BMP 图片的读取与显示实现代码如下：

```
int CImage:show(const char* filename)
{
  UINT br;
  BITMAPFILEHEADER   fileheader;
  BITMAPINFOHEADER   infoheader;
  file.open(filename);
  if(file.read(&fileheader, sizeof( BITMAPFILEHEADER), &br)!＝FR_OK)
return 0;
  if(file.read(&infoheader, sizeof( BITMAPINFOHEADER), &br)!＝FR_OK)
return 0;
  //infoOut(fileheader, infoheader);
```

```
if ( fileheader.bfType != 0x4D42 ) // check picture is or not bmp
{
  Uart_Printf( "this pic is not bmp\n" );
  file.close();
  return 0;
}
if ( infoheader.biCompression ==1)//check picture is or not compression
{
  Uart_Printf( "this pic is Compression\n" );
  file.close();
  return 0;
}
file.seek(fileheader.bfOffBits);
unsigned int BytesPerLine=(unsigned int)
WIDTHBYTES(infoheader.biWidth*infoheader.biBitCount);
unsigned char buffer[BytesPerLine+1];
unsigned char NumColors=0;
unsigned char pWidth=0;
for(unsigned int i=infoheader.biHeight;i>0;--i)
{
   file.seek(fileheader.bfOffBits
+BytesPerLine*(infoheader.biHeight-i));
   if(file.read(&buffer, BytesPerLine>>1, &br)==FR_OK)
if(file.read(&buffer[BytesPerLine>>1], BytesPerLine>>1,
 &br)==FR_OK)
   {
    for(unsigned int j=0;j<infoheader.biWidth;j++)
    {
      switch(infoheader.biBitCount){
    case 1:
      NumColors=2;
      pWidth=1;
      break;
    case 4:
      NumColors=16;
      pWidth=1;
      break;
    case 8:
      NumColors=256;
      pWidth=1;
      break;
    case 24:
      NumColors=0;
      pWidth=3;
      break;
    case 32:
      NumColors=0;
```

```
        pWidth=4;
        break;
        default:
         return 0;
        break;
        }
        unsigned int x=j*pWidth;
        if(j<240&&i<320)
        {
         if(pWidth==3||pWidth==4)
           tft.setPixel(j, i, RGB(buffer[x+2], buffer[x+1], buffer[x]));
         else  if(pWidth==1)
           tft.setPixel(j, i, RGB(buffer[x], buffer[x], buffer[x]));
        }
      }
     }
  }
  file.close();
}
```

## 8.4.3  BMP 图像显示测试程序

### 1. 单片图片的显示

在 main 函数里，创建 CImage 对象，并调用 show 成员函数即可显示一个图片，代码如下：

```
CImage img;
img.show ("1.bmp");
```

### 2. 多个图片循环显示

在 main 函数中创建 CImage 对象 img，并在 main 函数的 while（1）循环里连续调用 img 对象的成员函数 show 即可显示多个图片。下面的程序在测试时，需要保证 SD 卡根目录下包括了 1.bmp～8.bmp 这 8 个图文件。为了让 STM32 板上显示的图片效果好一些，这些图片文件尽量先用 Windows 自带的画图软件把图片编辑成与 STM32 TFT 分辨率相差不太大的 24 位 BMP 图片，例如大小为 320×240 左右的 24 位 BMP 图片。

通过下面的代码可实现图片的显示：

```
CImage img;
while(1)
 {
        img.show("1.bmp");
        delay(4000);
        img.show("2.bmp");
        delay(4000);
        img.show("3.bmp");
        delay(4000);
        img.show("4.bmp");
        delay(4000);
```

```
        img.show("5.bmp");
        delay(4000);
        img.show("6.bmp");
        delay(4000);
        img.show("7.bmp");
        delay(4000);
        img.show("8.bmp");
        delay(4000);
        led1.isOn()?led1.Off():led1.On();
        bsp.delay(2000);
    }
```

3. 循环显示 SD 卡上的所有 BMP 图片

（1）SD 卡递归扫描函数。采用递归扫描的方式可以把 SD 卡下的所有文件名和目录名都扫描出来，然后判断该文件是否是 BMP 文件，如果是则调用 CImage 类对象 img 的成员函数 show 在 TFT 上显示出来。

SD 卡递归扫描函数的实现代码如下：

```
CImage img;
static FRESULT scan_files (char* path)
{
    DWORD acc_size;                 //Work register for fs command
    WORD acc_files, acc_dirs;
    FILINFO finfo;
DIR dirs;
FRESULT res;
BYTE i;
    char *fn;
Uart_Printf("path is:%s\r\n", path);
if ((res = f_opendir(&dirs, path)) == FR_OK) {
    i = strlen(path);
    while(((res=f_readdir(&dirs, &finfo))==FR_OK)&&finfo.fname[0])
    {
         fn = finfo.fname;
        if (finfo.fattrib & AM_DIR) {
            acc_dirs++;
            *(path+i) = '/'; strcpy(path+i+1, &finfo.fname[0]);
            res = scan_files(path);
            *(path+i) = '\0';
            if (res != FR_OK) break;
        } else {
            acc_files++;
            acc_size += finfo.fsize;

            if(strlen(fn)>4)
            if(strcmp(fn-4, ".bmp")||strcmp(fn-4, ".BMP"))
            {//比较扩展名是否是"bmp"
```

```
            char ch[128]={0};
            sprintf(ch, "%s/%s\r\n", path, fn);
            img.show(ch);
             delay(4000);
             Uart_Printf(ch);
        }
         Uart_Printf("filename is:%s/%s\r\n", path, fn);
      }
    }
}
return res;
}
```

（2）SD 卡递归扫描函数调用。在 main 函数的 while（1）循环里，调用 SD 卡递归扫描函数 scan_files 可完成所有图片的显示。

如果要从 SD 卡的根目录开始扫描，SD 卡递归扫描函数输入参数需要等于空字符串 " "，但又因为 scan_files 函数需要使用该字符串的空间来保存中间路径，因此该参数空间不能为空，也就是不能直接使用空字符串，而是需要分配一个字符空间，然后让该空间的内容为 " "。

SD 卡递归扫描函数调用的测试代码如下：

```
while (1)
{
    char path[50]={""};
scan_files(path);
}
```

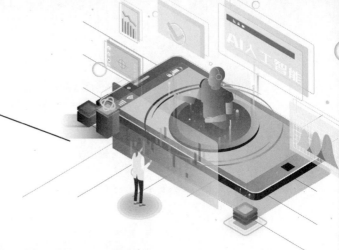

# 第9章

# K210 的 WS2812 驱动

## 9.1 K210 IO 驱动程序波形测试

K210 与 WS2812 共同的目标之一就是都面向于物联网的应用市场,因此本章将介绍 K210 的 WS2812 驱动程序设计。另外,Sipeed M1 AI 开发板提供了一个 WS2812 驱动以及与之连接的三基色 LED,勘智 KD233 开发板也可以外接 WS2812 灯带。

以 WS2812 为核心的 LED 灯带,可以完成自动调光系统,可以手动调节光的亮度,以及不同的颜色;也可以通过单片机实现自动模式,根据环境的亮度调节灯光的强度。例如:

(1)可以平滑调节灯光的亮度;

(2)可以平滑调节灯光的颜色;

(3)在自动模式下,环境越暗,自动调节让灯光越亮。

(4)实现不小于 200 个灯的控制;

(5)手机控制灯光亮度、颜色的调节;

(6)这些灯组合成各种的动态图案,例如包括模拟动态凤凰图案、模拟动态原子结构图案、模拟车轮运动图案,也可以包括其他动态图案,如图 9-1 所示。

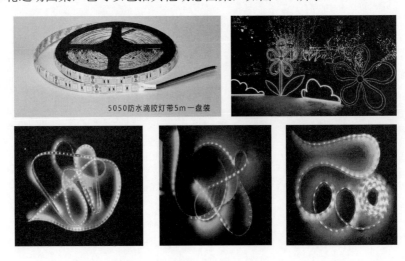

图 9-1 LED 灯带动态图案

WS2812 驱动的时间精度大约需要 100ns 左右，为了正常驱动 WS2812，则需要 K210 等单片机的 IO 引脚输出能满足这一条件，下面通过几个测试程序来分析 K210 的 IO 引脚驱动的速度。

1. 第 1 个 K210 IO 速度测试程序

第 1 个 K210 IO 速度测试程序采用 CLed 类的"!"符号让 IO 电平翻转，代码如下：

```
#include "main.h"
CLed led1(LED1);
void loop()
{
    !led1;
}
```

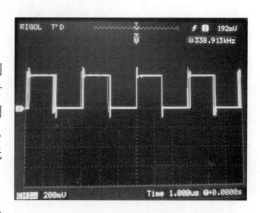

第 1 个 K210 IO 速度测试程序的输出波形如图 9-2 所示。IO 翻转一次大约需要 1.4μs 左右，耗时比较多，原因是在 CLed 类的"!"符号重载在调用过程中，采用了条件判断语句，所以比较耗时。这个可以修改 CLed 类的符号重载，直接进行低层操作则速度比较快。

2. 第 2 个测试程序

第 2 个测试程序采用 CLed 类的 setBit 函数来实现 IO 电平翻转，代码如下：

图 9-2　第 1 个测试程序的输出波形

```
#include "main.h"
CLed led1(LED1);
void loop()
{
    led1.setBit(1);
    led1.setBit(0);
}
```

第 2 个测试程序的输出波形如图 9-3 所示。IO 翻转一次大约需要 0.7μs 左右，耗时还是比较多，原因是 setBit 函数在调用过程中比较耗时。

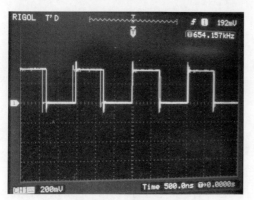

图 9-3　第 2 个测试程序的输出波形

3. 第 3 个测试程序

第 3 个测试程序直接调用官方的低层库函数 gpio_set_pin 来实现 IO 电平翻转，代码如下：

```
#include "main.h"
CLed led1(LED1);
void loop()
{
    gpio_set_pin(4, GPIO_PV_HIGH);
    gpio_set_pin(4, GPIO_PV_LOW);
}
```

第 3 个测试程序输出波形如图 9-4 所示。IO

翻转一次大约需要 0.6μs 左右，耗时还是比较多。

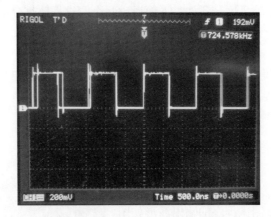

图 9-4　第 3 个测试程序的输出波形

是官方的低层库函数处理得不够快的原因还是 K210 硬件原因呢？下面将分析其主要原因，首先分析官方库函数的实现代码，程序代码如下：

```
void gpio_set_pin(uint8_t pin, gpio_pin_value_t value)
{
    configASSERT(pin < GPIO_MAX_PINNO);
    uint32_t dir = get_gpio_bit(gpio->direction.u32, pin);
    volatile uint32_t *reg = dir ? gpio->data_output.u32:gpio->data_input.u32;
    configASSERT(dir == 1);
    set_gpio_bit(reg, pin, value);
}
void set_gpio_bit(volatile uint32_t *bits, size_t offset, uint32_t value)
{
    set_bit_offset(bits, 1, offset, value);
}
void set_bit_offset(volatile uint32_t *bits, uint32_t mask, size_t offset,
uint32_t value)
{
    set_bit(bits, mask << offset, value << offset);
}
void set_bit(volatile uint32_t *bits, uint32_t mask, uint32_t value)
{
    uint32_t org = (*bits) & ~mask;
    *bits = org | (value & mask);
}
```

4. 第 4 个测试程序

从上述官方源程序可以看出，官方的低层库函数在处理 IO 输出的时候，还需要进行大量的中间运算。例如首先计算寄存器号，然后再进行数据分析和处理，这些大量的计算工作非常耗时。解决思路是把上述这些预处理过程单独提取出来，事先进行计算，把结果保存在变量之中。

第 4 个测试程序首先把原来库函数里要做的很多前面预处理都单独提取出来提前计算，然后把要 IO 输出数据直接写入 IO 输出寄存器中，程序代码如下：

```
#include "main.h"
CLed led1(LED1);
void loop()
{
    uint8_t pin=4;
    unsigned int value_h=GPIO_PV_HIGH;
    unsigned int value_l=GPIO_PV_LOW;
    uint32_t dir=get_gpio_bit(gpio->direction.u32, gpio_pin_value_t(pin));
    volatile uint32_t *reg=dir?gpio->data_output.u32:gpio->data_input.u32;
    uint32_t mask=1;
    size_t offset=pin;
    mask=mask << offset;
    value_h=value_h << offset;
    uint32_t org_h = (*reg) & ~mask;
    org_h=org_h | (value_h & mask);
    value_l=value_l << offset;
    uint32_t org_l = (*reg) & ~mask;
    org_l=org_l | (value_l & mask);
    while(1)
    {
        *reg = org_h;
        *reg = org_l;
    }
}
```

第 4 个测试程序直接调用官方的低层库函数，输出波形如图 9-5 所示。IO 翻转一次大约需要 0.06μs 左右（60ns），处理速度比官方库函数快了 10 倍，这个速度可以满足 WS2812 驱动的需要。

把上述程序封装到 CLed_D 类里，CLed_D 类程序代码如下：

```
class CLed_D:public CLed
{
 public:
    uint8_t pin;
    unsigned int value_h, value_l;
    uint32_t dir, mask;
    uint32_t *reg;
    size_t offset;
    uint32_t org_h, org_l;
    CLed_D(int i=24, int n=FUNC_GPIO3, int m=FUNC_GPIO3-FUNC_GPIO0,
        int mo=GPIO_DM_OUTPUT):CLed(i, n, m, mo)
```

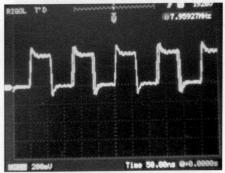

图 9-5 第 4 个测试程序的输出波形

```
{
    pin=m;
    value_h=GPIO_PV_HIGH;
    value_l=GPIO_PV_LOW;
    dir=get_gpio_bit(gpio->direction.u32, gpio_pin_value_t(pin));
    volatile uint32_t *reg1=dir?gpio->data_output.u32
            :gpio->data_input.u32;
    reg=(uint32_t *)reg1;
    mask=1;
    offset=pin;
    mask=mask << offset;
    value_h=value_h << offset;
    org_h = (*reg) & ~mask;
    org_h=org_h | (value_h & mask);
    value_l=value_l << offset;
    org_l = (*reg) & ~mask;
    org_l=org_l | (value_l & mask);
}
};
```

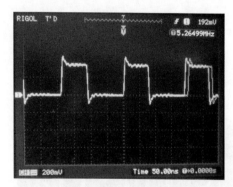

图 9-6　第 5 个测试程序的输出波形

**5. 第 5 测试程序**

采用上述 CLed_D 类进行测试，程序代码如下：

```
#include "main.h"
CLed_D led1(LED1);
void loop()
{
    *led1.reg=led1.org_h;
    *led1.reg=led1.org_l;
}
```

第 5 个测试程序的输出波形如图 9-6 所示，IO 翻转一次大约需要 0.08μs 左右（80ns），这个速度可以满足 WS2812 驱动的需要。

# 9.2　LED 灯带驱动

## 9.2.1　WS2811/WS2812 驱动芯片

LED 灯带一般采用 WS2811/WS2812/WS2813 之类的驱动芯片。WS2812 是一个集控制电路与发光电路于一体的智能外控 LED 光源。其外形与一个 5050LED 灯珠相同，每个元件即为一个像素点，如图 9-7 所示。像素点内部包含了智能数字接口数据锁存信号整形放大驱动电路，还包含有高精度的内部振荡器和 12V 高压可编程定电流控制部分，有效保证了像素点光的颜色高度一致。

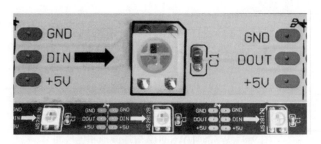

图 9-7 WS2811/WS2812 之类的驱动芯片

数据协议采用单线归零码的通信方式，像素点在上电复位以后，DIN 端接受从控制器传输过来的数据，首先送过来的 24bit 数据被第一个像素点提取后，送到像素点内部的数据锁存器，剩余的数据经过内部整形处理电路整形放大后通过 D0 端口开始转发输出给下一个级联的像素点，每经过一个像素点的传输，信号减少 24bit。像素点采用自动整形转发技术，使得该像素点的级联个数不受信号传送的限制，仅仅受限信号传输速度要求。

LED 具有低电压驱动，环保节能，亮度高，散射角度大，一致性好，超低功率，超长寿命等优点。将控制电路集成于 LED 上面，电路变得更加简单，体积小，安装更加简便。主要特点：

（1）控制电路与 RGB 芯片集成在一个 5050 封装的元器件中，构成一个完整的外控像素点；

（2）内置信号整形电路，任何一个像素点收到信号后经过波形整形再输出，保证线路波形畸变不会累加；

（3）内置上电复位和掉电复位电路；

（4）每个像素点的三基色颜色可实现 256 级亮度显示，完成 16777216 种颜色的全真色彩显示，扫描频率不低于 400Hz/s；

（5）串行级联接口，能通过一根信号线完成数据的接收与解码；

（6）任意两点传传输距离在不超过 5m 时无须增加任何电路；

（7）当刷新速率 30 帧/s 时，低速模式级联数不小于 512 点，高速模式不小于 1024 点。

（8）数据发送速度可达 800kbit/s；

（9）光的颜色高度一致，性价比高。

WS2811/WS2812 数据传输时间如表 9-1 所示。

表 9-1　　　　　　WS2811/WS2812 数据传输时间（ TH＋TL＝1.25μs±600ns）

| T0H | 0 码，高电平时间 | 0.35μs | ±150ns |
|---|---|---|---|
| T1H | 1 码，高电平时间 | 0.7μs | ±150ns |
| T0L | 0 码，低电平时间 | 0.8μs | ±150ns |
| T1L | 1 码，低电平时间 | 0.6μs | ±150ns |
| RES | 帧单位，低电平时间 | 50μs 以上 | |

WS2811/WS2812 时序波形图和连接方法如图 9-8 所示。

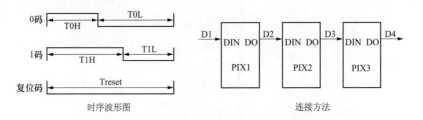

图 9-8　WS2811/WS2812 时序波形和连接图

WS2811/WS2812 输入码型如图 9-9 所示。

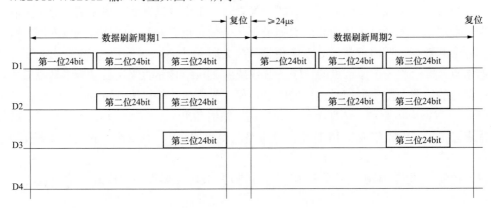

图 9-9　WS2811/WS2812 输入码型

其中 D1 为 MCU 端发送的数据，D2、D3、D4 为级联电路自动整形转发的数据。24位数据结构如下：

| R7 | R6 | R5 | R4 | R3 | R2 | R1 | R0 | G7 | G6 | G5 | G4 | G3 | G2 | G1 | G0 | B7 | B6 | B5 | B4 | B3 | B2 | B1 | B0 |
|----|----|----|----|----|----|----|----|----|----|----|----|----|----|----|----|----|----|----|----|----|----|----|----|

高位先发，按照 RGB 的顺序发送数据。WS2811/WS2812 典型应用电路如图 9-10 所示。

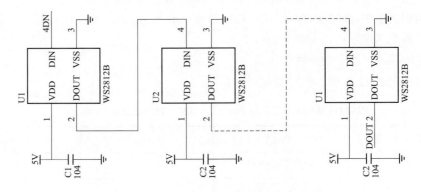

图 9-10　WS2811/WS2812 典型应用电路

## 9.2.2　LED 灯带编程思路

主控制器采 K210 开发板，WS2812 驱动的 LED 灯带对时序要求比较高，0 码是 350ns 的高电平＋800ns 的低电平。1 码是 700ns 的高电平＋600ns 的低电平。

从输出波形可以看出，一次 while（1）循环占用的时间约 100ns，占用 5 个时钟周期。为了实现延时，程序中还经常用到一个 for 循环语句作为延时，同时再测试一下 for 循环语句在 K210 中的耗时。设置不同的循环次数，程序代码如下：

```
void loop()
{   //zero();
    while(1)
    {
        *led1_ws.reg=led1_ws.org_h;
        *led1_ws.reg=led1_ws.org_l;
        for(volatile unsigned long j=0; j<0; j++){;}
        *led1_ws.reg=led1_ws.org_h;
        *led1_ws.reg=led1_ws.org_l;
        for(volatile unsigned long j=0; j<1; j++){;}
        *led1_ws.reg=led1_ws.org_h;
        *led1_ws.reg=led1_ws.org_l;
        for(volatile unsigned long j=0; j<2; j++){;}
        *led1_ws.reg=led1_ws.org_h;
        *led1_ws.reg=led1_ws.org_l;
        for(volatile unsigned long j=0; j<3; j++){;}
        *led1_ws.reg=led1_ws.org_h;
        *led1_ws.reg=led1_ws.org_l;
        for(volatile unsigned long j=0; j<4; j++){;}
        *led1_ws.reg=led1_ws.org_h;
        *led1_ws.reg=led1_ws.org_l;
        for(volatile unsigned long j=0; j<5; j++){;}
    }
}
```

输出波形如图 9-11 所示。

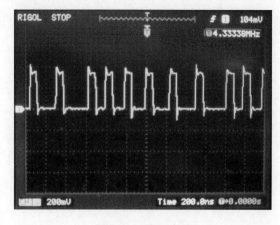

图 9-11 输出波形

肉眼进行了估算，大致得到如表 9-2 所示的结果。

**表 9-2** for 循环的输出结果

|  | 无 | $i=0$ | $i=1$ | $i=2$ | $i=3$ | $i=4$ |
|---|---|---|---|---|---|---|
| 总时间/ns | 80 | 130 | 150 | 180 | 200 | 220 |
| 增加/ns | 0 | 50 | 20 | 20 | 20 | 20 |

大致可以看出，$i$ 每增加 1，耗时就会增加 20ns 左右。根据这个测试结果，可以写出 WS2812 驱动程序设置 0 和设置 1 的函数，代码如下：

```
void zero()//0 码是 350ns 的高电平＋800ns 的低电平
{
    *led1_ws.reg＝led1_ws.org_h;
    for(volatile unsigned long j＝0; j<10; j＋＋){;}  //(350-80)/20=270/20=13
    *led1_ws.reg＝led1_ws.org_l;
    for(volatile unsigned long j＝0; j<30; j＋＋){;}  //(800-80)/20=72/20=36
}
void one()//1 码是 700ns 的高电平＋600ns 的低电平
{
    *led1_ws.reg＝led1_ws.org_h;
    for(volatile unsigned long j＝0; j<25; j＋＋){;}
    *led1_ws.reg＝led1_ws.org_l;
    for(volatile unsigned long j＝0; j<20; j＋＋){;}
}
```

### 9.2.3 LED 灯带驱动方法

#### 1．点亮控制

由于 WS2812 的 IO 是 5V 电平，而 K210 的 IO 是 3.3V 电平，因此最好不要直接把 K210 的输出引脚直接连接到 WS2812 的输入引脚上，可以采用一个电平转换芯片，或者采用三极管、场效应管连接成一个电平转换电路。

在 WS2812 之中，由 24 位来控制 RBG 三色，每一种颜色占用 8 位。点亮控制的方法是 K210 单片机连续输出 24 个 1 给 WS2812，调用一次上面的 one( )函数可以输入一个 1 位 WS2812。WS2812 点亮控制一个 LED 的程序如下：

```
void bright()
{
    for (volatile int j = 0; j<24; j＋＋)one();
}
```

#### 2．灭灯控制

灭灯控制与上面点亮控制的方法相同，只是把单片机输出 24 个 1 修改成输出 24 个 0，程序如下：

```
void Destroy()
{
    for (volatile int j = 0; j<24; j＋＋)zero();
}
```

**3. 亮度和颜色控制**

亮度控制的方法与上面点亮控制、灭灯控制方法相同，只要根据亮度和颜色控制数据中（一个整数）的每一位来控制单片机输出即可，整数 color 只使用低 24 位，并且按 RBG 方式排序。程序如下：

```
void bright(int color)
{
    for (volatile int j = 0; j<24; j++, color <<= 1)
    {
        if (color&(1 << 24))one();
        else zero();
    }
}
```

**4. RBG 亮度和颜色控制**

可以把上述亮度和颜色控制修改为按 RBG 三色分别控制，程序如下：

```
void bright(char r, char g, char b)
{
    for (volatile int j = 0; j<8; j++, r <<= 1)
    {
        if (r&(1 << 7))one();
        else zero();
    }
    for (volatile int j = 0; j<8; j++, g <<= 1)
    {
        if (g&(1 << 7)) one();
        else zero();
    }
    for (volatile int j = 0; j<8; j++, b <<= 1)
    {
        if (b&(1 << 7)) one();
        else zero();
    }
}
```

上述 RBG 亮度和颜色控制程序也可以先把 RGB 三色合成一个整数，然后再调用前面的亮度和颜色控制函数进行控制，void bright（char r, char g, char b）函数可以改写成如下：

```
void bright(char r, char g, char b)
{
    int color = (r << 16) | (g << 8) | b;
    bright(color);
}
```

### 9.2.4 控制 LED 灯带动态显示

下面以一条具有 120 个 LED 的灯带为例子进行讲解。

### 1. 前 50 个灯亮

控制前 50 个灯亮的方法是连续调用 50 次 bright()函数，每调用 1 次 bright()函数，K210 把最新一个数据（24 位都为 1 的整数）输出到第一个 WS2812 之中，同时把上一次的数据往后转给下一个 WS2812。控制前 50 个灯亮的程序如下：

```
for (volatile int i = 0; i<50; i++)bright();
```

### 2. 所有 120 灯灭

控制所有 120 灯灭的方法是连续调用 120 次 Destroy（）函数，程序如下：

```
for (volatile int i = 0; i<120; i++)Destroy();
```

### 3. 颜色渐变

控制颜色渐变的方法是，通过 for 循环来改变 RGB 的值，然后调用 bright（char r, char g，char b）显示。下面是循环增加 R 和 G 颜色的值，B 颜色为保持为 0，程序如下：

```
for (volatile int j = 0; j<120; j++, delay(500))
for (volatile int i = 0; i<120; i++)bright(j, i, 0);
```

### 4. 流水灯

流水灯显示模式的控制方法是 120 个 LED 灯每次只有一个 LED 亮，要实现这样一个功能，为了让其中一个 LED 亮而其他所有 LED 不亮，就必须每次都控制到所有的 120 个 LED，然后选择其中一个亮。K210 的编程方法是，通过两重 for 循环来实现，外层 for 循环增量 j 用于表示当前到哪个 LED 灯，内层循环 for 用于控制所有的 120 个 LED，当 i=j 时亮，其他的都不亮。程序如下：

```
for (volatile int j = 0; j<120; j++, delay(200))
for (volatile int i = 0; i<120; i++)
if (i == j) bright();
else Destroy();
```

### 5. 反向流水灯

反向流水灯与前面的流水灯的不同在于亮的 LED 是往后移动。程序控制方法相同，只是外层 for 循环变量 j 改成递减。程序代码如下：

```
for (volatile int j = 120; j>0; j--, delay(200))
for (volatile int i = 0; i<120; i++)
if (i == j) bright();
else Destroy();
```

### 6. 显示缓冲区显示

为了更加方便进行灯带的控制，可以模仿计算机显示的方法，开辟一个显示缓冲区，把要显示的内容先保存到显示缓冲区，然后再通过输出程序把示缓冲区的内容输出到灯带上。采用这样的方式更加容易实现复杂的图案显示。程序代码如下：

```
//开辟一个显示缓冲区
int data[120];          //显示缓冲区
//填充显示缓冲区
for (int i = 0; i<20; i++)data[i] = iRGB(255, 0, 0);
```

```
for (int i = 0; i<20; i++)data[i + 20] = iRGB(0, 255, 0);
for (int i = 0; i<20; i++)data[i + 40] = iRGB(0, 0, 255);
for (int i = 0; i<20; i++)data[i + 50] = iRGB(255, 255, 0);
for (int i = 0; i<20; i++)data[i + 80] = iRGB(0, 255, 255);
for (int i = 0; i<20; i++)data[i + 100] = iRGB(255, 0, 255);
//显示缓冲区->输出并显示
for (volatile int i = 0; i<120; i++)bright(data[i]);
```

## 9.2.5　控制 LED 灯带动态图案实例

下面以一条具有 120 个 LED 的灯带为例子进行控制 LED 灯带动态图案实例，把上面几种显示方式进行连续显示，完整的程序代码如下：

```
#include "main.h"
CWs2812 ws2812;
void loop()
{
    ws2812.test();
}
```

对于 KS233 开发板，LED1_WS 在 io_map.h 中的映射如下：

```
#define LED1_WS  40, FUNC_GPIO6, FUNC_GPIO6-FUNC_GPIO0, GPIO_DM_OUTPUT
```

把上述 WS2812 的各功能函数封装到一个 CWs2812 类之中，实现代码如下：

```
CLed_D led1_ws(LED1_WS);
class CWs2812
{
public:
void zero(){//0 码是 350ns 的高电平+800ns 的低电平
    *led1_ws.reg=led1_ws.org_h;
    for(volatile unsigned long j=0; j<10; j++){;} //(350-80)/20=270/20=13
    *led1_ws.reg=led1_ws.org_l;
    for(volatile unsigned long j=0; j<30; j++){;} //(800-80)/20=72/20=36
}
void one(){//1 码是 700ns 的高电平+600ns 的低电平
    *led1_ws.reg=led1_ws.org_h;
    for(volatile unsigned long j=0; j<25; j++){;}
    *led1_ws.reg=led1_ws.org_l;
    for(volatile unsigned long j=0; j<20; j++){;}
}
void bright(){for (volatile int j = 0; j<24; j++)one();}
void Destroy(){for (volatile int j = 0; j<24; j++)zero();}
void bright(int color){
    for(volatile int j=0;j<24;j++, color<<=1){
        if(color&(1<<24))one();
        else zero();
    }
```

```
    }
    void bright(char r, char g, char b)
    {
        for(volatile int j=0;j<8;j++, r<<=1)
        {
            if(r&(1<<7))one();
            else zero();
        }
        for(volatile int j=0;j<8;j++, g<<=1) {
            if(g&(1<<7)) one();
            else zero();
        }
        for(volatile int j=0;j<8;j++, b<<=1) {
            if(b&(1<<7)) one();
            else zero();
        }
    }
    int iRGB(char r, char g, char b) {return (r<<16)|(g<<8)|(b);}
    int data[120];//显示缓冲区
    int test()
    {
        while(1){
        //!led1;
            bsp.delay(1000);
            //前 120 个灯亮
            for(volatile int i=0;i<120;i++)bright();
            bsp.delay(3000);
            //所有灯灭
            for(volatile int i=0;i<120;i++)Destroy();
            bsp.delay(3000);
            //颜色渐变
            for(volatile int j=0;j<120;j++, bsp.delay(500))
                for(volatile int i=0;i<120;i++)bright(j, i, 0);
        //流水灯
        for(volatile int j=0;j<120;j++, bsp.delay(200))
            for(volatile int i=0;i<120;i++)
                if(i==j) bright();
                else Destroy();
        //反向流水灯
        for(volatile int j=120;j>0;j--, bsp.delay(200))
            for(volatile int i=0;i<120;i++)
                if(i==j) bright();
                else Destroy();
        //填充显示缓冲区
        for(int i=0;i<20;i++)data[i]=iRGB(255, 0, 0);
        for(int i=0;i<20;i++)data[i+20]=iRGB(0, 255, 0);
        for(int i=0;i<20;i++)data[i+40]=iRGB(0, 0, 255);
```

```
        for(int i=0;i<20;i++)data[i+50]=iRGB(255, 255, 0);
        for(int i=0;i<20;i++)data[i+80]=iRGB(0, 255, 255);
        for(int i=0;i<20;i++)data[i+100]=iRGB(255, 0, 255);
        //显示缓冲区->输出并显示
        for(volatile int i=0;i<120;i++)bright(data[i]);
        bsp.delay(80000);
    }
    return 0;
}
}
```

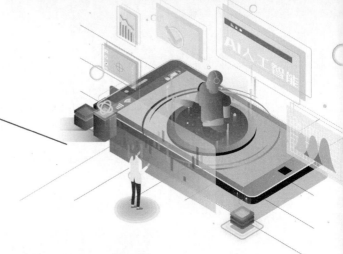

# 第 10 章

# K210 的 ESP8266 驱动

## 10.1　简单的 ESP8266 驱动测试程序

### 10.1.1　KD233 的 ESP8266 测试程序

K210 的应用市场目标重点是人工智能和物联网应用，可见 K210 开发板的通信功能是重要的内容之一。另外，KD233 开发板上预留了一个 WiFi 接口，该接口可以连接一个 ESP8266 模块，如图 10-1 所示，其他 K210 开发板也可以通过串口连接 ESP8266 模块。由于 ESP8266 模块耗电量比较大，因此在连接 ESP8266 模块时，最好另外附加一个 3.3V 的电源给 ESP8266 模块供电。

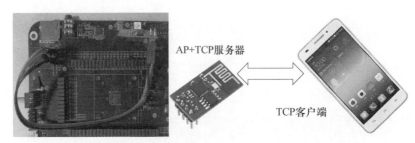

图 10-1　KD233 开发板与 ESP8266 模块连接

ESP8266 是应用最广泛的 WiFi 模块，一个 ESP8266 模块的价格在 8 元左右，外观小巧，很方便应用于 K210 开发板。ESP8266 模块的引脚定义如图 10-2 所示。

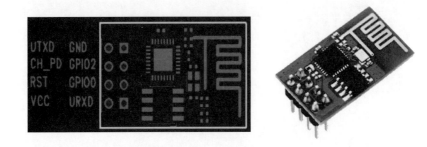

图 10-2　ESP8266 模块的引脚定义

ESP8266 启动进入 AT 系统，只需 CH-PD 引脚接 VCC 或接上拉（不接上拉电阻的情况下，串口可能无数据），其余三个引脚可选择悬空或接 VCC，但一般复位引脚 RST 可以连接 K210 开发板的复位引脚或者采用一个专门的 IO 口来负责 ESP8266 模块的复位。

如果把 ESP8266 模块当成 AP 热点，以及设置成 TCP 服务器，设置过程如下：

（1）AT＋CWMODE＝2　设置成路由模式。

（2）AT＋CWSAP＝"lyk_110"，"0123456789"，11，0 设置路由。

（3）AT＋RST 重启。

（4）AT＋CIPMUX＝1　设置成多连接。

（5）AT＋CIPSERVER＝1，5000 开启 TCP 服务端口。

简单的 ESP8266 驱动测试程序如下：

```
include "main.h"
CLed led1(LED1), led2(LED2);
CUart uart1(UART1, 115200);
int uart_receive(void* ch)
{
    char a=uart1.receive();
    if(a=='a')led1.On();
    if(a=='b')led1.Off();
    return 0;
}
void esp8266_TCPServer()
{
    uart1.send("\r\n");
    msleep(1000);
    uart1.send("AT+CWMODE=2\r\n");
    msleep(1000);
    uart1.send("AT+CWSAP=\"lyk_110\", \"0123456789\", 11, 0\r\n");
    msleep(1000);
    uart1.send("AT+RST\r\n");
    msleep(3000);
    uart1.send("AT+CIPMUX=1\r\n");
    msleep(1000);
    uart1.send("AT+CIPSERVER=1, 5000\r\n");
    msleep(1000);
}
void setup()
{
    uart1.set_receive_irq(uart_receive);
    uart1.start();
    esp8266_TCPServer();
}
```

用 USB 转串口线监测 ESP8266 模块的输出引脚，可以看到以下输出信息，代表程序正常运行：

```
AT+CWMODE=2
```

```
OK
AT＋CWSAP="lyk_110", "0123456789", 11, 0
OK
AT＋RST
OK
(其他初始化消息，省略……)
ready
AT＋CIPMUX=1
OK
AT＋CIPSERVER=1, 5000
OK
```

### 10.1.2　安卓手机测试程序

在 Obtain_Studio 中，采用 "\傻瓜 STM32 项目\Android_TCP 客户端模板"，创建一个新的项目，项目名称为 "K210_Android_TCP_001"，如图 10-3 所示。

图 10-3　创建安卓项目

编译之后启动模拟器。在 Obtain_Studio 中启动 Android 模拟器的工具如图 10-4 所示。

图 10-4　启动 Android 模拟器工具

启动 Android 模拟器的过程特别慢，请耐心等待。启动完成之后，可以保持模拟器的运行状态，不要关闭。Android 模拟器如图 10-5（a）所示， Android 模拟器开锁之后，如图 10-5（b）所示。

模拟器 90 度旋转，快捷键：ctrl＋F11 或 ctrl＋F12。在 Obtain_Studio 中，运行 Android 应用程序的工具如图 10-6 所示。

在模拟器中，可以看到运行的程序界面，如图 10-7 所示。

（a）　　　　　　　　　　　　　　（b）

图 10-5　Android 模拟器

（a）Android 模拟器启动后；（b）Android 模拟器开锁后

运行

图 10-6　运行 Android 应用程序的工具

图 10-7　程序界面

　　在模拟器上测试没问题之后，可以把 K210_Android_TCP_001 项目 bin 子目录下的 hello-debug.apk 文件通过 Q 或者其他方式传到手机上，然后安装和运行。运行界面如图 10-8 所示。

　　第一个界面中的 IP 地址就 TCP 服务器 IP 地址。单击登录就进入控制界面，在控制界面里，单击"连接服务器"就可以连接到 TCP 服务器，成功连接之后，可以接收 K210 开发板送上来的 ADC 数据和温度数据，以及 LED 的状态。单击控制界面上的开灯和关灯，可以控制 K210 板上的 LED 灯的亮灭，如图 10-9 所示。

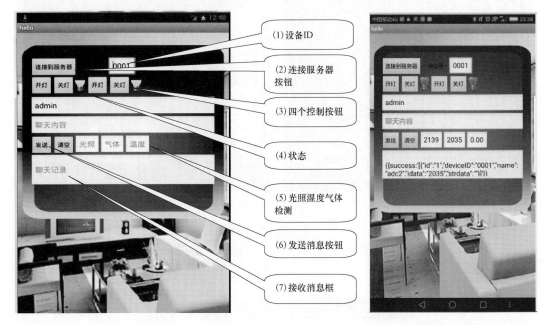

图 10-8　安卓界面　　　　　　　　图 10-9　模块通信程序运行效果

为了用于测试上述 K210 开发板的 ESP8266 程序，可以直接在上述控制界面的"聊天内容"中输入"a、b、c、d"，然后单击"发送"按钮，发 a 控制 LED1 亮；发 b 控制 LED1 灭 LED2；发 d 控制 LED2。

## 10.2　WiFi　模　块

### 10.2.1　ESP8266 模块介绍

#### 1. ESP8266 模块

WiFi 模块 ESP8266 尺寸为 5×5mm，ESP8266 模组需要的外围器件有：10 个电阻电容电感、1 个无源晶振、1 个 flash。工作温度范围：−40～125℃。

ESP8266 是一个完整且自成体系的 WiFi 网络解决方案，能够独立运行，也可以作为 slave 搭载于其他 Host 运行。

ESP8266 在搭载应用并作为设备中唯一的应用处理器时，能够直接从外接闪存中启动。内置的高速缓冲存储器有利于提高系统性能，并减少内存需求。

另外一种情况是，无线上网接入承担 WiFi 适配器的任务时，可以将其添加到任何基于微控制器的设计中，连接简单易行，只需通过 SPI/SDIO 接口或中央处理器 AHB 桥接口即可。

ESP8266 强大的片上处理和存储能力，使其可通过 GPIO 口集成传感器及其他应用的特定设备，实现了最低前期的开发和运行中最少地占用系统资源。

**2. 无线组网**

ESP8266 支持 softAP 模式、station 模式、softAP ＋Station 共存模式三种。利用 ESP8266 可以实现十分灵活的组网方式和网络拓扑。

SoftAP：即无线接入点，是一个无线网络的中心节点。通常使用的无线路由器就是一个无线接入点。

Station：即无线终端，是一个无线网络的终端。

（1）ESP8266 的 SoftAP 模式。ESP8266 作为 softAP，手机、计算机、用户设备、其他 ESP8266Station 接口等均可以作为 Station 连入 ESP8266，组建成一个局域网，如图 10-10 所示。

图 10-10　ESP8266 的 SoftAP 模式

（2）ESP8266 的 Station 模式。ESP8266 作为 Station，通过路由器（AP）连入 Internet，可向云端服务器上传、下载数据。用户可随时使用移动终端（手机、笔记本电脑等），通过云端监控 ESP8266 模块的状况，向 ESP8266 模块发送控制指令，如图 10-11 所示。

（3）ESP8266 的 SoftAP＋Station 共存模式。ESP8266 支持 softAP＋station 共存的模式，用户设备、手机等可以作为 station 连入 ESP8266 的 softAP 接口，同时，可以控制 ESP8266 的 Station 接口通过路由器（AP）连入 Internet，如图 10-12 所示。

图 10-11　ESP8266 在 Station 模式　　　　图 10-12　ESP8266 的 SoftAP＋Station 共存模式

**3. ESP8266 的透传功能**

透传，即透明传输功能。Host 通过 uart 将数据发给 ESP8266，ESP8266 再通过无线网络将数据传出去；ESP8266 通过无线网络接收到的数据，同理通过 uart 传到 Host。ESP8266 只负责将数据传到目标地址，不对数据进行处理，发送方和接收方的数据内容、长度完全一致，传输过程就好像透明一样。

**4. UART 成帧机制**

ESP8266 判断 UART 传来的数据时间间隔，若时间间隔大于 20ms，则认为一帧结束；否则，一直接收数据到上限值 2KB，认为一帧结束。ESP8266 模块判断 UART 来的数据一帧结束后，通过 WiFi 接口将数据转发出去。成帧时间间隔为 20ms，一帧上限值为 2KB。

**5. ESP8266 的烧写方式**

ESP8266 除了传统的串口烧录方式，还支持云端升级的方式来更新固件。只需将新版固件上传至服务器，在 ESP8266 联网的情况下，服务器会推送更新消息到用户，用户可自行选择是否升级。

6. ESP8266 的网络接口

ESP8266 有两种组网接口：SoftAP 接口和 Station 接口，且两种接口可同时并存使用。用户按照实际需求应用：

（1）softAP 接口。Phone 或 PC 作为 Station，连入 ESP8266 的 softAP 接口，如需调试，可用 PC 连接 ESP8266 的串口查看 log 信息。

（2）station 接口。ESP8266 作为 Station，连入无线路由（AP），如需调试，可用 PC 连接 ESP8266 的串口查看 log 信息。

## 10.2.2　ESP8266 使用方法

### 1. ESP8266 连接 WiFi

ESP8266 连接 WiFi，也就是上网用的无线信号，假设当前现场的无线信号为：TP-LINK_EYELAKE，密码：123456789。

第一步：ESP8266 复位。复位分两种，第一种是由 AT 指令实行：AT＋RST，延时 2s。第二种由硬件执行：此处不做详细说明，这是各个模块的硬件设计决定的。建议使用第一种。

第二步：AT＋CWMODE＝1。这是设置 STA 模式，延时 2.5s。这个命令发出去之后，会得到返回的信息：

```
AT＋CWMODE＝1  0x0d 0x0d 0x0a 0x0d 0x0a  OK 0x0d 0x0a
```

注意：这是一条字符串，中间是没有空格的，0x0d 与 0x0a 是换行和回车的 ascii 码，其实就是字符 '/r'，'/n'。

AT＋CWMODE＝1 使发出去的命令，但是同样返回了，这个叫回显。回显是可以通过命令关闭的，感兴趣的可以自己去查查 ESP8266 的 AT 命令表。这里为了调试不关闭回显，下面也不再对这个做解释。不同的设备可能会有差异，但是成功了肯定是有 OK 的。

第三步：AT＋CWLAP，延时 1s。这个命令发出去返回的字符串很长。这条命令的意思是列出现在能够查到的 WiFi 信号。你可以仔细看一看，你的无线信号都会成字符串列在其中。在整个字符串的最后，同样会有 OK。

第四步：AT＋CIPMUX＝0，设置成单路连接模式，延时 1s。

第五步：AT＋CWJAP＝"TP-LINK_EYELAKE"，"123456789"。这一步便是连接 WiFi，延时的时间要长一些，否则会等不到返回的信息。测试时延时 18s，成功了会有 OK 的返回。可以将这步的延时时间改了，进入调试状态，看存储器，会发现接收了一半就没有了，所以这里延时的时间很重要。这一命令发出去后，会立刻收到一个 WIFI DISCONNECTED 的字符串，不用急，等一会儿会有 WIFI CONNECTED 的字符串，连上网络是需要一定的时间的。

### 2. ESP8266 连接 TCP

ESP8266 连接 TCP，也就是连接服务器：

第一步：AT＋CIPSTART＝ "TCP"，"10.10.150.222"，61613。

这一步的参数需要根据自己的 IP 的地址来设置，成功了会返回 OK。延时 4s。

第二步，AT＋CIPMODE＝1。

AT＋CIPSEND。

这两个依次发出去。第一句的意思是设置为透传模式，第二句则是进入透传模式。进入透传模式成功，会返回 ">" 符号。一旦进入透传模式，那么发送 AT 命令就失效了。这两个命令各延时 2s，建议第一步之后再延时 1s，更加稳定，这里需要根据自己的代码和硬件进行调试。

3. ESP8266 设置成服务器

ESP8266 设置成服务器，通俗点讲，就是 ESP8266 设置一个热点：

第一步：AT＋RST，复位。

第二步 AT＋CWMODE＝2，设置为 AP 模式。

第三步：AT＋RST。

这里需要注意，第一步的复位是退出其他的设置，准备 AP 设置。而这一步的复位是必须加的，否则第二步的设置就没有用。

第四步：AT＋CWSAP＝"ESP8266"，"123456"，1，4。

这就是设置 ESP8266 的热点名称和密码，参数可以去查 AT 命令表是什么意思。

第五步：AT＋CIPMUX＝1。

第六步：AT＋CIPSERVER＝1,8086

AT＋CIPSTO＝5000。

第一条指令是设置本地端口号，也就是之后你连接上这个热点后，需要设置的一个端口号。

第七步：AT＋CIFSR。这是列出 IP 地址，也是等会你连接上热点后需要设置用来通信的。这是 AP 模式下的设置，设置完成后就可以连接 ESP8266 的热点，网上下载一个网络串口调试器就可发送数据了。

## 10.3 ESP8266 Station 模式

### 10.3.1 K210 与 ESP8266 Station 模式应用模型

采用计算机作为 TCP 服务器，如图 10-13 所示。

图 10-13 采用计算机作为 TCP 服务器

采用片式计算机（树莓派、香蕉派、香橙派等）作为 TCP 服务器，如图 10-14 所示。

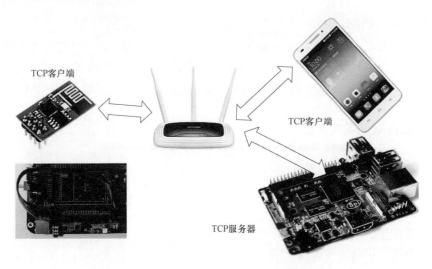

图 10-14　采用计算机作为 TCP 服务器

## 10.3.2　TCP 服务器程序

### 1．PC 机和 Windows7 下的 TCP 服务器程序

在 Obtain_Studio 之中，采用"\傻瓜 STM32 项目\wxWidgets_TCP 服务器模板"创建名为"wx_tcpserver_005"的 TCP 服务器程序，然后编译和运行，单击"启动服务器"，正常情况下显示"Server listening."，运行效果如图 10-15 所示。

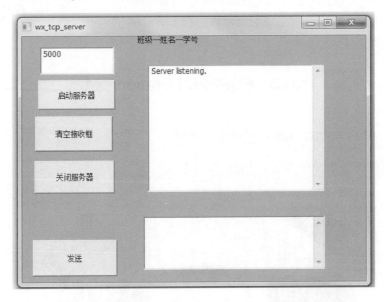

图 10-15　PC 机和 Windows7 下的 TCP 服务器程序运行效果

### 2．香蕉派和 Linux 下的 TCP 服务器程序

香蕉派开发板连接好电源线、网线以及串口线，如图 10-16 所示，然后在香蕉派开发板上安装 Raspbian 系统，通过远程桌面管理 Raspbian 系统。

图 10-16　香蕉派开发板连接好电源线、网线以及串口线连接图

（1）安装 wxWidgets。Raspbian 系统上安装 wxWidgests 的方法如下：

```
$sudo apt-get install libgtk2.0-dev
$sudo apt-get install wx2.8-headers libwxgtk2.8-0 libwxgtk2.8-dev
```

输入 wx-config --cxxflags，检查 wxWidgests、wxGTK 是否正确配置安装。

（2）编译和运行 wxWidgets 项目。通过远程桌面连接香蕉派板，或者通过香蕉派板上的 HDMI 接口联系到显示器，把在 Obtain_Studio 里创建、编写好的项目，整个项目目录通过 ftp 拷贝到香蕉派开发板 Raspbian 系统上，在终端里切换到项目的 linux 子目录下，然后输入 "make" 命令编译项目。

编译过程中如果提示字符集中有错误，则针对有错误的文件用 leafpad 或 gedit 等文本编译器打开，选择另存为，选择字符集模式为 "UTF-8"，然后保存为与原来同名的文件名并覆盖掉原来的文件。完成之后重新编译即可。

编译完成之后，在 Linux 目录下生成一个名为 main 的文件。运行该文件即可。运行效果与前面介绍的 PC 机和 Windows7 下的 TCP 服务器程序完全相同。

### 10.3.3　ESP8266 模块的 K210 程序

在 K210 程序中，通过程序配置 ESP8266 模块，把 ESP8266 模块设置成 TCP 客户端。同时也配置 ESP8266 的路由器参数，让它能正常连接到与 PC 机、香蕉派和手机共同的路由器上。K210 主程序代码如下：

```
#include "main.h"
void task0(void);                          //任务 0
void task1(void);                          //任务 1
void processing(string str);
void setup()
{
    add(task0);
    add(task1);
}
void  task0(void ){ while(1) delay(900); }  //任务 0
void  task1(void )                          //任务 1
```

179

```
{
    wifi.TCP_Server_init("iot1", "012345678", "5000", "1", "0001", "123456");
    wifi.TCP_Server_start(processing);
    while(1)
{
  if(wifi.isReady())
    {
        wifi.send("adc1", adc1.getValue());
        wifi.delay(200);
    }
  sleep(50);
    }
}
void processing(string str)
{
    string name=wifi.get_name(str);
    string idata=wifi.get_idata(str);
    if(name=="led1"&&idata=="0"){led1.On(); wifi.send("led1_s", 1);}
    if(name=="led1"&&idata=="1"){led1.Off();wifi.send("led1_s", 0);}
    if(name=="led2"&&idata=="0"){led2.On(); wifi.send("led2_s", 1);}
    if(name=="led2"&&idata=="1"){led2.Off();wifi.send("led2_s", 0);}
}
```

1. 创建 CEsp8266 对象

创建 CEsp8266 对象的方法如下：

```
CEsp8266 WiFi ("kui004", "12345678", "192.168.4.101", "5000", "1", "0001");
```

（1）第一个参数是路由器的名称，和计算机、手机所连接的路由器名称相同。

（2）第二个参数是路由器的密码。

（3）第三个参数是 TCP 服务器的 IP 地址。

（4）第四个参数是 TCP 服务器的端口号。

（5）第五个参数是系统号，如果要组成多个不同的系统，那么就使用该参数来区别不同的系统。

（6）第六个参数是设备号。如果有多块 K210 板，那么第一块设备号为 0001，第二块设备号为 0002。

2. processing 函数

processing 函数是处理接收字 WiFi 数据的函数，函数的参数是一个 json 数据包。格式为：

```
({success:'[{"id":"1", "deviceID":"0001", "name":"led1", "idata":"0", "strdata":
""}]'})
```

3. setup 函数

setup 函数是整个系统的配置函数。初始化的代码可以写在这个函数内。

4. loop 函数

setup 函数是整个系统的主循环函数。它会反复地被执行，所以在这些不需要 while（1）语句来做无限循环。

5. WiFi 对象的 send 函数

WiFi 对象的 end 函数是发送 WiFi 数据，第一个参数是数据名称，第二个参数是数据的值。

6. WiFi 对象的 delay 函数

WiFi 对象的 delay 函数是延时函数。该延时函数与普通的延时函数完全有很大的区别，它除了具有延时功能之外，最重要的是它边延时边干活，主要是进行了 WiFi 接收数据的处理。这样做的优点是让 K210 能及时地处理接收到的数据。

# 第11章

# K210 的 MicroPython 编程

## 11.1 MicroPython 编程实例

### 11.1.1 K210 第 1 个 Python 程序——LED 闪烁

#### 1. LED 闪烁程序

MicroPython 是 Python 3 语言的精简高效实现，主要应用于 STM32、ESP8266 等单片机开发板上。MaixPy 是基于 Sipeed M1 的开源 MicroPython 项目，在 Obtian_Studio 中带有支持 MaixPy 的项目模板。下面采用 "\K210_Python 项目\K210_Python_LED 模板" 创建一个 K210 的 Python 项目，项目名称为 "K210_Python_13_test_001"，如图 11-1 所示。

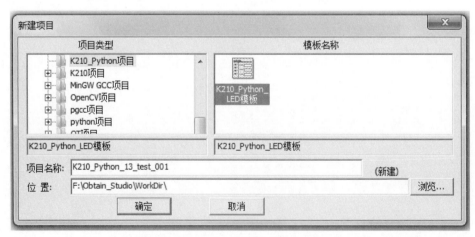

图 11-1 创建 K210 的 Python 项目

在 K210_Python_LED 模板的 src 目录中，有一个 led.py 文件，默认功能是让 LED 闪烁，程序代码如下：

```
fpioa=machine.fpioa()
gpio=machine.GPIO(machine.GPIO.GPIO0, machine.GPIO.DM_OUTPUT, machine.GPIO.HIGH_
LEVEL)
def func(timer):
```

```
    gpio.toggle()
timer=machine.timer(0, 0)
timer.init(freq=2, period=0, div=0, callback=func)
```

在 K210 开发板已经烧写有 MaixPy 固件的情况下，通过 USB 线连接好 K210 开发板，单击 Obtain_Studio 工具条上的编译按钮，如图 11-2 所示，通过串口（默认 COM9）把上述 led.py 程序下载到 K210 开发板上。下载完成之后，可以看到开发板上的 LED 闪烁。

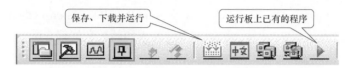

图 11-2  工具条上的下载和运行按钮

如果不能自动启动 led.py 程序，也可以单击 Obtain_Studio 工具条上的运行按钮启动程序，运行结果如图 11-3 所示。

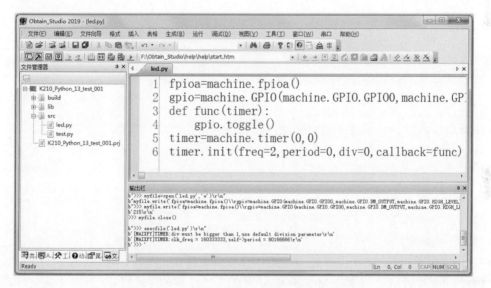

图 11-3  K210 第一个 Python 程序界面和运行结果

2．LED 闪烁程序说明

（1）定时器。由于当前固件版本还不支持 sleep( )休眠函数，因此采用了定时器来让 LED 定时亮灭。在"timer=machine.timer（0，0）"一行代码中，第一个参数为定时器号，第二个参数为通道号，参考本书第 4 章"定时器与日历"。

在"timer.init（freq=2，period=0，div=0，callback=func）"一行代码中，初始化定时器，第一个参数 freq 为 1s 内中断的次数，第二个为定时器的周期 period ，第三个为定时器的分频系数 div ，第四个为定时器的中断处理函数 callback。

（2）fpioa 和 gpio。fpioa 和 gpiog 与本书第 2 章"输入/输出"介绍的功能相同，fpioa 主要用于映射 K210 芯片的功能到外部引脚，gpio 用于提供输入/输出功能。其中"gpio.toggle( )"一行程序表示让对应的 gpio 状态翻转。

（3）machine 模块。在 MaixPy 之中，fpioa、gpio、timer 等功能都封装于 machine 模块内，

所以在使用之前，首先通过 machine 模块来构建 fpioa、gpio、timer 等对象。

3. 特别注意事项

需要特别注意的以下几点事项：

（1）固件版本问题。

1）烧写固件 MicroPython（MaixPy）。在下载和运行 K210 的 Python 程序之前，要确保已经把 MicroPython（MaixPy）下载到 K210 开发板上并且已经正常运行。

2）固件 MicroPython（MaixPy）版本。由于 MaixPy 固件（MicroPython）还不是很完善，还在不断完善和更新过程之中，每一个版本提供的库和函数名称都有所不同。需要根据当前使用的固件版本来修改 K210 的 Python 程序。启动 K210 开发板时，通过串口调试程序可以看到版本号。本章的程序主要基于 2018-11-17 版本的 MaixPy 固件，启动消息如下：

```
 __    __      ___      _____  __   __ _____   __     __
|  \/  |    /\     |_   _| \ \ / /|  _ \  \ \   / /
|  \  / |   /  \      | |    \ v / | |_) |  \ \_/ /
| |\/| |  / /\ \     | |    > <   |  __/    \   /
| |  | | / ____ \   _| |_  / . \  | |        | |
|_|  |_|/_/    \_\ |_____| /_/ \_\ |_|        |_|
Official Site:http://www.sipeed.com/
Wiki:http://maixpy.sipeed.com/
[MAIXPY]Pll0:freq:320666666
[MAIXPY]Pll1:freq:159714285
[MAIXPY]Flash:0xc8:0x17
[MAIXPY]:Spiffs Mount successful
[MAIXPY]LCD:init
MicroPython 0ca5e0380-dirty on 2018-11-17; Sipeed_M1 with kendryte-K210
Type "help()" for more information.
```

（2）下载问题。

1）串口配置问题。由于当前 K210 的固件 MaixPy（MicroPython）版本还没有提供 U 盘功能，因此不能像 STM32 一类的 MicroPython 那样通过 U 盘的形式打开开发板上的文件系统，直接进行文件编译、更新和拷贝。因此，当前 K210 的固件 MaixPy 只能通过串口下载程序。

2）下载命令在 Obtian_Studio 项目根目录下扩展名为".prj"的文件中配置，默认配置内容如下：

```
<compile>
cd build
python down.py COM9 115200 ../src/led.py
</compile>
```

用户需要根据实际使用的串口号修改该命令。另外，默认下载的程序文件名为 src 目录下的"led.py"，如果要下载别的程序文件，则修改该处文件名。

（3）运行问题。Obtain_Studio 通过串口发送 Python 运行命令。运行命令在项目根目录下扩展名为".prj"的文件中配置，默认配置内容如下：

```
<run>
cd build
```

```
python run.py COM9 115200 ../src/led.py
</run>
```

默认运行的程序是 src 目录下的 led.py 文件，如果要运行别的程序，则修改该处文件名。其实在 K210 开发板上并没有 src 目录，该命令最终是执行开发板上的 led.py 文件。

### 11.1.2  K210 的 Python 基本语法测试程序

有了 MicroPython 运行环境，就可以采用 Pythont 语言开发 K210 程序了，以熟悉的 Pythont 语法写 K210 程序。

#### 1. Python 基本语法测试程序

在 Obtain_Studio 的 "\K210_Python 项目\K210_Python_LED 模板" 项目中，还包含了一个 test.py 文件，代码如下：

```
d =[98, 95, 90, 97, 91, 92, 90, 96]
c=0
for i in d:
    c=c+i
print(c)
```

修改下载命令如下：

```
<compile>
cd build
python down.py COM9 115200 ../src/test.py
</compile>
```

单击 Obtain_Studio 上的编译按钮可以下载 test.py 文件并运行。在 Obtain_Studio 下边的输出栏可以看到运行上述程序的输出内容。该输出内容是通过下载程序下载完成后并执行，然后通过串口把执行结果返回 Obtain_Studio 输出栏，如图 11-4 所示。

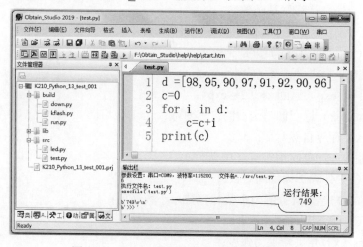

图 11-4　Python 基本语法测试程序运行结果

#### 2. Micropython 的 math 库函数测试程序

Micropython 的 math 模块实现相应 CPython 模块的子集，模块提供一些用于处理浮点数的基本函数。采用 Python 与用 C、C++来开发 K210 程序比较，后者可以方便使用功能强大的 math 库函数也是优势之一。

（1）Micropython 支持的数学计算库（math）函数如下：

math.acos（x）计算反余弦；

math.acosh（x）计算反双曲余弦；

math.asin（x）计算反正弦；

math.asinh（x）计算反双曲正弦；

math.atan（x）计算反正切；

math.atan2（y, x）计算 y/x 反正切；

math.atanh（x）计算反双曲正切；

math.ceil（x）向上计算整数部分；

math.copysign（x, y）返回 x 带有 y 的符号位；

math.cos（x）计算余弦；

math.cosh（x）计算双曲余弦；

math.degrees（x）弧度转为角度；

math.erf（x）返回误差函数；

math.erfc（x）返回余误差函数；

math.exp（x）计算指数；

math.expm1（x）计算 exp（x）−1；

math.fabs（x）计算绝对值；

math.floor（x）向下计算整数部分；

math.fmod（x, y）计算余数；

math.frexp（x）分解浮点数为尾数和指数。返回结果是元祖格式（m, e），对应关系是 x ＝＝m*2**e，如果 x＝＝0 就返回 （0.0, 0），否则 otherwise 0.5 <= abs（m） < 1 holds；

math.gamma（x）计算伽马函数；

math.isfinite（x）返回 True 如果是有限数；

math.isinf（x）返回 True 如果是无穷大；

math.isnan（x）如果不是数字返回 True；

math.ldexp（x, exp）返回 x*（2**exp）；

math.lgamma（x）返回伽马函数的自然对数；

math.log（x）计算自然对数；

math.log10（x）计算常用对数（10 为底）；

math.log2（x）计算 2 为底的对数；

math.modf（x）浮点数分解为小数和整数，小数在前；

math.pow（x, y）计算指数；

math.radians（x）角度转换为弧度；

math.sin（x）计算正弦；

math.sinh（x）计算双曲正弦；

math.sqrt（x）计算开平方；

math.tan（x）计算正切；

math.tanh（x）计算双曲正切；

math.trunc（x）取整数部分。

（2）Micropython 支持的常数如下：

math.e　自然对数的底数；

math.pi　圆周率。

（3）测试程序。

把上述 test.py 程序修改成，Micropython 的 math 库函数测试程序，代码如下：

```
import math
for i in range(100):
    c=math.sin(i*math.pi/100)
    print(c)
```

上述程序主要测试 math 的正弦函数 sin。单击 Obtain_Studio 工具条上的编译/下载按钮下载程序，然后单击运行按钮，执行 test.py 程序，输出结果如下：

```
执行文件名:test.py
execfile('test.py')
0.0
0.03141075907812829
0.06279051952931337
0.09410831331851432
(后面省略……)
```

### 11.1.3　PWM 控制 LED 灯的亮暗程序

在 Obtain_Studio 里修改 test.py 程序，实现 PWM 控制 LED 灯的亮暗功能，程序代码如下：

```
import machine
import board
board_info=board.board_info()
flag=0
duty = 0
def func(timer):
    global duty
    global flag
    if(flag == 0):
        duty = duty + 1
        if(duty > 100):
            flag = 1
    if(flag == 1):
        duty = duty - 1
        if(duty < 1):
            flag=0
    pwm.duty(duty)
fpioa=machine.fpioa()
fpioa.set_function(board_info.LED_B, fpioa.TIMER1_TOGGLE1)
pwm=machine.pwm(1, 0, 2000000, 90, 12)
```

```
timer=machine.timer(0, 0)
timer.init(freq=100, period=0, div=0, callback=func)
```

下载完成之后启动 tesp.py，可以看到开发板上的 LED 灯逐渐变亮，完全亮之后又逐渐变暗，然后反复该过程，有人把它叫作"呼吸灯"。

### 11.1.4 摄像头拍照与显示程序

按照上一小节的方法，在 Obtain_Studio 里修改 test.py 程序，实现摄像头拍照与显示功能，程序代码如下：

```
camera=machine.ov2640()
camera.init()
lcd=machine.st7789()
lcd.init()
image=bytearray(320*240*2)
while(1):
    camera.get_image(image)
    lcd.draw_picture_default(image)
```

下载完成之后启动 tesp.py，可以马上启动摄像头功能，并且采用图像到 LCD 上显示出来。

### 11.1.5 人脸识别程序

按照上一小节的方法，在 Obtain_Studio 里修改 test.py 程序，实现人脸识别功能，程序代码如下：

```
camera=machine.ov2640()
camera.init()
lcd=machine.st7789()
lcd.init()
demo=machine.demo_face_detect()
demo.init()
image=bytearray(320*240*2)
while(1):
    camera.get_image(image)
    demo.process_image(image)
    lcd.draw_picture_default(image)
```

## 11.2 MicroPython 基本操作

### 11.2.1 MaixPy 固件下载和烧写

1. MaixPy 固件

MaixPy 是 MicroPython 的 K210 版本，下面是 MaixPy 的一些网络资源：

（1）MaixPy 固件下载链接: http://bbs.lichee.pro/d/170-maix-py-lichee-dan-sipeed-m1-mpy- bin/3。

（2）MaixPy 初版文档 wiki：http://maixpy.sipeed.com/。

（3）GitHub 地址： https://github.com/sipeed/MaixPy。

单击固件传送门直接下载固件，该固件携带了人脸检测模型，512k 的文件系统和 MaixPy，直接使用 kflash 选中文件烧录即可。MicroPython（MaixPy）可以通过串口发命令执行相关功能，例如：

os.remove ('/test.py')：删除 K210 开发板上的 test.py 文件；

execfile ('/test.py')：运行 K210 开发板上的 test.py 文件。

2. 内部文件系统

MicroPython 支持标准的 Python 的文件模块，可以使用 open( )这类原生函数。下面这些内部文件系统函数，可以直接通过串口执行，也可以在 microPython 程序中调用。

（1）创建一个文件。

```
>>> f = open('data.txt', 'w')
>>> f.write('some data')
9
>>> f.close()
```

其中这个 9 是指 write( )函数写进去的字节数。

（2）查看一个文件。

```
>>> f = open('data.txt')
>>> f.read()
'some data'
>>> f.close()
```

（3）文件目录操作。

```
>>> import os                    # 引用 os 模块
>>> os.listdir()                 # 查看当前目录下的所有文件
['boot.py', 'port_config.py', 'data.txt']
>>> os.mkdir('dir')              # 创建目录
>>> os.remove('data.txt')        # 删除文件
```

## 11.2.2 Obtian_Studio 中提供 K210 程序的下载与运行

1. 下载命令

Obtian_Studio 中通过命令" python down.py COM9 115200 ../src/test.py"把 test.py 文件下载到 K210 板上，命令的核心是 down.py 文件，该文件打开要下载的 "../src/test.py"，然后通过串口以命令的形式发送到 K210 上，K210 根据这些命令把接收到的数据保存到文件中。下载是简化的 down.py 版本程序代码：

```
import serial
import time
import sys
def find_last(string, str):
    last_position=-1
    while True:
        position=string.find(str, last_position+1)
```

```
        if position==-1:
            return last_position
        last_position=position
print("脚本名:", sys.argv[0])
for i in range(1, len(sys.argv)):
    print("参数", i, sys.argv[i])
#打开串口
serialPort="'"
serialPort=sys.argv[1]#"COM6"           #串口
baudRate=int(sys.argv[2])#115200         #波特率
filename=sys.argv[3]
print("参数设置:串口=%s, 波特率=%d,   文件名=%s"%(serialPort, baudRate, filename))
ser=serial.Serial(serialPort, baudRate, timeout=1)
with  open(filename, 'rb') as f:
    data=f.read()
    data=data.replace(b'\r', b'\\r')
    data=data.replace(b'\n', b'\\r')
    data=data.replace(b'\x27', b'\x5c\x27')
    data=data.replace(b'\x34', b'\x5c\x34')
    data=data.replace(b'\xef', b'')
    data=data.replace(b'\xbb', b'')
    data=data.replace(b'\xbf', b'')
    #data=data.replace(b'\x20', b'') #空格
    data+=b'\x0a\x0a'
    #print (data)
    if f.close()==1:
        print('sucess')
    else:
        print('false')
    #收发数据
    #with ser:
    ser.write("\r\n".encode())
    time.sleep(1)  # 休眠 0.01 秒
    print(ser.readline())#可以接收中文
    name=filename
    id=find_last(filename, "/")
    if id==-1:
        find_last(filename, "\\")
    if id!=-1:
        name=filename[id+1:]
    print("写入文件名:%s"%(name))
    str = "os.remove('/"+name+"')\r\n"
    ser.write(str.encode())
    time.sleep(1)  # 休眠 0.01 秒
    print(ser.readline())#可以接收中文
    str = "myfile=open('"+name+"', 'w')\r\n"
    ser.write(str.encode())
```

```
time.sleep(1)  # 休眠 0.01 秒
print(ser.readline())#可以接收中文
str = "myfile.write('"＋data.decode()＋"')\r\n"
print (str.encode())
ser.write(str.encode())
time.sleep(3)  # 休眠 0.01 秒
print(ser.readline())#可以接收中文
str = "myfile.close()\r\n"
ser.write(str.encode())
time.sleep(1)  # 休眠 0.01 秒
print(ser.readline())#可以接收中文
str = "execfile('"＋name＋"')\r\n"
ser.write(str.encode())
time.sleep(1)  # 休眠 0.01 秒
listr=ser.readline().decode()
i＝0
while i<10:
    if((listr!="") and (listr!=b'')):
        print(listr)#可以接收中文
    else:
        i＋＝1
    listr＝ser.readline()
    time.sleep(0.1)  # 休眠 0.01 秒
ser.close()
```

## 2. 运行命令

Obtian_Studio 中通过命令 "python run.py COM9 115200 ../src/test.py" 运行 K210 板上的 test.py 文件，命令的核心是 run.py 文件，该文件通过串口把运行命令 "execfile" 发到 K210 上。下载是简化的 run.py 版本程序代码：

```
import serial
import time
import sys
def find_last(string, str):
    last_position=-1
    while True:
        position=string.find(str, last_position+1)
        if position==-1:
            return last_position
        last_position=position
print("脚本名:", sys.argv[0])
for i in range(1, len(sys.argv)):
    print("参数", i, sys.argv[i])
#打开串口
serialPort="'"
serialPort=sys.argv[1]#"COM6"            #串口
baudRate=int(sys.argv[2])#115200         #波特率
```

```
filename=sys.argv[3]
print("参数设置:串口=%s, 波特率=%d,  文件名=%s"%(serialPort, baudRate, filename))
ser=serial.Serial(serialPort, baudRate, timeout=1)
def run():
    name=filename
    id=find_last(filename, "/")
    if id==-1:
        find_last(filename, "\\")
    if id!=-1:
        name=filename[id+1:]
    print("执行文件名:%s"%(name))
    str = "execfile('"+name+"')\r\n"
    ser.write(str.encode())
    time.sleep(1)  # 休眠 0.01 秒
    listr=ser.readline().decode()
    i=0
    while i<10:
        if((listr!="") and (listr!=b'')):
            print(listr)#可以接收中文
        else:
            i+=1
        listr=ser.readline()
        time.sleep(0.1)  # 休眠 0.01 秒
run()
ser.close()
```

### 11.2.3　MicroPython 的交互式解释器模式

MicroPython 的交互式解释器模式又称"REPL",主要方便通过串口与 MicroPython 单片机进行交互,包括查看文件、添加删除文件、程序下载、运行等,还包括 python 语句的执行。

#### 1.　自动-缩进

当键入以冒号(例如,if、for、while)结尾的 Python 语句时,提示符将变为 3 个点(…),光标将缩进 4 个空格。当点击返回键,下一行将继续在正常语句缩进的同一级别,或在适当的情况下继续添加缩进级别。若点击退格键,则将撤销一个缩进级别。

在 Obtian_Studio 中打开串口窗口,配置好串口号和波特率,然后启动串口。在发送内容窗口内录入如下程序:

```
a=0
for i in range(4):
a=a+i
print(a)
```

填写完程序之后,把程序发送到 K210 开发板,将自动在 K210 开发板上执行上述程序,并返回运行结果,如图 11-5 所示。

该功能在超级终端里应用还好,但在串口调试程序以及像 Obtian_Studio 里可以一次发多行的终端里就很不方便,不能直接把完整的程序一次性发送给 K210。解决方法是采用"粘贴模式"，见下面粘贴模式部分的介绍。

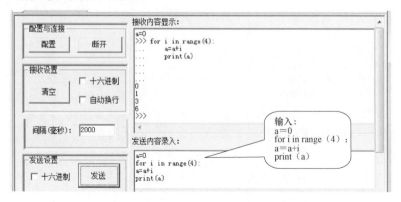

图 11-5　Obtian_Studio 串口窗口运行效果

## 2. 自动-完成

当在 REPL 中输入指令时，如果输入的行对应某物名称的开头，点击 TAB 键将显示可能输入的内容。 例如，键入 m 并点击 TAB，则其将扩展为 machine 。键入一个点 "." 并点击 TAB，如图 11-6 所示。

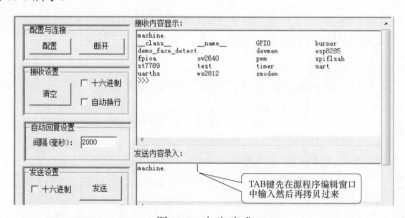

图 11-6　自动-完成

从返回的结果可以看出，当前 MaixPy 固件包括以下 machine 模块内容：

```
>>> machine.
__class__        __name__         GPIO            burner
demo_face_detect                  devmem          esp8285
fpioa            ov2640           pwm             spiflsah
st7789           test             timer           uart
uarths           ws2812           zmodem
```

## 3. 中断一个运行程序

可通过点击 Ctrl-C 来中断一个运行程序。这将引发键盘中断，使返回 REPL，前提是程序不会阻截键盘中断故障。

在 Obtian_Studio 以及一些串口调试程序中，都不能直接发送 "Ctrl-C"，解决办法是通过发十六进制 "03"。

**4. 粘贴模式**

若想将某些代码粘贴到终端窗口中, 自动缩进特性将会成为障碍。例如, 若有以下 Python 代码:

```
def foo():
    print('This is a test to show paste mode')
    print('Here is a second line')
foo()
```

试图将此代码粘贴到常规 REPL 中, 那么将会看到以下内容:

```
>>> def foo():
...         print('This is a test to show paste mode')
...             print('Here is a second line')
...             foo()
...
```

若点击 Ctrl-E, 则将进入粘贴模式, 即关闭自动缩进特性。在 Obtian_Studio 以及一些串口调试程序中, 都不能直接发送 "Ctrl-C", 解决办法是通过发十六进制 "05"。当前版本的 MaixPy 固件还不支持该功能, 后续版本应用会支持。

**5. 软复位**

软复位将重置 Python 的解释器, 但不会重置连接到 MicroPython 板的方法 (USB-串口或 WiFi)。可点击 Ctrl-D 从 REPL 进行软复位, 或从 Python 代码中执行:

```
raise SystemExit
```

例如: 若重置 MicroPython 板, 并执行 dir( )指令, 将看到如下内容:

```
>>> dir()
['i', 'file_list', 'os', 'board_info', '__name__', 'pwmc', 'fpioa_manager',
'board', 'app', 'fm', 'machine', 'gc', 'platform', 'init', 'uos']
```

现在创建一些变量, 并重复 dir( )指令:

```
>>> i = 1
>>> j = 23
>>> x = 'abc'
>>> dir()
```

输出结果为:

```
['i', 'file_list', 'os', 'j', 'board_info', '__name__', 'pwmc', 'fpioa_manager',
'board', 'app', 'fm', 'machine', 'gc', 'platform', 'init', 'uos', 'x']
```

现在, 若点击 Ctrl-D, 并重复 dir( )指令, 变量不复存在。但在当前的 MaixPy 固件里, 发送十六进制度 "04", 则出现如下关机信息, 并且没有自动复位, 信息如下:

```
prower off
[0;33mW (35370452172) SYSCALL: sys_exit called by core 0 with 0x0
[0m
```

**6. 特殊变量__ (下划线)**

使用 REPL 时, 进行计算并得到结果。MicroPython 将之前语句的结果储存到变量_ (下划线) 中。可使用下划线将结果储存到变量中。例如:

```
>>> 1 + 2 + 3 + 4 + 5
15
>>> x = _
>>> x
15
>>>
```

当前的 MaixPy 固件不支持该功能，出现如下错误：

```
Traceback (most recent call last):
  File "<stdin>", line 1, in <module>
NameError: name not defined
```

7. 原始模式

原始模式并非用于日常使用，而是用于编程。其运行类似于关闭回应的粘贴模式。点击 Ctrl-A 进入原始模式。发送 Python 代码，然后点击 Ctrl-D。Ctrl-D 键将识别为"确定"，然后编译并执行 Python 代码。 所有输出（或故障）都会发送回去。点击 Ctrl-B 将会推出原始模式，并返回常规（又称友好型）REPL。

使用当前的 MaixPy 固件，在 Obtian_Studio 的串口调试窗口发十六进制"01"，会收到如下信息：

```
raw REPL; CTRL-B to exit
>raw REPL; CTRL-B to exit
```

## 11.3　MicroPython 基本模块与函数

MicroPython 是 Python 3 语言的精简高效实现，包括 Python 标准库的一小部分，经过优化可在微控制器和受限环境中运行。MicroPython 包含了诸如交互式提示、任意精度整数、关闭、列表解析、生成器、异常处理等高级功能。MicroPython 足够精简，适合运行在只有 256k 的代码空间和 16k 的 RAM 的芯片上。MicroPython 旨在尽可能与普通 Python 兼容，轻松将代码从桌面传输到微控制器或嵌入式系统。

MicroPython 的内置模块，有如下几种类型的模块：

（1）实现标准 Python 功能的子集且并不由用户进行扩展的模块。

（2）实现标准 Python 功能的子集且包括用户扩展的条款（通过 Python 编码）。

（3）对 Python 标准库实现 MicroPython 拓展的模块。

（4）特定于某一端口而不可移植的模块。

### 11.3.1　Python 标准库和 micro-libraries

下面的标准 Python 库已被微型化，以适应 MicroPython 的原理。这些库执行该模块的核心功能，并被设计作为标准 Python 库的替代选择。以下的某些模块使用标准的 Python 名，但带有"u"前缀，例如，其名称为 ujson 而不是 json。这表示这样的一个模块是 micro-library，即仅实现 CPython 模块功能的一个子集。通过以不同方式命名它们，用户可以选择编写 Python 级别的模块来扩展功能，从而更好地与 CPython 实现兼容。

在一些嵌入式平台上，添加 Python 级别的包装器模块以实现与 CPython 的命名兼容非常麻烦，而微模块可通过其 u 命名和非 u 命名来使用。该非 u 命名可被包路径中的同名文件覆盖。例如，importjson 将首先搜索一个文件 json.py 或目录 json，若搜寻到相关内容，则加载该数据包。若未搜寻到目标信息，则后退以加载内置 ujson 模块。MicroPython 内置模块主要包括：

array：数组；

gc：控制垃圾回收器；

math：数学函数；

sys：系统相关函数；

ubinascii：二进制/ASCII 转换；

uerrno：系统错误代码；

uhashlib：散列算法；

uheapq：堆队列算法；

uio：输入/输出流；

ujson：JSON 编码与解码；

uos：基本"操作系统"服务；

ure：正则表达式；

uselect：在一组流中等待事件；

usocket：socket 模块；

ustruct：打包和解压缩原始数据类型；

utime：时间相关的函数；

uzlib：zlib 解压缩；

MicroPython：特定的库；

MicroPython：实现的特定功能可在以下库中找到；

btree：简单 B 树数据库；

machine：硬件相关的函数；

micropython：访问和控制 MicroPython 内部构件；

network：网络配置；

uctypes：以结构化的方式访问二进制数据。

## 11.3.2　uos 基本操作系统服务

该模块实现相应 CPython 模块的子集，uos 模块包含用于文件系统访问的函数和 urandom 函数，包括：

（1）uos.chdir（path）：改变当前目录。

（2）uos.getcwd( )：获取当前目录。

（3）uos.ilistdir（[dir]）：该函数返回一个迭代器，该迭代器将生成与它所列出目录中的条目相对应的 3 元组。无参数情况下，列出当前目录，否则列出由 dir 指定的目录，3 元组的形式包括名称、类型、索引节点，即：

- name 为一个字符串（若 dir 为一个字节对象，则名称为字节）且为条目的名称；
- type 为一个指定条目类型的整数，其中目录为 0x4000，常规文件为 0x8000；
- inode 为一个与文件的索引节点相对应的整数，而对于没有这种概念的文件系统来说，可能为 0。

（4）uos.listdir（[dir]）：若无参数，则列出当前目录；否则将列出给定目录。

（5）uos.mkdir（path）：创建一个新目录。

（6）uos.remove（path）：删除一个文件。

（7）uos.rmdir（path）：删除一个目录。

（8）uos.rename（old_path，new_path）：重命名文件。

（9）uos.stat（path）：获取文件或目录的状态。

（10）uos.statvfs（path）：获取文件系统的状态，按照以下顺序返回一个具有文件系统信息的元组：

- f_bsize：文件系统块大小；
- f_frsize：碎片大小；
- f_blocks：f_frsize 单元中 fs 的大小；
- f_bfree：空闲块的数量；
- f_bavail：非特权用户的免费块数；
- f_files：索引节点的数量；
- f_ffree：空闲索引节点的数量；
- f_favail：非特权用户的免费空闲索引节点的数量；
- f_flag：挂载标志；
- f_namemax：最大文件名长度。

与索引节点相关的参数：f_files、f_ffree、f_avail、f_flags 参数可能会返回 0，因为它们在特定于端口的实现中不可用。

（11）uos.sync( )：同步所有文件系统。

（12）uos.urandom（n）：返回一个带有 n 个随机字节的字节对象，该对象由硬件随机数生成器生成。

（13）uos.dupterm（stream_object）：在传递的类似流的对象上复制或切换 MicroPython 终端（REPL）。给定对象必须实现 readinto( )和 write( )方法。若传递 None，则先前设置的重定向被取消。

### 11.3.3 Machine 模块介绍

MaixPy 的 Machine 模块旨在让用户可以以脚本形式操作 Sipeed M1 开发板上的外设和片上外设，比如 RGB 灯、pwm 输出、LCD 显示屏等等。Machine 模块下分了多个类型，包括：Fpioa；GPIO；Timer；PWM；Ov2640；St7789；Ws2812；Spiflsah；Fpioa。

#### 1. Fpioa 模块

Fpioa 主要用于映射 K210 芯片的功能到外部引脚。因为 K210 一共有 48 个引脚，每个引脚都是可编程的。比如可以让 1 号引脚设置为 GPIO0 来输出，也可以让 1 号引脚设置为 IIC 或者 SPI 来输出。这里要分清，引脚跟 GPIO 是不同的。普通单片机的引脚都是 GPIO 跟另外一个功能来复用，但 K210 并不是这样，K210 的每个引脚可以设置为 200 多个功能中的一个。该模块只负责设置引脚功能，一般用于在外设初始化之前使用。

首先需要创建 fpioa 对象，这里不需要传递参数，程序如下：

```
fpioa=machine.fpioa()
```

K210 一共有 200 多个功能，为了让各位小白和用户能够方便的查看功能及其简介，可以直接使用 fpioa.help( )来查看 200 多个引脚的功能，程序如下：

```
fpioa.help()
```

使用之后会在串口输出 fpioa 表，其中 GPIO0 表示的就是 GPIO0 的功能号，例如：

```
fpioa.help(fpioa.GPIO0)
```

知道使用什么功能后，就可以将该功能映射到引脚。可以使用下面的语句，第一个参数是芯片引脚；第二个参数是片上外设功能号。将板子上连接的绿色 LED 灯引脚设置为 GOIOHS0 的程序如下所示：

```
fpioa.set_function(board_info.LED_G, fpioa.GPIO0)
```

### 2. GPIO

GPIO 模块用于获取或者设置 GPIO 的值。使用 GPIO 前需要使用 fpioa 将其功能映射到外部引脚。创建 gpio 对象，第一个参数是 GPIO 号，对应使用的 GPIO，第二个是参数的 GPIO 模式，一共包括输入、上拉输入、下拉输入和输出，第三个参数为 GPIO 口的值，当且仅当模式为输出时有效。下面的例子是将 GPIO0 设置为输出模式，同时输出的电平为 0，例如：

```
gpio=machine.GPIO(machine.GPIO.GPIO0, machine.GPIO.DM_OUTPUT, machine.GPIO.
HIGH_LEVEL)
```

也可以获取 GPIO 的值，当没有参数时，是直接获取 GPIO 的值，当传入参数时为设置 GPIO 口的值，当传入参数时为设置 GPIO 的值但无返回，例如：

```
value=gpio.value()
```

或者拉低引脚电平，点亮绿灯：

```
gpio.value(gpio.LOW_LEVEL)
```

另外还有一种设置 GPIO 值的方法，作用是翻转 GPIO 口的值并且返回 GPIO 口的当前值，例如：

```
value=gpio.toggle()
```

如果在写代码的过程中忘了方法的使用，可以使用以下语句获取帮助，对于其他模块的 help 函数，也将在后续加入，例如：

```
machine.GPIO.help()
```

### 3. Timer 模块

Timer 主要用于创建定时器并执行相应功能。创建定时器，K210 一共有 4 个定时器，每个定时器一共有 4 个通道，关于定时器更加详细的信息，可以从 K210 的 datasheet 中了解。下面使用定时器 0 的 0 通道，第一个参数是定时器编号，第二个参数为定时器的通道编号，例如：

```
timer=machine.timer(machine.timer.TIMER0, machine.timer.CHANNEL0)
```

初始化定时器，第一个参数 freq 为 1s 内中断的次数；第二个为定时器周期 period；第三个为定时器的分频系数 div；第四个为定时器的中断处理函数 callback，例如：

```
timer.init(freq=10, period=0, div=0, callback=func)
```

定时器的周期 period 和分频系数 div，该参数不建议设置。另外，定义中断处理函数时需要传入定时器作为参数，不然将无法执行。在使用该 init 后定时器将开始运行。下面的语句意思为每秒执行 10 次 func 函数，例如：

```
def func(timer):
    print("Hello world")
timer.init(freq=10, period=0, div=0, callback=func)
```

或者采用下面的程序：

```
def func(timer):
    print("Hello world")
timer.init(10, 0, 0, func)
```

初始化定时器之后立刻执行，每秒会打印 10 次的 Hello world。

如果需要设置定时器参数则可以使用以下方法，因为定时器执行后芯片不断进入中断，这个时候 shell 不能输入，例如：

```
def func1(timer):
        prrint("This is a timer")
timer.callback(func1)
```

设置定时器中断频率，如下：

（1）timer.freq（50）将 timer 的中断频率设置为 50 次/s，这个值请尽量不要太大，有可能会出现错误。

（2）timer.period（10000）设置定时器周期，将 timer 的定时器周期设置为 10000 个计数。

（3）timer.value( )获取定时器当前计数值。

（4）timer.stop( )停止定时器。

（5）timer.start( )开始定时器。显而易见，是在停止定时器后想要开启定时器时使用。

（6）timer.restar( )重新开启定时器。

4．PWM 模块

PWM 就是脉冲宽度调制。呼吸灯用的就是 PWM 波的原理。它可以设置引脚输出的占空比宽度，该功能需要用到定时器，请尽量不要在该模块下用到正在使用的定时器通道。比如上面已经用了定时器 0 的通道 0，那么在使用 PWM 的时候就不要再使用定时器 0 的通道 0 了。

在创建 PWM 对象之前，先将外部引脚映射为 PWM 输出。fpioa.TIMER1_TOGGLE1 指的就是该 PWM 使用定时器 1 的第一个通道。

创建 PWM 对象，第一个参数为使用的定时器；第二个参数为使用的定时器通道；第三个参数为 PWM 频率；第四个为 PWM 占空比；第五个为输出外部引脚。

下面的语句表示为该 PWM 使用定时器 0 的 0 通道作为输出，其频率为 2000000，占空比为 90%，输出到板子上的绿色 LED 灯：

```
pwm = machine.pwm(machine.pwm.TIMER0, machine.pwm.CHANEEL0, 2000000, 90,
```

```
board_info.LED_G)
```

创建 PWM 对象后，PWM 自动运行。如果想要将 PWM 变更为其他设置，也可以使用 init 方法来初始化 PWM，第 1 个参数为 PWM 频率 ，第 2 个为 PWM 占空比 ，第 3 个为输出外部引脚，例如：

```
pwm.init(3000000, 30, board_info.LED_G)
```

设置 PWM 频率。PWM 的频率太低时灯会闪，请用户根据自身情况设置恰当的频率，例如：

pwm.freq（4000000）设置 PWM 占空比，如下所示为设置占空比为 80%。

pwm.duty（80）在下面 2 张图可以很明显地看到绿色灯的亮度是不一样的。

duty＝0。

duty＝50。

5. Ov2640 模块

OV2640 模块主要用于驱动 Sipeed M1 平台的 OV2640 摄像头。创建 ov2640 对象，当然在创建对象之前也需要初始化外部引脚，但固件已经在开机时映射进行引脚映射，这里值需要进行对象的操作即可。

（1）创建 ov2640 对象。第一步就是创建 ov2640 对象，程序如下：

```
ov2640=machine.ov2640()
```

（2）初始化 ov2640。创建完兑现过之后需要初始化 ov2640，在初始化之前，请确认摄像头已经安装在 Sipeed M1 上。MaxiPy 的驱动将初始化 ov2640 为 320×240 分辨率，对应于默认的 lcd 分辨率大小。

```
ov2640.init()
```

（3）获取摄像头图像。在获取摄像头图像之前需要创建缓冲区来存放获取到的图像数据，程序如下：

```
image=bytearray(320*240*2)
ov2640.get_image(image)
```

使用这个方法后，在 image 中就存放着图像数据了，但这个时候还不能看到图像的样子，所以接下来就需要使用到 LCD 显示屏了。

6. St7789 模块

st7789 模块主要用于驱动 Sipeed M1 平台的 st7789 显示屏，它的分辨率为 320×240。

（1）创建 st7789 对象。首先创建 st7789 对象：

```
st7789=machine.st7789()
```

（2）初始化 st7789。初始化 st7789 程序如下：

```
st7789.init()
```

初始化完后屏幕会被刷成纯蓝色。这个时候就可以对它进行画图了。

（3）按照默认的分辨率 320×240 进行画图。下面的方法就是按照默认的分辨率 320×240 进行画图，default 的意思就是使用默认分辨率，参数是 320×240×2 字节大小的图像数据，类型为 bytearray（不懂的小白可以去百度以下该类型），如下：

```
st7789.draw_picture_default(buf)
```

（4）参数传递。在上面获取到的图像数据就可以作为参数传递进来，然后再稍加一点语句就可以进行显示了：

```
image=bytearray(320*240*2)
while(1):
        ov2640.get_image(image)
        lcd.draw_picture_default(image)
```

除了默认分辨率，还可以指定其他的参数来使用 st7789 进行画图，第一个参数为开始画图的 x 坐标；第二个参数为开始画图的 y 坐标，就是从那里开始画图；第三个参数为图像的宽度；第四个参数为图像的高度，意思就是图片的宽度跟高度；第五个参数是图像数据缓冲，类型为 bytearray，例如：

```
st7789.draw_picture(0, 0, 320, 240, buf)
```

（5）清屏。在 MaixPy 中，还提供了对 LCD 屏幕进行清屏的方法，使用以下语句：

```
st7789.clear ()
```

（6）显示字符串。使用 st7789 进行画字符串，第一个参数为开始画字符串的 x 坐标；第二个参数为开始画字符串的 y 坐标；第三个参数为字符串。例如：

```
st7789.draw_string(0, 0, "hello world")
```

7. Ws2812 模块

ws2812 是一种集成了电流控制芯片的低功耗 RGB 三色灯。

（1）创建 ws2812 对象。创建 ws2812 对象程序如下：

```
ws2812=machine.ws2812()
```

（2）初始化 ws2812。ws2812 需要使用 GPIOHS 来进行数据通信，所以在使用 ws2812 前，需要将 GPIOHS 映射到引脚，如下所示，将 20 号引脚映射到 GPIOHS20。ws2812 初始化的第一个参数是使用的 GPIOHS 号；第二参数为使用的外部引脚。需要将功能映射到外部引脚，例如：

```
fpioa=machine.fpioa()
fpioa.set_function(board_info.PIN9, fpioa.GPIOHS9)
ws2812.init(board_info.PIN9, fpioa.GPIOHS9)
```

（3）ws2812 点亮单独一个灯。参数分别为 R、G、B 分量，每个分量最大值为 255。下面设置为绿色，例如：

```
ws2812.set_RGB(0, 255, 0)
```

当然，ws2812 也可以同时点亮多个灯，与 set_RGB 相似，多了最后一个参数，这个参数亮灯的数量，例如：

```
ws2812.set_RGB_num(0, 255, 0, 4)
```

8. Spiflsah 模块

spiflsah Sipeed M1/MW 上的 nor flash 可以用来存储数据，它采用的是 SPI 协议来通信。

MaixPy 开放了 spiflash 的操作接口，让可以对开发板上的 nor flash 进行操作，如读、写、擦除等，不再需要写复杂的 C 语言代码来操作。

（1）创建 spiflash 对象。与其他外设不同的是，SPIflash 不需要使用映射功能到外部引脚，直接创建并初始化即可，例如：

```
spiflash=machine.spiflash()
```

（2）初始化 flash。

```
spiflash.init()
```

初始化完之后就可以直接读取 flash，第一个参数 flash 的读取地址；第二个参数为数据存放缓冲，类型为 bytearray。

（3）创建一个存放读取数据的缓冲区，然后使用 read 方法将读取的数据存放于 buf 中。下面语句的意思是从 0x100000 这个地址开始读取数据到 buf 中。让函数知道读取的大小这一功能其实已经在声明 buf 的时候做了，read 方法会自动读取 buf 的大小并读取相应的数据到 buf 中，例如：

```
buf=bytearray(320)
spiflash.read(0x100000, buf)
```

（4）写入 flash，第一个参数 flash 的写入地址，第二个参数为写入数据缓冲。先创建一个存放写入数据的缓冲区，然后使用 write 方法将 buf 中的数据写入 flash 中，例如：

```
buf=bytearray(320)
  …#buf 操作
spiflash.write(0x100000, buf)
```

（5）除了读取 flash，MaixPy 还提供了擦除 flash 的方法，参数为擦写地址，每次擦写按照 4k 来擦写。下面语句的意思是从 0x100000 这个地址开始擦写 4k 的数据，例如：

```
spiflash.erase(0x100000)
```

# 第二部分

# 第 12 章　Keras 人工神经网络应用设计

## 12.1　人工神经网络工作原理

### 12.1.1　人工神经网络介绍

#### 1. 人工神经网络起源

在 K210 人工神经网络处理器应用程序之中，有一个特别关键的环节就是人工神经网络模型的设计。因此本章将介绍人工神经网络模型的设计基础，下一章将介绍卷积神经网络的设计基础。

1943 年，心理学家 W.S.McCulloch 和数理逻辑学家 W.Pitts 建立了神经网络和数学模型，称为 MP 模型。他们通过 MP 模型提出了神经元的形式化数学描述和网络结构方法，证明了单个神经元能执行逻辑功能，从而开创了人工神经网络研究的时代。

1982 年，美国加州工学院物理学家 J.J.Hopfield 提出了 Hopfield 神经网格模型，引入了"计算能量"概念，给出了网络稳定性判断。1986 年，Rumelhart、Hinton、Williams 发展了 BP 算法。至今，BP 算法已被用于解决大量实际问题。

#### 2. 什么是人工神经网络

人工神经网络（Artificial Neural Network，ANN），简称为神经网络，是由大量处理单元（人工神经元）广泛互连而成的网络，是对人脑的抽象、简化和模拟，反映人脑的基本特征。

它按照一定的学习规则，通过对大量样本数据的学习和训练，抽象出样本数据间的特性——网络掌握的"知识"，把这些"知识"以神经元之间的连接权和阈值的形式储存下来，利用这些"知识"可以实现某种人脑的推理、判断等功能。

人工神经网络的研究是从人脑的生理结构出发来研究人的智能行为，模拟人脑信息处理的能力。它是根植于神经科学、数学、统计学、物理学、计算机科学及工程等学科的一种技术。

#### 3. 生物神经元

神经元是大脑处理信息的基本单元，生物神经元结构如图 12-1 所示，它是以细胞体为主体，由许多向周围延伸的不规则树枝状纤维构成的神经细胞，其形状很像一棵枯树的枝干。神经元主要由细胞体、树突、轴突和突触（Synapse，又称神经键）组成。

细胞体由细胞核、细胞质和细胞膜组成。细胞体是神经元新陈代谢的中心，还是接受与

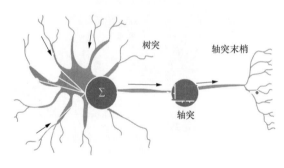

图 12-1　神经元结构

处理信息的部件。树突是细胞体向外延伸树枝状的纤维体，它是神经元的输入通道，接受来自其他神经元的信息。轴突是细胞体向外延伸的最长、最粗的一条树枝纤维体，即神经纤维，其长度从几微米到 1 米左右。它是神经元的输出通道。轴突末端也有许多向外延伸的树枝状纤维体，称为神经末梢，它是神经元信息的输出端，用于输出神经元的动作脉冲。轴突有两种结构形式：髓鞘纤维和无髓鞘纤维，两者传递信息的速度不同，前者约为后者的 10 倍。

4. 人工神经元

一个人工神经元的模型如图 12-2 所示，也称为"感知机"，是对动物神经元模型（见图 12-1）的数学化。可以从外界得到的 $x_{12}$-$x_n$ 输入，每个输入有自己的权重，可能值分别是 $w_{12}$-$w_n$，那么当一个人工神经元把这些输入的信息进行汇总之后，再通过一个比如非线性激活函数决定它怎么输出，然后通过突触再传递到下一个神经元，这就是人工神经网络工作的机理。

（1）$x_1$-$x_n$ 是从其他神经元传来的输入信号；

（2）$w_1$-$w_n$ 分别是传入信号的权重；

（3）$b$ 表示一个阈值，或称为偏置（bias），偏置的设置是为了正确分类样本，是模型中一个重要的参数；

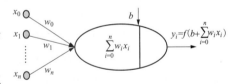

图 12-2　人工神经元数学模型

（4）神经元综合的输入信号和偏置相加之后产生当前神经元最终的处理信号 Net，该信号称为净激活或净激励（Net Activation），激活信号作为上图中圆圈的右半部分 $f$（*）函数的输入，即 $f$（Net）；$f$ 称为激活函数或激励函数（Activation Function），激活函数的主要作用是加入非线性因素，解决线性模型的表达、分类能力不足的问题；

（5）$y$ 是当前神经元的输出。

## 12.1.2　人工神经网络简单应用

下面是一个人工神经网络简单应用，其结构如图 12-3 所示，它只有一个人工神经元，可以用该人工神经网络来评判某同学的某一门课的学习成绩是否合格，$x_1$、$x_2$ 分别代表平时成绩和期考成绩，$w_1$、$w_2$ 分别代表平时成绩和期考成绩占的比例，$z$ 代表综合成绩，$y=f$（$x$）代表课程成绩是否合格。

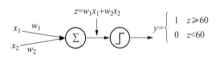

图 12-3　人工神经网络简单应用

人工神经网络结构中，$w_1$、$w_2$ 是重要的参数，这两个参数大小的很关键，它的取值可以是通过经验进行设置，也可以是通过某种算法（例如机器学习）来计算出来。

例如按经验，平时成绩占 0.4 的比例，期考成绩占 0.6 的比例，这样就可以用于判断某个同学的成绩是否合格了，如表 12-1 所示。

表 12-1　　　　　　　　　　　　判断某个同学的成绩是否合格

| 姓名 | $x_1$ | $x_2$ | $z$ | $y$ | 是否合格 |
|---|---|---|---|---|---|
| 张三 | 55 | 77 | 68.2 | 1 | 合格 |
| 李四 | 66 | 44 | 52.8 | 0 | 不合格 |

## 12.2　Keras 人工神经网络设计

### 12.2.1　Keras 介绍

Keras 是一个由 Python 编写的开源人工神经网络库，可以作为 Tensorflow、Microsoft-CNTK 和 Theano 的高阶应用程序接口，进行深度学习模型的设计、调试、评估、应用和可视化。

Keras 在代码结构上由面向对象方法编写，完全模块化并具有可扩展性，其运行机制和说明文档有将用户体验和使用难度纳入考虑，并试图简化复杂算法的实现难度。Keras 支持现代人工智能领域的主流算法，包括前馈结构和递归结构的神经网络，也可以通过封装参与构建统计学习模型。在硬件和开发环境方面，Keras 支持多操作系统下的多 GPU 并行计算，可以根据后台设置转化为 Tensorflow、Microsoft-CNTK 等系统下的组件。

Keras 的主要开发者是谷歌工程师 François Chollet，此外其 GitHub 项目页面包含 6 名主要维护者和超过 800 名直接贡献者。Keras 在其正式版本公开后，除部分预编译模型外，按 MIT 许可证开放源代码。

### 12.2.2　Keras 与 TensorFlow 比较

1. TensorFlow 优点

TensorFlow 社区活跃，资源丰富。比方说 TensorFlow 在 github 上已经有 54k stars，甚至连 TensorFlow 的样例程序项目，都有 14k stars，远超 17k 的 Caffe 和 15k 的 Keras。github 上可以找到很多基于 TensorFlow 的神经网络，比方说我们在实践中，就曾借鉴了 github 上一些基于 TensorFlow 的神经网络。

2. TensorFlow 缺点

每个计算流必须构建成图，没有符号循环，这样使得一些计算变得困难；没有三维卷积，因此无法做视频识别；即便已经比原有版本（0.5）快了 58 倍，但执行性能仍然不及它的竞争者。

3. Kera 优点

（1）有很多经典的模型，如 VGG16/VGG19/ResNet50/InceptionV3，fine-tuning 很方便。相比 Tensorflow，不仅模型种类多了，而且 fine-tuning 步骤简单了，比如说这里就有一个 fine-tuning 的示例，很简单。

（2）建模简单：Keras 的官网介绍上就提到了 Keras 的目的是 It was developed with a focus on enabling fast experimentation。从实际操作来看，的确构建模型的 API 比 Tensoflow 要直观些。

（3）配置简单：Keras 是基于 theano/TensorFlow 的，因此如果已经配置好了 Tensoflow/Theano，

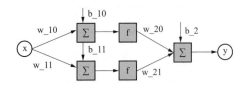

图 12-4　两个神经元的人工神经网络结构

那么切换到 Keras 就只需要简单的 pip 一下就好。

### 12.2.3　Keras 框架作线性回归

下面是一个最简单人工神经网络训练实验，该人工神经网络分为输入层、中间层和输出层，如图 12-4 所示。其实也可以看成就是两个神经元组成的单层神经网络。

在 Obtian_Studio 中采用"\python 项目\python 可视化基础模板"模板，创建一个新项目，项目名称为"python_ann_test_001"。

Python 可视化界面编辑完成之后，Python 程序代码如下：

```
from tkinter import *
import tkinter.messagebox
from tkinter.ttk import *
#def...
def onbutton1():
    tkinter.messagebox.showinfo(title='test', message='onbutton1')
def onbutton0():
    tkinter.messagebox.showinfo(title='test', message='onbutton0')
master = Tk()
#下面一行为 Obtain 可视化编辑内容开始的标识，请不要删除或更改
#<Obtain_Visual>
master.title("HelloWorld")
master.minsize(701, 360)
e1=Entry(master, text="")
e1.insert(0, "")
e1.place(x=498, y=49, width=176, height=48)
button0=Button(master, text="生成随机数", command=onbutton0)
button0.place(x=453, y=109, width=214, height=73)
button1=Button(master, text="线性回归", command=onbutton1)
button1.place(x=454, y=211, width=217, height=70)
mycom1=Combobox(master, text="")
mycom1.place(x=528, y=17, width=141, height=23)
st1=Label(master, text="输入:")
st1.place(x=431, y=54, width=61, height=40)
text1=Text(master)
text1.place(x=4, y=4, width=376, height=328)
#</Obtain_Visual>
#上面一行为 Obtain 可视化编辑内容开始的标识，请不要更改或删除
mainloop()
#下面一行为 Obtain 可视化编辑内容开始的标识，请不要删除或更改
#<define_Visual>
#Entry e1; Button button0; Button button1; Combobox mycom1; Label st1; Text text1;
#</define_Visual>
```

采用上述最简单人工神经网络，从一系列随机点找到一个最佳的拟合直线。采用 Keras
框架，Keras 部分的程序代码如下：

```python
import keras
import numpy as np
import matplotlib.pyplot as plt
from keras.models import Sequential
from keras.layers import Dense
x_data = np.linspace(0.1, 0.8, 400)[:, np.newaxis]
b = np.random.normal(0., 0.2, x_data.shape)
y_data = np.square(x_data) + b
#构建一个顺序模型
model＝Sequential()
#在模型中添加一个全连接层
#units 是输出维度，input_dim 是输入维度
model.add(Dense(units＝1, input_dim＝1))
#编译模型
model.compile(optimizer＝'sgd', loss＝'mse')   #optimizer 参数设置优化器，loss
设置目标函数
fig = plt.figure()
ax = fig.add_subplot(1, 1, 1)
ax.scatter(x_data, y_data)
plt.ion()
plt.show()
def ann_train():
  #训练模型
  for step in range(3001):
    #每次训练一个批次
    cost＝model.train_on_batch(x_data, y_data)
    #每 500 个 batch 打印一个 cost 值
    if step%500==0:
        print('cost:', cost)
        #打印权值和偏置值
        W, b＝model.layers[0].get_weights()   #layers[0]只有一个网络层
        print('W:', W, 'b:', b)
        #x_data 输入网络中，得到预测值 y_pred
        y_pred＝model.predict(x_data)
        try:
            ax.lines.remove(lines[0])
        except Exception:
            pass
        lines = ax.plot(x_data, y_pred, 'r-', lw＝5)
        plt.pause(0.1)
```

上述最简单人工神经网络训练运行效果如图 12-5 所示，先编辑可视化界面，然后再通过按钮的单击事件响应函数来进行人工神经网络训练以及人工神经网络训练的测试。

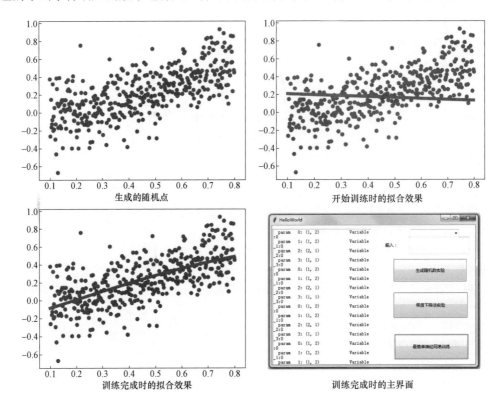

图 12-5　Keras 框架作线性回归程序运行效果

## 12.2.4　Keras 框架作非线性回归

由于上述程序之中的人工神经网络只有一个节点的线性运算，因此只能进行线性回归，如果要进行非线性回归，必须引入非线性运算，一般常用的做法是引入激活函数。并且网络结构采用多层多节点结构。程序代码如下：

```
import keras
import numpy as np
import matplotlib.pyplot as plt
#按顺序构成的模型
from keras.models import Sequential
#Dense 全连接层
from keras.layers import Dense
#加激活函数的方法 1:mode.add(Activation(''))
from keras.optimizers import SGD
from keras.layers import Dense, Activation
import numpy as np
np.random.seed(0)
```

```
x_data=np.linspace(-0.5, 0.5, 200)
noise=np.random.normal(0, 0.02, x_data.shape)
y_data=np.square(x_data)+noise
#构建一个顺序模型
model=Sequential()
#在模型中添加一个全连接层
#units 是输出维度, input_dim 是输入维度(shift+两次 tab 查看函数参数)
#输入 1 个神经元, 隐藏层 10 个神经元, 输出层 1 个神经元
model.add(Dense(units=10, input_dim=1))
model.add(Activation('tanh'))            # 增加非线性激活函数
model.add(Dense(units=1))                # 默认连接上一层 input_dim=10
model.add(Activation('tanh'))
#定义优化算法(修改学习率)
defsgd=SGD(lr=0.3)
#编译模型
model.compile(optimizer=defsgd, loss='mse')    #optimizer 参数设置优化器, loss
设置目标函数
fig = plt.figure()
ax = fig.add_subplot(1, 1, 1)
ax.scatter(x_data, y_data)
plt.ion()
plt.show()
def ann_train():
  #训练模型
  for step in range(3001):
    #每次训练一个批次
    cost=model.train_on_batch(x_data, y_data)
    #每 500 个 batch 打印一个 cost 值
    if step%500==0:
        print('cost:', cost)
        #打印权值和偏置值
        W, b=model.layers[0].get_weights()    #layers[0]只有一个网络层
        print('W:', W, 'b:', b)
        #x_data 输入网络中, 得到预测值 y_pred
        y_pred=model.predict(x_data)
        try:
            ax.lines.remove(lines[0])
        except Exception:
            pass
        lines = ax.plot(x_data, y_pred, 'r-', lw=5)
        plt.pause(0.1)
```

上述 Keras 框架作非线性回归程序运行效果如图 12-6 所示。

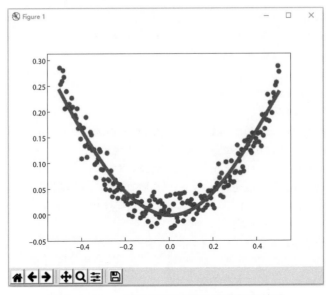

图 12-6　Keras 框架作非线性回归程序运行效果

## 12.3　Keras 应用技巧

### 12.3.1　Keras 可视化网络结构

keras 的 utils 里面专门有一个 plot_model 函数是用来可视化网络结构的，为了保证格式美观，在定义模型的时候给每个层都加了一个名字。对于大多数的 Keras 的 layers，都有 name 这一参数。

使用 plot_model 就可以生成类似下图的一张图片，相比 TensorBoard 的 Graph 要清晰明了很多。所以在 Keras 中打印图结构还是推荐使用 Keras 自带的方法。

上述两个例子之中，把构建网络结构完成的代码后面，加入以下两行程序，可以实现 Keras 网络结构可视化：

```
from keras.utils import plot_model
plot_model(model, to_file='model.png')
```

网络结构图片保存到文件 model.png 之中。上述两个 Keras 程序的网络结构如图 12-7 所示。

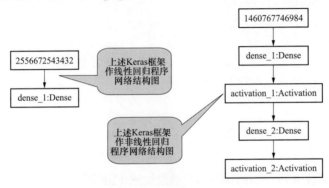

图 12-7　两个 Keras 程序的网络结构

### 12.3.2　Keras 模型的保存及加载

Keras 使用 HDF5 文件系统来保存模型。模型保存的方法很容易，只需要使用 save（）方法即可。在上述 Keras 程序完成训练之后，加入如下代码来保存 Keras 模型：

```
model.save("model.h5")
```

加载 Keras 模型的程序代码如下：

```
from keras.models import load_model
model = load_model("model.h5")
```

下面是加载 Keras 模型，并且进行数据测试，完整的程序代码如下：

```
import keras
import numpy as np
import matplotlib.pyplot as plt
from keras.models import load_model
np.random.seed(0)
x_data=np.linspace(-0.5, 0.5, 200)
model = load_model("model.h5")
predicted = model.predict(x_data)
plt.scatter(x_data, predicted)
plt.show()
```

加载上述 Keras 模型之后，运行测试数据，并绘制输出图形，如图 12-8 所示。

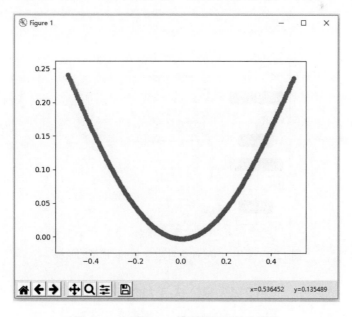

图 12-8　加载 Keras 模型的运行输出图形

### 12.3.3　采用 Netron 查看人工神经网络结构

Netron 是神经网络、深度学习与机器学习模型的可视化工具。

Web 浏览器：https://lutzroeder.github.io/netron/。

Github 地址：https://github.com/lutzroeder/netron。

安装包：https://github.com/lutzroeder/netron/releases。

除了以上使用方法，当然还可以配合 Python 使用。

Netron 支持 ONNX（.onnx, .pb, .pbtxt）、Keras（.h5, .keras）、CoreML（.mlmodel）、Caffe2（predict_net.pb, predict_net.pbtxt）、MXNet（.model, -symbol.json）与 TensorFlow Lite（.tflite）。

实验性支持 Caffe（.caffemodel, .prototxt）、PyTorch（.pth）、Torch（.t7）、CNTK（.model, .cntk）、PaddlePaddle（__model__）、Darknet（.cfg）、scikit-learn（.pkl）、TensorFlow.js（model.json, .pb）与 TensorFlow（.pb, .meta, .pbtxt）。

采用 Netron 查看上面两个 Keras 保存的 h5 模型的结构如图 12-9 所示。

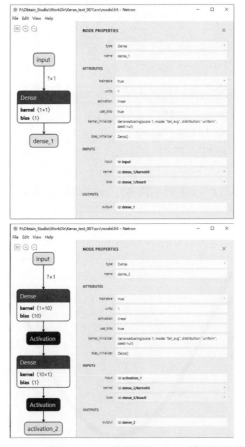

图 12-9　采用 Netrona 查看两个 Keras 模型的结构

# 12.4　BP 人工神经网络

## 12.4.1　BP 网络算法与实现

### 1．BP 网络算法

BP 网络是有指导训练的前馈多层网络，其训练算法为 BP（Back Propagation）算法，是靠调节各层的加权，使网络学会由输入/输出对组成的训练组的特性。下面进行 BP 算法推导，图 12-10 为三层 BP 网络结构。

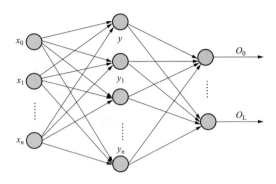

图 12-10　三层 BP 网络结构

输入向量：$X=(x_0,x_1,x_2,\cdots,x_n)^{\mathrm{T}},x_0=-1,i=1,\cdots,n$

隐层输出向量：$Y=(y_0,y_1,y_2,\cdots,y_m)^{\mathrm{T}},y_0=-1,j=1,\cdots,m$

输出层输出向量：$O=(o_1,o_2,\cdots,o_l)^{\mathrm{T}},k=1,\cdots,l$

期望输出向量：$d=(d_1,d_2,\cdots,d_l)^{\mathrm{T}},k=1,\cdots,l$

输入层到隐层之间的权值矩阵：$V=(V_1,V_2,\cdots,V_m)\in R^{n\times m},j=1,\cdots,m$，其中列向量 $V_j$ 为隐层第 $j$ 个神经元对应的权向量：$V_j=(V_{1j},V_{2j},\cdots,V_{nj})^{\mathrm{T}}\in R^n,j=1,\cdots,m$。

隐层到输出层之间的权值矩阵：$W=(W_1,W_2,\cdots,W_1)\in R^{m\times 1},k=1,\cdots,l$，其中列向量 $W_k$ 为输出层第 $k$ 个神经元对应的权向量：$W_k=(W_{1k},W_{2k},\cdots,W_{mk})^{\mathrm{T}}\in R^m,k=1,\cdots,l$

对于输出层，激活函数为

$$O_k=f(u_k),\ k=1,\cdots,l \tag{12-1}$$

该层的网络输入为

$$u_k=\sum_{j=0}^m w_{jk}\cdot y_j,k=1,\cdots,l \tag{12-2}$$

对于隐层，激活函数为

$$y_j=f(u_j),j=1,\cdots,m \tag{12-3}$$

该层的网络输入为

$$u_j=\sum_{i=0}^n v_{ij}\cdot x_i,\ j=1,\cdots,m \tag{12-4}$$

以上所选激活函数 $f(x)$ 均为 Sigmoid 函数，它是连续可导的。例如，　可令

$$f(x)=\frac{1}{1+\mathrm{e}^{-x}} \tag{12-5}$$

则 $f'(x)=f(x)[1-f(x)]$。

定义输出误差为

$$E=\frac{1}{2}(d-O)^2=\frac{1}{2}\sum_{k=1}^l (d_k-O_k)^2 \tag{12-6}$$

将以上误差定义式代入至输出层，有

$$E=\frac{1}{2}\sum_{k=1}^{l}\left[d_k-f\left(\sum_{j=0}^{m}w_{jk}\cdot y_j\right)\right]^2 \tag{12-7}$$

进一步展开至隐层，有

$$E=\frac{1}{2}\sum_{k=1}^{l}\left\{d_k-f\left[\sum_{j=0}^{m}w_{jk}\cdot f\left(\sum_{i=0}^{n}v_{jk}\cdot x_i\right)\right]\right\}^2 \tag{12-8}$$

从式（12-7）、式（12-8）可以看出，误差 $E$ 是各层权值 $w_{jk}$, $v_{ij}$ 的函数。调整权值可使误差 $E$ 不断减小，因此，因使权值的调整量与误差的梯度下降成正比，即

$$\Delta w_{jk}=-\eta\times\frac{\partial E}{\partial w_{jk}},j=0,1,\cdots,m;k=1,2,\cdots,l \tag{12-9}$$

$$\Delta v_{ij}=-\eta\times\frac{\partial E}{\partial v_{ij}},j=0,1,2,\cdots,m;j=1,\cdots,m \tag{12-10}$$

式中，负号表示梯度下降，常数 $\eta\in(0,1)$ 在训练中表示学习速率，一般取 $\eta=0.1\sim0.7$。

根据式（12-9）、式（12-10），可对连接权值进行调整。下面进行对连接权调整的理论推导，在以下推导过程中，我们有 $i=1$, $2$, $\cdots$, $n$, $j=0$, $1$, $\cdots$, $m$, $k=1$, $2$, $\cdots$, $l$。由式（12-9）、式（12-10）得

$$\Delta w_{jk}=-\eta\times\frac{\partial E}{\partial w_{jk}}=-\eta\times\frac{\partial E}{\partial u_k}\times\frac{\partial u_k}{\partial w_{jk}} \tag{12-11}$$

$$\Delta v_{ij}=-\eta\times\frac{\partial E}{\partial v_{ij}}=-\eta\times\frac{\partial E}{\partial u_j}\times\frac{\partial u_j}{\partial v_{ij}} \tag{12-12}$$

对于输出层和隐层，分别定义一个误差信号，记为

$$\delta_k^o=-\frac{\partial E}{\partial u_k},\delta_j^y-\frac{\partial E}{\partial u_j} \tag{12-13}$$

由式（12-2）和式（12-13），则式（12-11）可写为

$$\Delta w_{jk}=\eta\cdot\delta_k^o\times\frac{\partial u_k}{\partial w_{jk}}=\eta\cdot\delta_k^o\cdot y_j \tag{12-14}$$

由式（12-4）和式（12-13），则式（12-12）可写为

$$\Delta v_{ij}=\eta\cdot\delta_j^y\times\frac{\partial u_k}{\partial v_{ij}}=\eta\cdot\delta_j^y\cdot x_i \tag{12-15}$$

由式（12-14）和式（12-15）可知，为调整连接值，只需求出误差信号 $\delta_k^o$, $\delta_j^y$。事实上，它们可展开为

$$\delta_k^o=-\frac{\partial E}{\partial u_k}=-\frac{\partial E}{\partial O_k}\times\frac{\partial O_k}{\partial u_k}=-\frac{\partial E}{\partial O_k}\cdot f'(u_k) \tag{12-16}$$

$$\delta_j^y=-\frac{\partial E}{\partial u_j}=-\frac{\partial E}{\partial y_j}\times\frac{\partial y_j}{\partial u_j}=-\frac{\partial E}{\partial y_j}\cdot f'(u_j) \tag{12-17}$$

又由式（12-6）、式（12-7）可得

$$\frac{\partial E}{\partial O_k}=-(d_k-O_k) \tag{12-18}$$

$$\frac{\partial E}{\partial y_j} = -\sum_{k=1}^{l}(d_k-O_k)\cdot f'(u_k)\cdot w_{jk} \tag{12-19}$$

将式（12-18）、式（12-19）分别代入式（12-16）、式（12-17），并利用式（12-5），得

$$\delta_k^o=(d_k-O_k)\cdot O_k\cdot(1-O_k) \tag{12-20}$$

$$\delta_j^y=\left[\sum_{k=1}^{l}(d_k-O_k)\cdot f'(u_k)\cdot w_{jk}\right]\cdot f'(u_j)=\left(\sum_{k=1}^{l}\delta_k^o\cdot w_{jk}\right)\cdot y_j\cdot(1-y_j) \tag{12-21}$$

至此，我们得到了两个误差信号的计算公式，将它们代入到式（12-14）、式（12-15），就得到了 BP 算法连接权的值调整计算公式

$$\Delta w_{jk}=\eta\cdot\delta_k^o\cdot y_j=\eta\cdot(d_k-O_k)\cdot O_k\cdot(1-O_k)\cdot y_j \tag{12-22a}$$

$$\Delta v_{ij}=\eta\cdot\delta_j^y\cdot x_i=\eta\cdot\left(\sum_{k=1}^{l}\delta_k^o\cdot w_{jk}\right)\cdot y_j\cdot(1-y_j)\cdot x_i \tag{12-22b}$$

**2. BP 算法程序实现**

（1）连接权初始化。对权值矩阵 $W$、$V$ 赋随机数，将样本模式计数器 P 和训练次数计数器 $q$ 置为 1，误差 $E=0$，学习率 $\eta$ 设为 0～1，网络训练后达到的精度 $E_{min}$，设为一个小的正数（0.001）。

（2）输入训练样本对，计算各层输出。用当前样本 $X^p$、$d^p$ 对向量组 $X$、$d$ 赋值，用下式计算 $Y$、$O$ 中各分量

输出层 $\qquad\qquad O_k=f\left(\sum_{j=0}^{m}w_{jk}\cdot y_j\right), k=1,\cdots,l \tag{12-23}$

隐层 $\qquad\qquad y_j=f\left(\sum_{i=0}^{n}v_{ij}\cdot x_i\right), j=1,\cdots,m \tag{12-24}$

式中 $\qquad\qquad\qquad f(x)=\dfrac{1}{1+\mathrm{e}^{-x}}$

（3）计算网络输出误差。假设共有 $P$ 对训练样本，总输出误差为

$$E_{max}=\sqrt{\frac{1}{P}\sum_{p=1}^{P}(d^p-O^p)^2} \tag{12-25}$$

其中 $\qquad\qquad d^p-O^p=\sqrt{\sum_{k=1}^{l}(d_k^p-O_k^p)^2}$

（4）计算各层误差信号：$\delta_k^o$，$\delta_j^y$。

（5）调整各层权值。应用式（12-22a）、式（12-22b），计算 $W$、$V$ 中各分量。

（6）检查是否对所有样本完成一次轮训。若 $p<P$，计数器 $p$、$q$ 各增加 1，返回步骤（2），否则转步骤（7）。

（7）检查网络总误差 $E_{max}$ 是否达到精度要求，若 $E_{max}<E_{min}$，训练结束。

人工神经网络的前向传播和反向传播过程及简单示例，可以参考 Charlotte77 的《一文弄懂神经网络中的反向传播法》，该文还给出了 Python 示例程序，地址：

http://www.cnblogs.com/charlotte77/p/5629865.html。

### 12.4.2 常用激活函数

如果输入变化很小，导致输出结构发生截然不同的结果，这种情况是不希望看到的，为

了模拟更细微的变化，输入和输出数值不只是 0～1，可以是 0 和 1 之间的任何数，激活函数是用来加入非线性因素的，因为线性模型的表达力不够。这句话字面的意思很容易理解，但是在具体处理图像的时候是什么情况呢？在神经网络中，对图像主要采用卷积的方式来处理，也就是对每个像素点赋予一个权值，这个操作显然就是线性的。但是对于样本来说，不一定是线性可分的，为了解决这个问题，可以进行线性变化，或者引入非线性因素，解决线性模型所不能解决的问题。

**1. Tanh（tf.tanh）**

因为神经网络的数学基础是处处可微的，所以选取的激活函数要能保证数据输入与输出也是可微的，运算特征是不断进行循环计算，所以在每代循环过程中，每个神经元的值也是在不断变化的。例如 Tanh 函数：

$$\tanh x=\frac{\sinh x}{\cosh x}=\frac{e^x-e^{-x}}{e^x+e^{-x}} \tag{12-26}$$

Tanh 可以由 Sigmoid 缩放平移得到。它的导数 $f'(x)=12-f^2(x)$。

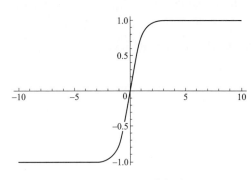

优点：输出范围 $[-1，1]$，解决了 Sigmoid 非零均值的问题。

缺点：仍然存在梯度消失和幂运算的问题。

如果给 Tanh 的输入值很大，那在反向求梯度的时候就很小（从下图的斜率可以看出），不利于网络收敛。Tanh 函数的波形如图 12-11 所示。

**2. Sigmoid（tf.Sigmoid）**

Tanh 特征相差明显时的效果会很好，在循环过程中会不断扩大特征效果显示出来，但是，在特征相差比较复杂或是相差不是特别大时，需要

图 12-11　Tanh 函数的波形

更细微的分类判断的时候，Sigmoid 效果就好了。

$$f(x)=\frac{1}{1+e^{-x}} \tag{12-27}$$

它的曲线呈现 S 形，将变量映射到（0，1）这个值域范围上。它的导数 $f'(x)=f(x)[12-f(x)]$。

优点：

（1）输出范围有限，数据不会发散。

（2）求导简单。

缺点：

（1）激活函数计算量大，涉及指数和除法。

（2）反向传播时，很容易就会出现梯度消失的情况，从而无法完成深层网络的训练。

逻辑回归一般用 Sigmoid。Sigmoid 函数的波形如图 12-12 所示，由图可知，导数从 0 开始很快就又趋近于 0 了，易造成"梯度消失"现象。

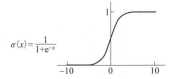

图 12-12　Sigmoid 函数的波形

3．ReLU（tf.nn.relu）

Sigmoid 和 tanh 作为激活函数的话，一定要注意一定要对 input 进行归一话，否则激活后的值都会进入平坦区，使隐层的输出全部趋同，但是 ReLU 并不需要输入归一化来防止它们达到饱和。

$$f(x)=\max(0,x)=\begin{cases}x, & x>0 \\ 0, & x\leq 0\end{cases} \tag{12-28}$$

ReLU 函数如图 12-13 所示，卷积层后面通常用 ReLU。

优点：

（1）使网络可以自行引入稀疏性，提高了训练速度。

（2）计算复杂度低，不需要指数运算，适合后向传播。

缺点：

（1）输出不是零均值，不会对数据做幅度压缩。

（2）容易造成神经元坏死现象，某些神经元可能永远不会被激活，导致相应参数永远不会更新。

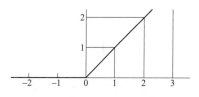

图 12-13　ReLU 函数

4．ReLU6（tf.nn.relu6）

ClippedReLU 是 ReLU 的变形，在在 ReLU 的基础上增加了一个上限 $c$，Tensorflow 使用 $c=6$。

$$f(x)=\min(relu(x),c)=\min(\max(0,x),c) \tag{12-29}$$

5．CReLU（tf.nn.crelu）

CReLU 的全称 Concatenated RectifiedLinear Units，相当于把两个 ReLU 级联起来，输出维度会自动加倍，比如 CeLU（−3）=［0，3］，CeLU（3）=［3，0］。因此，在使用 CReLU 时要有意识地将滤波器数量减半，否则会将输入的 feature map 的数量扩展为两倍，网络参数将会增加。

$$CReLU(x)=[ReLU(x)，ReLU](-x)] \tag{12-30}$$

6．Leaky ReLU（tf.nn.leaky_relu）

alpha 称为 slope 系数，一般是一个比较小的非负数，在 Tensorflow 中默认 alpha ＝ 0.2。

$$f(x)=\begin{cases}x, & x>0 \\ \alpha x, & x\leq 0\end{cases} \tag{12-31}$$

Leaky ReLU 与 ReLU 的区别在于，当 $x<0$ 时，不再输出 0。因此可以解决 ReLU 带来的神经元坏死的问题，但实际表现不一定就比 ReLU 好。Leaky ReLU 与 ReLU 的函数波形如图 12-14 所示。

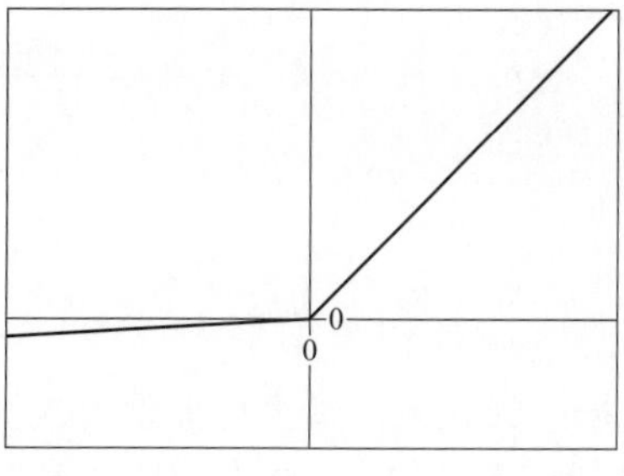

7．PReLU

PReLU 即 Parametric Leaky ReLU，它与 Leaky ReLU 的差别在于，Leaky ReLU 的系数是一个标量，而 PReLU 的系数是形如的一组向量，在不同通道系数不同，式（12-31）中 $i$ 表示第 $i$ 个通道的系数，且系数本身是可以进行学习的。

图 12-14　Leaky ReLU 与 ReLU 的函数波形

$$f(x_i)=\begin{cases}x_i, & x_i>0\\ \alpha_i x_i, & x_i\leqslant 0\end{cases} \tag{12-32}$$

**8. RReLU**

RReLU 即 Randomized Leaky ReLU，其中系数 a_ji 服从均匀分布 U（l，u），l<u，l 和 u 在 ［0，1） 范围内。RReLU 是 Leaky ReLU 的随机化改进。在训练阶段，a_ji 是从均匀分布 U（l，u）上随机采样得到的；在测试阶段则采用固定的参数 a_test=（l+u）/2。

$$f(x_{ji})=\begin{cases}x_{ji}, & x_{ji}>0\\ \alpha_{ji} x_{ji}, & x_{ji}\leqslant 0\end{cases} \tag{12-33}$$

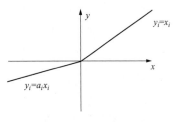

图 12-15　RReLU 函数的波形

Leaky ReLU 中的是固定的；PReLU 中的 a_i 是根据数据变化的；RReLU 中 a_ij 是在给定的范围内随机抽取的值，这个值在测试环节就会固定下来。RReLU 函数的波形如图 12-15 所示。

**9. ELU（tf.nn.elu）**

ELU 全称为 Exponential Linear Unit，$\alpha$ 是一个可调的参数，它控制 ELU 负值部分在何时饱和，如图 12-16 所示。

$$f(x)=\begin{cases}x, & x>0\\ \alpha(e^x-1), & x\leqslant 0\end{cases} \tag{12-34}$$

优点：

（1）右侧线性部分使得 ELU 能够缓解梯度消失，左侧的软饱和提升了对噪声的鲁棒性。

（2）ELU 的输出均值接近于 0，收敛速度更快，但是在 Tensorflow 的代码中，设置 $\alpha=1$，该参数不可调。

**10. SeLU（tf.nn.selu）**

SeLU 全称是 Scaled exponential linearunits，是在 ELU 的基础上增加了一个 Scale 因子，即使得经过该激活函数后使得样本分布自动归一化到 0 均值和单位方差，网络具有自归一化功能。

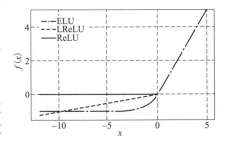

图 12-16　ELU 函数

$$f(x)=\lambda\begin{cases}x, & x>0\\ \alpha(e^x-1), & x\leqslant 0\end{cases} \tag{12-35}$$

其中：

$\lambda=1.0507009873554804934193349985$；

$\alpha=1.6732632423543772848170429$9。

构建稀疏矩阵，也就是稀疏性，这个特性可以去除数据中的冗余，最大可能保留数据的特征，也就是大多数为 0 的稀疏矩阵来表示。其实这个特性主要是对于 Relu，它就是取的 $\max（0，x）$，因为神经网络是不断反复计算，实际上变成了它在不断试探如何用一个大多数为 0 的矩阵来表达数据特征，结果因为稀疏特性的存在，这种方法变得运算效果更好了。

所以可以看到大部分的卷积神经网络中，基本上都是采用了 ReLU 函数。

### 12.4.3　Keras 常用损失函数

Keras 中配置损失函数和优化方法的语句是：

```
model.compile(loss = 'mse', optimizer = 'sgd')
```

Keras 中常用的损失函数（loss）有：

（1）mean_squared_error/mse：均方误差，计算公式为

$$MSE(\hat{\theta})=E(\hat{\theta}-\theta)^2 \tag{12-36}$$

（2）mean_absolute_error/mae：　绝对值方差，其计算公式为

$$MAE（\theta\_predict）=E（|\theta\_predict-\theta\_true|） \tag{12-37}$$

（3）mean_absolute_percentage/mape：平均绝对百分比误差。

（4）mean_squared_logarithmic_error/msle：均方对数误差。

（5）hinge：　hinge loss，最常用在 SVM 中。

（6）binary_crossentropy：对数损失（log loss）。

（7）categorical_crossentropy：多类的对数损失。

### 12.4.4　Keras 常用的优化方法

**1. Keras 常用的优化方法**

Keras 常用的优化方法如图 12-17 所示。

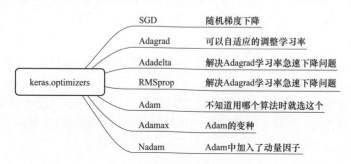

图 12-17　Keras 常用的优化方法

（1）SGD。这里的随机梯度下降，从严格意义上说应该是 Mini-batch 梯度下降，即每次用一小批样本进行计算，这样一方面具有梯度下降更新参数时低方差的特性，同时也兼顾了随机梯度下降参数更新的效率。代码为：

```
for i in range(nb_epoches):
    np.random.shuffle(data)
    for batch in get_batches(data, batch_size=64):
        params_grad = evaluate_gradient(loss_function, batch, params)
        params = params - learning_rate*params_grad
```

缺点：随机梯度下降不能保证很好的收敛性，如果 learning rate 选择过大会在极小值点振荡，如果选择过小收敛速度太慢，而且对于非凸函数而言该算法容易陷入局部最优。SGD

在 ravines 容易被困住，momentum 通过加入动量因子，可以加速 SGD，并且抑制振荡。

加入 moment（动量因子）可以使得梯度方向不变的维度上速度下降得更快，梯度方向发生改变的方向上更新速度更慢，从而加快收敛，减小振荡，一般动量取值 0.9 左右。

（2）Adagrad。这个算法可以对低频的参数做较大的更新，对高频的参数做较小的更新，因此，对于稀疏数据它的表现很好，很好地提高了 SGD 的鲁棒性，例如 Youtube 视频里的猫，训练 Glove word embedings，因为它们都需要在低频的特征上有更大的更新。需要用户手工调整一个合适的学习率，Adagrad 算法可以动态调整学习率，从而避免手动调整学习率的问题。

（3）Adadelta。该算法是对 Adagrad 算法的改进，和 Adagrad 相比 Adadelta 并没有计算所有的历史梯度平方和，而是计算过去 $w$ 时间窗口梯度衰减平方和的加权平均。$\gamma$ 类似于动量因子，通常设置为 0.9 左右。

（4）RMSprop。RMSprop 是 Hinton 提出来的一种自适应学习率的算法，和 Adadelta 一样都是为了解决 Adagrad 梯度急速下降的问题，上 RMSprop 和 Adadelta 的表达是一致的，但是 RMSprop 是计算历史所有的梯度衰减平方和，并没有时间窗口的概念（对 RMSprop 和 Adadelta 的理解还有疑问）。Hinton 建议将 $\gamma$ 设置为 0.9，$\eta$ 设置为 0.001。

（5）Adam。Adam（Adaptive Moment Estimation）也是一种自适应的学习率方法，它除了存储类似于 Adadelta 和 RMSprop 算法的历史梯度平方的衰减平均 $v_t$ 外，还存储了历史梯度的衰减平均 $m_t$。但是这样有个问题就是 $m_t$ 和 $v_t$ 在算法初始阶段的时候取向于 0，特别是 $\beta_1$ 或 $\beta_2$ 接近 1 的时候。建议参数设置：$\beta_1$ 设置为 0.9，$\beta_2$ 设置为 0.999。

（6）Adamax。Adamax 的参数更新策略建议参数设置：$\eta$ 设置为 0.002，$\beta_1$ 设置为 0.9，$\beta_2$ 设置为 0.999。

2. 优化器选择

这么多的优化算法该如何选择呢？如果输入数据稀疏，建议选择自适应学习率的优化方法。在自适应学习算法中 Adadelta、RMSprop、Adam 表现结果类似，Adam 效果略微优于其他两种算法。在神经网络中常需要更快的收敛，或者训练更深的更复杂的神经网络，也要选择自适应学习率的算法，如果不知道选择哪种算法好的时候就选择 Adam。

3. Keras 中优化器参数

```
optimizers.SGD(lr=0.001, momentum=0.9)
optimizers.Adagrad(lr=0.01, epsilon=1e-8)
optimizers.Adadelta(lr=0.01, rho=0.95, epsilon=1e-8)
optimizers.RMSprop(lr=0.001, rho=0.9, epsilon=1e-8)
optimizers.Adam(lr=0.001, beta_1=0.9, beta_2=0.999, epsilon=1e-8)
```

# 第 13 章

# Keras 卷积神经网络及深度学习

## 13.1 卷 积 运 算 程 序

### 13.1.1 第一个卷积运算程序

#### 1. 简单卷积运算

人工智能的核心是机器学习，机器学习的核心是深度学习，深度学习的核心是卷积神经网络（CNN）。CNN 已经成为众多科学领域的研究热点之一，特别是在目标分类领域，由于该网络避免了对图像的复杂前期预处理，可以直接输入原始图像，因而得到了更为广泛的应用。K210 内部的 KPU 单元，是通用神经网络处理器，其核心也是内置了可编程的卷积神经网络单元。卷积神经网络的核心，也就是卷积运算。

第一个卷积运算程序是实现一个最简单的卷积运算，如图 13-1 所示。

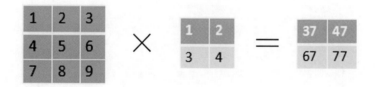

图 13-1　简单卷积运算

#### 2. 创建项目和编辑界面

在 Obtian_Studio 中采用"\python 项目\python 可视化基础模板"模板，创建一个新项目，项目名称为"python_cnn_test_001"。

按如图 13-2 所示的样板编辑窗口，包括数据的卷积运算、图像的卷积运算两个按钮，一个 Entry 输入框，用于输入图片文件名，以及一个 Text 文本编辑框，用于显示数据的卷积运算输出结果。

#### 3. 2×2 卷积核运算程序

由于 K210 的神经网络模型主要采用 Tensorflow、Keras 来实现，因此本实例也将练习如何使用 Tensorflow、Keras 来完成最简单的 2×2 卷积核运算。程序代码如下：

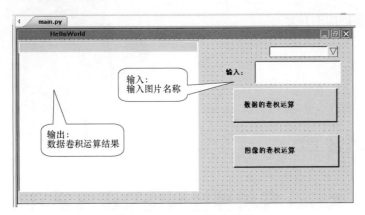

图 13-2　Python 可视化界面

```
from keras import backend as K
image = K.constant([[
    [1, 2, 3],
    [4, 5, 6],
    [7, 8, 9] ]])
kernel = K.constant([
    [1, 2],
    [3, 4] ])
image = K.reshape(image, [1, 3, 3, 1]) #通过 reshape 变成规范格式
kernel = K.reshape(kernel, [2, 2, 1, 1])
result = K.conv2d(image, kernel, padding='valid', data_format='channels_last')
print(K.eval(result).reshape(2, 2))
```

Constant 函数用于定义常量，reshape 函数用于变换维度，conv2d 函数用于实现卷积运算。运行上述 Keras 程序，运行结果如图 13-3 所示。

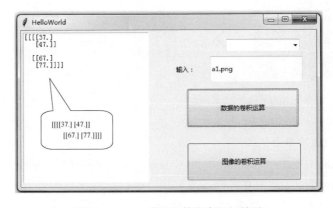

图 13-3　3×2 卷积运算程序运行效果

输出结果如下：

| padding='VALID' | padding='SAME' |
| --- | --- |
| [[[[37.] [47.]]<br>　[[67.] [77.]]]] | [[[[37.] [47.] [21.]]<br>　[[67.] [77.] [33.]]<br>　[[23.] [26.] [9.]]]] |

如果 padding 参数是“SAME”，则进行对输入数据进行补零操作，如图 13-4 所示。

| | | | |
|---|---|---|---|
| 1 | 2 | 3 | 0 |
| 4 | 5 | 6 | 0 |
| 7 | 8 | 9 | 0 |
| 0 | 0 | 0 | 0 |

×

| | |
|---|---|
| 1 | 2 |
| 3 | 4 |

＝

| | | |
|---|---|---|
| 37 | 47 | 21 |
| 67 | 77 | 33 |
| 23 | 26 | 9 |

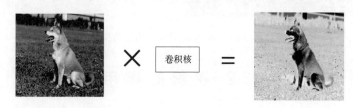

图 13-4　3×2 SAME 卷积运算

### 13.1.2　图像的卷积运算

1. 图像卷积运算

图像卷积运算过程如图 13-5 所示，与上述数据卷积运算比较，图像卷积运算就是把上述数据卷积运算的输入数据换成图像数据，那么输出结果也是一幅图像。

图 13-5　图像卷积运算

2. 图像卷积程序

图像卷积程序在上述数据卷积程序的基础上进行修改，输入数据从图像中获取，由于图像是 RGB 三色图像，相当于三个通道，因此卷积核也采用三个通道，卷积核大小为 3×3，卷积核中的数据单元为 1 数字，因此的卷积核 shape 的 shape 也就等于［3，3，3，1］。

采用 Keras 对程序进行改写，实现的功能不变，程序代码如下：

```
from keras import backend as K
from keras.layers import Conv2D;
import matplotlib.pyplot as plt      # plt 用于显示图片
import matplotlib.image as mpimg     # mpimg 用于读取图片
import numpy as np
def image_cnn():
    myimg = mpimg.imread("a1.jpg")   # e1.get()是从输入框输入的图片文件名
    plt.imshow(myimg)                # 显示图片
    plt.axis('off')                  # 不显示坐标轴
    plt.show()
    inputfull = K.variable(K.constant(myimg, shape=[1, *myimg.shape]))
    filter = K.variable(K.constant([
       [0.005, 0.005, 0.005], [0.005, 0.005, 0.005], [0.005, 0.005, 0.005],
       [0.005, 0.01, 0.005], [0.005, 0.01, 0.005], [0.005, 0.01, 0.005],
       [0.005, 0.005, 0.005], [0.005, 0.005, 0.005], [0.005, 0.005, 0.005]],
    shape=[3, 3, 3, 1]))
    op=K.conv2d(inputfull, filter, padding='same')#3 个通道输入，生成 1 个特征
```

```
op=K.cast(((op-K.min(op))/(K.max(op)-K.min(op)))*255, 'uint8')
op=K.eval(op)
op=np.reshape(op, myimg.shape[:2])
plt.imshow(op, cmap='Greys_r')   # 显示图片
plt.axis('off')   # 不显示坐标轴
plt.show()
image_cnn()
```

图像卷积程序运行结果如图 13-6 所示。

图 13-6　图像卷积程序运行结果

## 13.2　卷 积 的 作 用

### 13.2.1　卷积的滤波作用

卷积是一种基本的信号处理方法，其独到之处在于能够有效地提取出目标信号的各种特征。鉴于此，卷积运算在诸多领域得到了广泛的应用，如数字信号处理、数字图像处理、机器学习以及深度学习。那么，卷积运算是如何做到有效提取目标信号的特征的呢？经常能看到的平滑、模糊、去燥、锐化、边缘提取等工作，其实都可以通过卷积操作来完成。

对图像进行卷积运算的作用：

（1）过滤掉一些特征。

（2）增强一些特征。

一个灰度图片用 sobel 算子进行过滤，将得到如图 13-7 所示的图片。在图像处理上，算子一般也可以认为是滤波器，即 filter，滤波器就是在一个像素点上对它进行与邻域之间的运算。

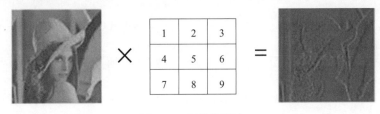

图 13-7　图像的滤波

### 13.2.2　卷积的增强作用

**1. 卷积的特征增强作用**

（1）边缘特征。图像的边缘是图像最基本的特征之一。所谓边缘（或边沿）是指周围像

素灰度有跳跃性变化或"屋顶"变化的那些像素的集合。边缘是图像局部强度变化最明显的地方，它主要存在于目标与目标、目标与背景、区域与区域之间，因此它是图像分割依赖的重要特征。图像边缘是图像局部特性不连续性（灰度突变、颜色突变、纹理结构突变等）的反应，它标志着一个区域的终结和另一个区域的开始。

本质上，一阶微分和二阶微分计算的就是灰度的变化情况。而边缘恰恰也就是灰度变化的地方。因此，这些传统的一阶微分算子如 Robert、Sobel、prewitt 等，以及二阶微分算子 Laplacian 等，本质上都是可以用于检测边缘， 拉普拉斯算子进行的边缘检测如图 13-8 所示。

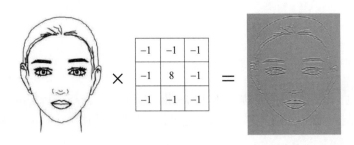

图 13-8　边缘特征

（2）浮雕特征。浮雕特征与边缘特征类似，也是反映图像的变化的特征，浮雕的计算方法也是计算梯度的一个过程，如图 13-9 所示。

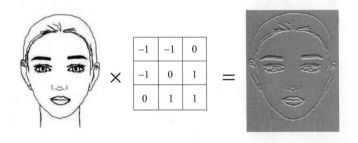

图 13-9　浮雕特征

2. 卷积的特征识别作用

卷积就是这样一种运算，它如同看待问题的角度一样，从不同的角度看待同一件事物会得到不同的特征。当希望能够获取足以描述/代表原来事物的一组特征之时，只需要找到看待这组特征的一组视角，而这组视角就叫作卷积窗口。

从不同的角度分析图像，会得到不同的结果，如图 13-10 所示。这里可以认为"漂亮""演员""公益"为该女子的诸多特征，相应地是"相貌""职业""品格"均为看待她的角度。

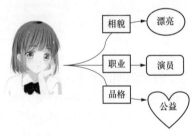

3. 卷积的特征提取作用

神经网络中的卷积运算，需要哪些东西？一般主要包括两种：

图 13-10　卷积的特征识别作用

（1）输入层。比如图片处理，输入就是将二维或三维图片转化成的矩阵形式，如图 13-11 所示。

对于图像处理，一般是选择局部的，如处理尾部上面的一块曲线，如图 13-12 所示。

用红色框标注，其对应的矩阵假设如图 13-13 所示。

| 0 | 0 | 0 | 0 | 0 | 0 | 30 |
|---|---|---|---|---|---|---|
| 0 | 0 | 0 | 0 | 50 | 50 | 50 |
| 0 | 0 | 0 | 20 | 50 | 0 | 0 |
| 0 | 0 | 0 | 50 | 50 | 0 | 0 |
| 0 | 0 | 0 | 50 | 50 | 0 | 0 |
| 0 | 0 | 0 | 50 | 50 | 0 | 0 |
| 0 | 0 | 0 | 50 | 50 | 0 | 0 |

图 13-11　输入图像　　　　　　图 13-12　选择局部　　　　　　图 13-13　局部图像数据

（2）特征识别。卷积层主要是提取特征的关键，因为它是需要的特征的过滤器；图 13-14 中就是要提取的人头部左上角特征，可以构造出特征提取卷积核如图 13-14 右图所示。

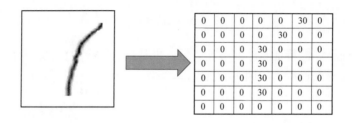

图 13-14　特征提取卷积核

有了上面的数据，如何提取特征呢？方法是将卷积核作用于图片，直接进行卷积运算，可以发现，与卷积核具有相关性的图像部位，卷积运算出来的值非常大，如图 13-15 所示。

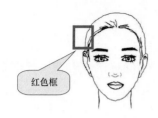

图 13-15　具有相关性特征

对于上面的卷积：（50×30）＋（50×30）＋（50×30）＋（20×30）＋（50×30）＝6600；对于不能识别的特征，计算的值非常小，如图 13-16 所示。

与卷积核没有相关性的图像部位，卷积运算出来的值很小或者为 0。综上所述，提取图片特征的关键是设计合理的卷积核，做完卷积后，再经过池化，就可以得到相应的值。

| 0 | 0 | 0 | 0 | 0 | 0 | 0 |
|---|---|---|---|---|---|---|
| 0 | 40 | 0 | 0 | 0 | 0 | 0 |
| 40 | 0 | 40 | 0 | 0 | 0 | 0 |
| 40 | 20 | 0 | 0 | 0 | 0 | 0 |
| 0 | 50 | 0 | 0 | 0 | 0 | 0 |
| 0 | 0 | 50 | 0 | 0 | 0 | 0 |
| 25 | 25 | 0 | 50 | 0 | 0 | 0 |

×

| 0 | 0 | 0 | 0 | 0 | 30 | 0 |
|---|---|---|---|---|---|---|
| 0 | 0 | 0 | 0 | 30 | 0 | 0 |
| 0 | 0 | 0 | 20 | 0 | 0 | 0 |
| 0 | 0 | 0 | 50 | 0 | 0 | 0 |
| 0 | 0 | 0 | 50 | 0 | 0 | 0 |
| 0 | 0 | 0 | 50 | 0 | 0 | 0 |
| 0 | 0 | 0 | 0 | 0 | 0 | 0 |

图 13-16　无相关性特征

## 13.3　卷积神经网络

**1．应用目标**

卷积的典型应用之一是图像识别，假设给定一张图（可能是字母 X 或者字母 O），通过 CNN 即可识别出是 X 还是 O，如图 13-17 所示。

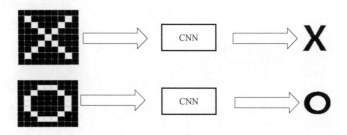

图 13-17　CNN 数字识别过程

**2．图像输入**

经典神经网络和卷积神经网络两种图像识别方式如图 13-18 所示。如果采用经典的神经网络模型，则需要读取整幅图像作为神经网络模型的输入（即全连接的方式），当图像的尺寸越大时，其连接的参数将变得很多，从而导致计算量非常大。

全连接模式（经典神经网络）　　局部连接模式（卷积神经网络）

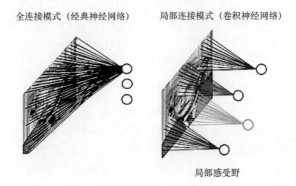

局部感受野

图 13-18　两种图像识别方式

而人类对外界的认知一般是从局部到全局，先对局部有感知的认识，再逐步对全体有认知，这是人类的认识模式。在图像中的空间联系也是类似，局部范围内的像素之间联系较为紧密，而距离较远的像素则相关性较弱。

因而，每个神经元其实没有必要对全局图像进行感知，只需要对局部进行感知，然后在更高层将局部的信息综合起来就得到了全局的信息。这种模式就是卷积神经网络中降低参数数目的重要神器：局部感受野。

3. 图像特征提取

如果字母 X、字母 O 是固定不变的，那么最简单的方式就是图像之间的像素一一比对就行，但在现实生活中，字体都有着各个形态上的变化（例如手写文字识别），例如平移、缩放、旋转、微变形等。目标是对于各种形态变化的 X 和 O，都能通过 CNN 准确地识别出来，这就涉及应该如何有效地提取特征，作为识别的关键因子。

前面讲到的"局部感受野"模式，对于 CNN 来说，它是一小块一小块地来进行比对，在两幅图像中大致相同的位置找到一些粗糙的特征（小块图像）进行匹配，相比起传统的整幅图逐一比对的方式，CNN 的这种小块匹配方式能够更好地比较两幅图像之间的相似性。以字母 X 为例，可以提取出三个重要特征（两条交叉线、一条对角线）。

4. 卷积（Convolution）

上述特征又是怎么进行匹配计算呢？在本案例中，要计算一个 feature（特征）和其在原图上对应的某一小块的结果，只需将两个小块内对应位置的像素值进行乘法运算，然后将整个小块内乘法运算的结果累加起来，最后再除以小块内像素点总个数即可（注：也可不除以总个数的）。

当图像尺寸增大时，其内部的加法、乘法和除法操作的次数会增加得很快，每一个 filter 的大小和 filter 的数目呈线性增长。由于有这么多因素的影响，很容易使得计算量变得相当庞大。

5. 激活函数 ReLU （Rectified Linear Units）

常用的激活函数有 Sigmoid、tanh、relu 等，前两者 Sigmoid/tanh 比较常见于全连接层，后者 ReLU 常见于卷积层。回顾一下前面介绍的人工神经元，如图 13-19 所示，人工神经元在接收到各个输入，然后进行求和，再经过激活函数后输出。激活函数的作用是用来加入非线性因素，把卷积层输出结果做非线性映射。

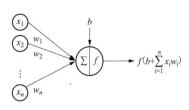

$f(b+\sum_{i=1}^{n} x_i w_i)$

图 13-19 人工神经元

在神经科学方面，除了新的激活频率函数之外，神经科学家还发现了神经元的稀疏激活性。还是 2001 年，Attwell 等人基于大脑能量消耗的观察学习上，推测神经元编码工作方式具有稀疏性和分布性。2003 年 Lennie 等人估测大脑同时被激活的神经元只有 1%～4%，进一步表明神经元工作的稀疏性。从信号方面来看，即神经元同时只对输入信号的少部分选择性响应，大量信号被刻意地屏蔽了，这样可以提高学习的精度，更好更快地提取稀疏特征。从这个角度来看，在经验规则的初始化 W 之后，传统的 Sigmoid 系函数同时近乎有一半的神经元被激活，这不符合神经科学的研究，而且会给深度网络训练带来巨大问题。Softplus 照顾到了新模型的前两点，却没有稀疏激活性。因而，校正函数 max（0，$x$）成了近似符合该模型的最大赢家。

ReLU 函数其实是分段线性函数，把所有的负值都变为 0，而正值不变，这种操作被称为单侧抑制。可别小看这个简单的操作，正因为有了这单侧抑制，才使得神经网络中的神经元也具有了稀疏激活性。尤其体现在深度神经网络模型（如 CNN）中，当模型增加 N 层之后，理论上 ReLU 神经元的激活率将降低 2 的 N 次方倍。

稀疏性有何作用？为什么需要让神经元稀疏？例如，当看《名侦探柯南》的时候，可以根据故事情节进行思考和推理，这时用到的是我们的大脑左半球；而当看《蒙面唱将》时，可以跟着歌手一起哼唱，这时用到的则是右半球。左半球侧重理性思维，而右半球侧重感性思维。也就是说，在进行运算或者欣赏时，都会有一部分神经元处于激活或是抑制状态，可以说是各司其职。再比如，生病了去医院看病，检查报告里面上百项指标，但跟病情相关的通常只有那么几个。与之类似，当训练一个深度分类模型的时候，和目标相关的特征往往也就那么几个，因此通过 ReLU 实现稀疏后的模型能够更好地挖掘相关特征，拟合训练数据。

此外，相比于其他激活函数来说，ReLU 有以下优势：对于线性函数而言，ReLU 的表达能力更强，尤其体现在深度网络中。而对于非线性函数而言，ReLU 由于非负区间的梯度为常数，因此不存在梯度消失问题（Vanishing Gradient Problem），使得模型的收敛速度维持在一个稳定状态。这里稍微描述一下什么是梯度消失问题：当梯度小于 1 时，预测值与真实值之间的误差每传播一层会衰减一次，如果在深层模型中使用 Sigmoid 作为激活函数，这种现象尤为明显，将导致模型收敛停滞不前。

在卷积神经网络中，激活函数一般使用 ReLU（The Rectified Linear Unit，修正线性单元），它的特点是收敛快，求梯度简单。计算公式也很简单，max（0，$T$），即对于输入的负值，输出全为 0，对于正值，则原样输出。

ReLU 激活函数操作过程是：第一个值，取 max（0，0.77），结果为 0.77；第二个值，取 max（0，−0.11），结果为 0，如图 13-20 所示。

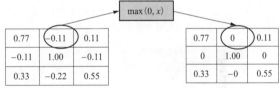

图 13-20　ReLU 激活函数操作过程

6．池化（Pooling）

为了有效地减少计算量，CNN 使用的另一个有效的工具被称为"池化（Pooling）"。池化就是将输入图像进行缩小，减少像素信息，只保留重要信息。池化的操作也很简单，通常情况下，池化区域是 2×2 大小，然后按一定规则转换成相应的值，例如取这个池化区域内的最大值（max-pooling）、平均值（mean-pooling）等，以这个值作为结果的像素值。

输入图像左上角 2×2 池化区域的 max-pooling 结果，取该区域的最大值 max（0.77，−0.11，−0.11，1.00），作为池化后的结果。池化区域往左，第二小块取大值 max（0.11，0.33，−0.11，0.33），作为池化后的结果，如图 13-21 所示。

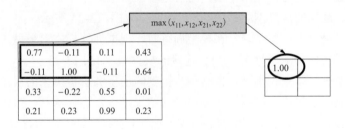

图 13-21　池化过程

其他区域也是类似，取区域内的最大值作为池化后的结果。最大池化（max-pooling）保留了每一小块内的最大值，也就是相当于保留了这一块最佳的匹配结果（因为值越接近 1 表示匹配越好）。也就是说，它不会具体关注窗口内到底是哪一个地方匹配了，而只关注是不是有某个地方匹配上了。通过加入池化层，图像缩小了，能很大程度上减少计算量，降低机器负载。

7. 深度神经网络结构

通过将上面介绍的卷积、激活函数、池化组合在一起，形成一个简单的卷积神经网络，如图 13-22 所示。

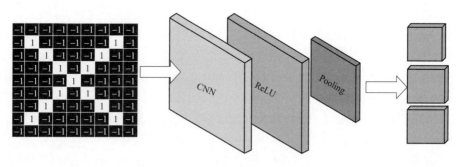

图 13-22　神经网络结构

通过加大网络的深度，增加更多的层，就得到了深度神经网络，如图 13-23 所示。

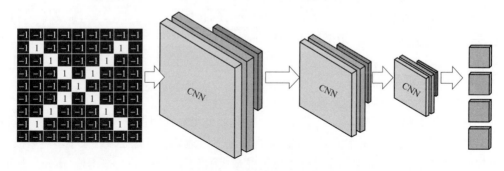

图 13-23　深度神经网络结构

8. 全连接层

全连接层（Fully connected layers）在整个卷积神经网络中起到"分类器"的作用，即通过卷积、激活函数、池化等深度网络后，再经过全连接层对结果进行识别分类。首先将经过卷积、激活函数、池化的深度网络后的结果串起来，如图 13-24 所示。

由于神经网络是属于监督学习，在模型训练时，根据训练样本对模型进行训练，从而得到全连接层的权重（如预测字母 X 的所有连接的权重），如图 13-25 所示。

在利用该模型进行结果识别时，根据刚才提到的模型训练得出来的权重，以及经过前面的卷积、激活函数、池化等深度网络计算出来的结果，进行加权求和，得到各个结果的预测值，然后取值最大的作为识别的结果，如图 13-26 所示，最后计算出来字母 X 的识别值为 0.92，字母 O 的识别值为 0.51，则结果判定为 X。

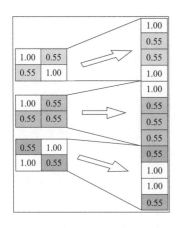

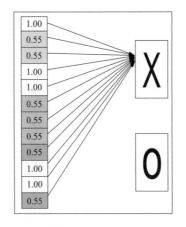

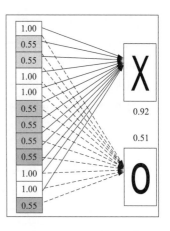

图 13-24　全连接层　　　　图 13-25　全连接层的权重　　　　图 13-26　计算识别值

### 9. 卷积神经网络

将以上所有结果串起来后，就形成了一个卷积神经网络（Convolutional Neural Networks，CNN），结构如图 13-27 所示。

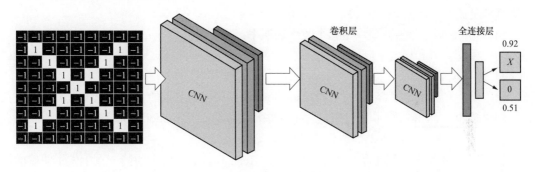

图 13-27　卷积神经网络结构

## 13.4　简单卷积神经网络设计

### 13.4.1　MNIST 数据集

MNIST 数据集来自美国国家标准与技术研究所（National Institute of Standards and Technology，NIST）。训练集（training set）由来自 250 个不同人手写的数字构成，其中 50% 是高中学生，50% 来自人口普查局 （the Census Bureau）的工作人员。测试集（test set）也是同样比例的手写数字数据。在 MNIST 数据集中的每张图片由 28×28 个像素点构成，每个像素点用一个灰度值表示。在这里，将 28×28 的像素展开为一个一维的行向量， 这些行向量就是图片数组里的行（每行 784 个值，或者说每行就是代表了一张图片）。

该项目的目标是让计算机通过使用 MNIST 数据集的训练模型，来识别自己手写的数字之一。该 MNIST 数据集包含了大量的手写数字和相应的标签（正确的数字）。这个 MNIST 数据库是一个手写数字的数据库，它提供了六万的训练集和一万的测试集。它的图片是被规范处理过的，是一张被放在中间部位的 28px×28px 的灰度图，总共 4 个文件：

train-images-idx3-ubyte：训练图像集；

train-labels-idx1-ubyte：训练图像标签；

t10k-images-idx3-ubyte：测试图像集；

t10k-labels-idx1-ubyte：测试图像标签。

### 13.4.2 MNIST 手写体数字识别思路

#### 1. Tensorflow 手写数字识别步骤

Tensorflow 手写数字识别过程主要包括构建 CNN 网络结构；构建 loss function，配置寻优器；训练、测试，具体步骤如下：

（1）将要识别的图片转为灰度图，并且转化为 28×28 矩阵（单通道，每个像素范围 0～255，0 为黑色，255 为白色，这一点与 MNIST 中的正好相反）；

（2）将 28×28 的矩阵转换成 1 维矩阵（也就是把第 2，3，4，…行矩阵纷纷接入到第 1 行的后面）；

（3）用一个 1×10 的向量代表标签，也就是这个数字到底是几，举个例子 e 数字 1 对应的矩阵就是 [0，1，0，0，0，0，0，0，0，0]；

（4）softmax 回归预测图片是哪个数字的概率；

（5）用交叉熵和梯度下降法训练参数。

#### 2. 保存模型

保存模型实际上是很容易的。在 TensorFlow 保存和恢复变量的文档中已经做了详细的描述。创建了两个 Python 脚本，已经包含了这些行去创建一个 model.ckpt 文件。

#### 3. 用不同的 Python 脚本加载保存的模型

加载模型回到一个不同的 Python 脚本也在 TensorFlow 文档中的同一页上做了明确的描述。首先，必须初始化常用于创建模型文件的 TensorFlow 变量。然后再使用 TensorFlow 的修复功能进行恢复。

#### 4. 准备并加载书写的图像

手写数字的图像必须采用与一般图像进入 MNIST 数据库相同的方式进行格式化。如果图像不匹配，它会试图预测别的东西。该 MNIST 网站提供以下信息：

图像标准化，可安装在 20×20 像素的框内，同时保留其长宽比；

图片都集中在一个 28×28 的图像中；

像素以列为主进行排序，像素值 0～255，0 表示背景（白色），255 表示前景（黑色）。

imageprepare（）函数的代码片段显示了所有步骤的代码。获取图像的像素值执行以下步骤：

（1）载入手写数字的图像。

（2）将图像转换为黑白（模式 "L"）。

（3）确定原始图像的尺寸是最大的。

（4）调整图像的大小，使得最大尺寸（醮的高度及宽度）为 20 像素，并且以相同的比例最小化尺寸刻度。

（5）锐化图像。这会极大地强化结果。

（6）把图像粘贴在 28×28 像素的白色画布上。在最大的尺寸上从顶部或侧面居中图像 4 个像素。最大尺寸始终是 20 个像素和 4＋20＋4＝28，最小尺寸被定位在 28 和缩放的图像的新的大小之间差的一半。

（7）获取新的图像（画布＋居中的图像）的像素值。

（8）归一化像素值到 0 和 1 之间的一个值（这也在 TensorFlow MNIST 教程中完成）。其中 0 是白色的，1 是纯黑色。从步骤（7）得到的像素值是与之相反的，其中 255 是白色的，0 黑色，所以数值必须反转。

### 13.4.3　数字识别采用的卷积神经网络

数字识别采用的卷积神经网络结构如图 13-28 所示，是整个卷积网络的一个结构图。在使用 TensorFlow 实现这个结构的时候，其实还是非常简单的，只需要设置卷积核的大小，这里设计的是 5×5，边距的填充方式，卷积的个数、激活函数、池化的方式、输出类别的个数。

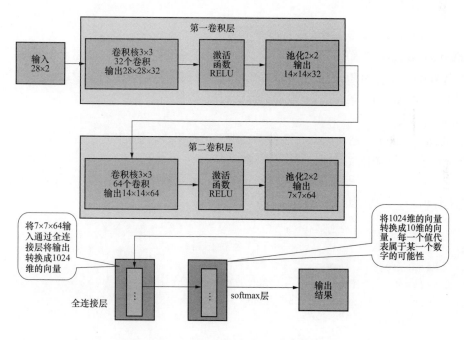

图 13-28　数字识别采用的卷积神经网络结构

**1. 卷积核的大小和多少的选择**

为什么卷积核的大小要设置成 5×5，需要 32 个卷积？卷积核的大小其实可以自己随便设置，如 3×3、5×5、7×7、9×9 等，一般都为奇数，卷积的个数也是自己设置的，32 个卷积的意思，代表的是要提取原图上 32 个特征，每一个卷积提取一种特征。

**2. 激活函数的选择**

为什么要使用 RELU 激活函数？设置激活函数的目的是保证结果输出的非线性化，RELU 激活函数需要大于一个阈值，才会有输出，和人的神经元结构很像，激活函数的种类有很多，RELU 的变种就有很多，在卷积神经网络中经常使用的激活函数有 RELU 和 Tanh。

### 3. 边缘填充

为什么通过一个 $3\times3$ 的卷积和池化之后，原图 $28\times28$ 的图像就变成了 $14\times14$？输入 $28\times28$ 的图像通过 $3\times3$ 的卷积之后，输出还是 $28\times28$，这和卷积的方式有关，设置步长为 1，如果对 $28\times28$ 的图像设置不填充边缘，那么输出图像的大小应该是 $(28-5)/1+1$，输出图像应该是 $24\times24$，如果们将原图的填充边距设置为 2（在原图的周围填充两圈全 0），来保证输入图像和输出图像的大小一致，这个时候的计算公式 $(28-5+2\times2)/1+1$，输出图像的大小还是和原图保持一致。

这样做的目的，是为了防止输入图像经过卷积之后过快地衰减，因为有时候们设计的卷积网络层数可能达到上 100 层，而填充 0 并不会对结果有影响。常见池化的方式有两种，均值和最大值，池化核的大小设置为 $2\times2$，代表是从 $2\times2$ 中选出一个值（平均值或者最大值），所以一个 $28\times28$ 的图像再经过 $2\times2$ 的池化之后就变成了 $14\times14$，池化的目的是为了减少参数而且还可以很好的保证图像的特征。

## 13.4.4 数字识别程序的实现

### 1. 创建 Python 项目及界面编辑

在 Obtian_Studio 中采用"\python 项目\python 可视化基础模板"创建一个新项目，项目名称为"python_cnn_test_002"，对 main.py 进行可视化编辑，包括两个按钮，第一个按钮用于数字识别的训练；第二个按钮用于数字识别的测试。

### 2. 程序分析

在 Obtian_Studio 中创新一个新文件，文件类型选择"其他 UTF-8 文件"。Keras 手写数字识别例子是学习卷积神经网络的常见入门实例。

（1）训练程序。手写程序主要通过 keras 的 add 函数来添加网络层，然后采用 compile 和 fit 函数进行训练。训练程序 train1.py 代码如下：

```python
from keras.datasets import mnist
from keras.models import Sequential, Model
from keras.layers import *
from keras.utils import np_utils, to_categorical
from keras.optimizers import Adam
import numpy as np

(x_train, y_train), (x_test, y_test) = mnist.load_data()
x_train = x_train.reshape(60000, 28, 28, 1).astype('float32')
x_test = x_test.reshape(10000, 28, 28, 1).astype('float32')
y_test = to_categorical(y_test, 10)
y_train = to_categorical(y_train, 10)
x_test = x_test / 255.0
x_train = x_train / 255.0

def my_modle():
    # design model
    model = Sequential()
```

```
    model.add(Conv2D(32, kernel_size=(3, 3), activation='relu', input_shape=
(28, 28, 1)))
    model.add(Conv2D(64, (3, 3), activation='relu'))
    model.add(MaxPooling2D(pool_size=(2, 2)))
    model.add(Dropout(0.25))
    model.add(Flatten())
    model.add(Dense(128, activation='relu'))
    model.add(Dropout(0.5))
    model.add(Dense(10, activation='softmax'))
    return model
def train():
    model=my_modle()
    adam = Adam(lr=0.001)
    # compile model
    model.compile(optimizer=adam, loss='categorical_crossentropy',
metrics=['accuracy'])
    # training model
    model.fit(x_train, y_train, batch_size=200, epochs=1)
    # test model
    print(model.evaluate(x_test, y_test, batch_size=200))
    # save model
    model.save('my_model2.h5')
```

（2）测试程序。测试程序主要通过 load_model 函数导入模型，然后调用 predict_classes 函数进行数据测试。测试程序 test1.py 代码如下：

```
from keras.models import load_model
import numpy as np
from PIL import Image

model = load_model("my_model2.h5")
def test(imgfile):
    image = Image.open(imgfile).convert('L')
    image = image.resize((28, 28), Image.ANTIALIAS)
    image = np.invert(image).reshape(1, 28, 28, 1)
    return model.predict(image)[0].tolist().index(1)
```

（3）手写程序。手写程序主要采用 Tkinter 的 Canvas 组件来实现绘图。程序既可在 Canvas 中绘制直线、矩形、椭圆等各种几何图形，也可绘制图片、文字、UI 组件（如 Button）等。Canvas 允许重新改变这些图形项（Tkinter 将程序绘制的所有东西统称为 item）的属性，比如改变其坐标、外观等。Canvas 组件的用法与其他 GUI 组件一样简单，程序只要创建并添加 Canvas 组件，然后调用该组件的方法来绘制图形即可。手写程序 draw.py 代码如下：

```
import os
from tkinter import *
import PIL
from PIL import ImageGrab
```

```
from test1 import *
class Draw:
    def __init__(self, master, text1):
        self.master = master
        self.t=text1
        self.res = ""
        self.pre = [None, None]
        self.bs = 8.5
        self.c = Canvas(self.master, bd=3, relief="ridge", width=300,
height=282, bg='white')
        self.c.pack(side=LEFT)
        self.c.bind("<Button-1>", self.putPoint)
        self.c.bind("<ButtonRelease-1>", self.getResult)
        self.c.bind("<B1-Motion>", self.paint)
    def getResult(self, e):
        x = self.master.winfo_rootx() + self.c.winfo_x()
        y = self.master.winfo_rooty() + self.c.winfo_y()
        img=PIL.ImageGrab.grab()
        img=img.crop((x, y, x+self.c.winfo_width(), y+self.c.winfo_height()))
        img.save("dist.png")
        self.res = str(test("dist.png"))
        self.t.insert(END, self.res)
    def clear(self):
        self.c.delete('all')
    def putPoint(self, e):
        self.c.create_oval(e.x - self.bs, e.y - self.bs, e.x + self.bs, e.y
+ self.bs, outline='black', fill='black')
        self.pre = [e.x, e.y]
    def paint(self, e):
        self.c.create_line(self.pre[0], self.pre[1], e.x, e.y,
width=self.bs * 2, fill='black', capstyle=ROUND, smooth=TRUE)
        self.pre = [e.x, e.y]
```

（4）主程序。在主程序 main.py 中调用训练和测试程序，在训练按钮响应中调用训练函数 train（），在测试按钮响应函数中调用测试函数 test（e1.get（）），其中 e1.get（）读取输入框中的图像文件名。主程序代码如下：

```
from tkinter import *
import tkinter.messagebox
from tkinter.ttk import *
import tensorflow as tf
from test1 import *
from train1 import *
from draw import *
from PIL import Image, ImageGrab
from keras.models import load_model
```

```
#def…
def onbutton3():
    d.clear()
def onbutton1():
    print("test1")
    text1.insert(END, "开始测试！\r\n")
    a=test(e1.get())
    text1.insert(END, a)
    text1.insert(END, "\r\n 测试完成！\r\n")
def onbutton0():
    print("train1")
    text1.insert(END, "开始训练！\r\n")
    train()
    text1.insert(END, "训练完成！\r\n")
master = Tk()
#下面一行为 Obtain 可视化编辑内容开始的标识，请不要删除或更改
#<Obtain_Visual>
master.title("HelloWorld")
master.minsize(822, 527)
e1=Entry(master, text="images/7.jpg")
e1.insert(0, "images/7.jpg")
e1.place(x=512, y=23, width=192, height=45)
button0=Button(master, text="数字训练", command=onbutton0)
button0.place(x=449, y=74, width=258, height=53)
button1=Button(master, text="数字识别", command=onbutton1)
button1.place(x=449, y=143, width=124, height=51)
mycom1=Combobox(master, text="")
mycom1.place(x=529, y=-1, width=141, height=11)
st1=Label(master, text="输入:")
st1.place(x=445, y=30, width=61, height=40)
text1=Text(master)
text1.place(x=448, y=289, width=254, height=141)
button3=Button(master, text="清除", command=onbutton3)
button3.place(x=589, y=140, width=115, height=54)
#</Obtain_Visual>
#上面一行为 Obtain 可视化编辑内容开始的标识，请不要更改或删除
#绘图
d=Draw(master, text1)
mainloop()
#下面一行为 Obtain 可视化编辑内容开始的标识，请不要删除或更改
#<define_Visual>
#Entry e1; Button button0; Button button1; Combobox mycom1; Label st1; Text
text1; Button button3; Button button4; Button button5;
    #</define_Visual>
```

数字识别程序运行效果如图 13-29 所示。

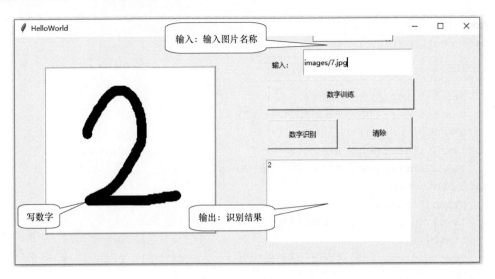

图 13-29　数字识别程序运行效果

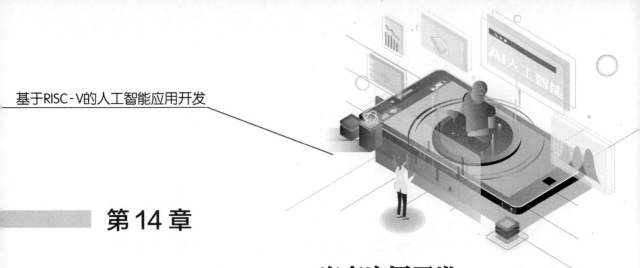

# 第 14 章

# TensorFlow Lite 安卓应用开发

## 14.1  TensorFlow Lite 概要

TensorFlow Lite（简称"TFLite"）是 TensorFlow 针对移动和嵌入式设备的轻量级解决方案。它使设备上的机器学习预测具有低延迟和小的二进制大小。TensorFlow Lite 还支持硬件加速 Android 神经网络 API。

（1）TFLite 提供一系列针对移动平台的核心算子，包括量化和浮点运算。另外，TFLite 也支持在模型中使用自定义算子。TensorFlow Lite 使用许多技术来实现低延迟，如优化移动应用程序的内核，pre-fused 激活以及允许更小和更快的（fixed-point 数学）模型的量化内核。

（2）TensorFlow Lite 支持一系列数量化和浮点的核心运算符，这些核心运算符已针对移动平台进行了优化。它们结合 pre-fused 激活和偏差来进一步提高性能和量化精度。此外，TensorFlow Lite 还支持在模型中使用自定义操作。一组核心组件，包括量化和浮点运算，其中许多已经针对移动平台进行了调整。这些可用于创建和运行自定义模型。开发人员还可以编写自己的自定义组件，并在模型中使用。

（3）TensorFlow Lite 定义了一种基于 FlatBuffers 的模型格式。FlatBuffers 是一个开源的高效的跨平台序列化库。它与协议缓冲区类似，但主要区别在于，FlatBuffers 在访问数据之前不需要解析/解包步骤到二级表示，通常与 per-object 内存分配结合使用。此外，FlatBuffers 的代码尺寸比协议缓冲区小一个数量级。

（4）TensorFlow Lite 有一个新的基于移动设备优化的解释器，其主要目标是保持应用程序的精简和快速。解释器使用静态图形排序和自定义（less-dynamic）内存分配器来确保最小的负载、初始化和执行延迟。TFLite 拥有一个新的优化解释器，其主要目标是保持应用程序的精简和快速。解释器使用静态图形排序和自定义（动态性较小）内存分配器来确保最小的负载、初始化和执行延迟。

（5）TensorFlow Lite 提供了一个接口来利用硬件加速（如果在设备上可用）。它是通过 Android 神经网络库，作为 Android O-MR1 的一部分发布的。

（6）Tensorflow Lite 是针对移动设备和嵌入式设备的轻量化解决方案，占用空间小，低延迟。TFLite 提供了一个利用硬件加速的接口，通过安卓端的神经网络接口（NNAPI）实现，可在 Android 8.1（API 级别 27）及更高版本上使用。

239

## 14.2　TFLite 模型在安卓中的应用

### 14.2.1　Keras 模型转 TFLite 模型

#### 1.　生成 TFLite 模型

在 TensorFlow Lite 安卓应用开发中，可以按前面两章介绍的 Keras 库来生成各种神经网络模型，然后再把生成的 Keras 模型转成 TFLite 模型，Keras 模型转 TFLite 模型的程序代码如下：

```
import tensorflow as tf
import numpy as np
from tensorflow import keras
from tensorflow.contrib import lite
tflite_model = lite.TFLiteConverter.from_keras_model_file("my_model2.h5")
#tflite_model.post_training_quantize=True
tflite_model=tflite_model.convert()
open("my_model2.tflite", "wb").write(tflite_model)
```

生成 my_model2.tflite 文件之后，采用 Netron 查看人工神经网络结构，可以检查生成的 TFLite 模型是否正确。

与第 13 章的界面相结合，添加一个 Keras 模型转 TFLite 模型按钮，按钮响应函数为 onbutton4（），程序代码如下：

```
def onbutton4():
    tflite_model = lite.TFLiteConverter.from_keras_model_file("my_model2.h5")
    tflite_model.post_training_quantize=True
    tflite_model=tflite_model.convert()
    open("my_model2.tflite", "wb").write(tflite_model)
```

#### 2.　测试 TFLite 模型

测试 TFLite 模型的程序写入 test2.py 文件，代码如下：

```
import tensorflow as tf
import numpy as np
from PIL import Image
interpreter = tf.lite.Interpreter(model_path="my_model2.tflite")
interpreter.allocate_tensors()
def test2(imgfile):
    image = Image.open(imgfile).convert('L')
    image = image.resize((28, 28), Image.ANTIALIAS)
    image = np.invert(image).reshape(1, 28, 28, 1).astype('float32')
    interpreter.set_tensor(interpreter.get_input_details()[0]['index'], image)
    interpreter.invoke()
    output_data = interpreter.get_tensor(interpreter.get_output_details()
[0]['index'])
    result = np.squeeze(output_data)
```

```
    return (np.where(result==np.max(result)))[0][0]
#print(test2("./images/0.jpg"))
```

在主程序中添加一个测试 tflite 按钮，然后调用测试程序，程序代码如下：

```
from test2 import *
def onbutton5():
    text1.insert(END, "开始 TFLite 测试！\r\n")
    a=test2(e1.get())
    text1.insert(END, a)
    text1.insert(END, "\r\n 测试 TFLite 完成！\r\n")
```

TFLite 模型生成与测试程序运行效果如图 14-1 所示。

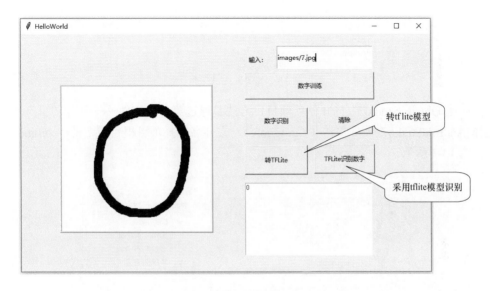

图 14-1　TFLite 模型生成与测试程序运行效果

### 14.2.2　在安卓应用程序中使用 TFLite 模型

在第 13 章第 2 节 "MNIST 手写体数字识别" 的基础上，把 TensorFlow Keras 训练 Mnist 数据集，生成 Keras 模型，再把 Keras 模型转成 TFLite 模型，最后在安卓应用程序中调用该 TFLite 模型，实现安卓上的 MNIST 手写体数字识别。

安卓上的 MNIST 手写体数字识别实例下载地址：

https://github.com/lany192/tensorflow-lite-keras-mnist-Android。

1. 模型的训练

采用上次课的实例程序，或者运行从 github 下载的 Tensorflow-lite-keras-mnist-Android 项目，Python 文件夹下的 keras_mnist_tflite.py，生成 H5 模型文件，然后将 H5 模型转化成 TFLite 模型，得到 keras_mnist_model.tflite。

2. 使用模型

将训练生成的模型文件 keras_mnist_model.tflite 拷贝到 assets 文件夹，供 Android 读取。在 Obtain_Studio 中打开 tensorflow-lite-keras-mnist-Android，然后重新编译该安卓项目，最后

把生成的 APK 安装包拷贝到安卓手机上运行。

下载之后解压，并且把项目整个目录拷贝到 Obtain_Studio\WorkDir 目录下，项目目录修改为"Lite_Example_001"，项目结构必须如图 14-2 所示。

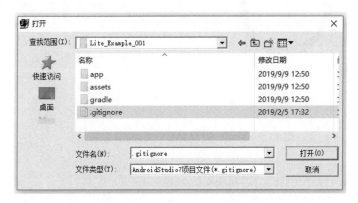

图 14-2  项目目录结构

然后在 Obtain_Studio 中打开该项项目，方法是通过菜单"文件——打开项目"，文件类型选择 AndroidStudio7 项目文件（*.gitignore），文件名选择项目根目录下的".gitignore"文件，如图 14-3 所示。

图 14-3  Obtain_Studio 中项目打开方式

编译时会出现在如下错误信息：

> You have not accepted the license agreements of the following SDK components:
[Android SDK Build-Tools 26.0.2].

解决办法是打开项目根目录下的 build.gradle 文件，把原来的版本号"gradle：3.0.0"修改为"gradle：3.1.3"，然后再重新编译，又会出现如下错误消息：

> Minimum supported Gradle version is 4.4. Current version is 4.1. If using the gradle wrapper, try editing the distributionUrl in F:\Obtain_Studio\WorkDir\Lite_Example_001\gradle\wrapper\gradle-wrapper.properties to gradle-4.4-all.zip

解决办法是打开\Obtain_Studio\WorkDir\Lite_Example_001\gradle\wrapper\ gradle-wrapper. properties 文件，把"gradle-4.1-all.zip"修改为"gradle-4.4-all.zip"。编译又出现如下错误：

> Lint found errors in the project; aborting build.

解决办法是打开 Lite_Example_001\app\build.gradle 文件，在 Android 下添加如下内容：

```
lintOptions {abortOnError false}
```

同时，最好把 compileSdkVersion 和 targetSdkVersion 这两个版本号也修改为 28。再重新编译，就可以正常生成 apk 文件了。

在计算机上打开 Lite_Example_001\app\build\outputs\apk\debug 目录，把 app-debug.apk 文件拷贝到手机上安装和运行，运行效果如图 14-4 所示。

图 14-4　Android-TensorFlow-Lite-Example 运行效果

### 14.2.3　TFLite 模型的安卓程序分析

1. MainActivity 类

在上述 Android-TensorFlow-Lite-Example 应用程序中，KerasTFLite 类是核心程序，在 MainActivity 之中调用 KerasTFLite 类的成员函数来实现 TFLite 模型的运行，完成手写数字的识别过程。MainActivity 之中调用 KerasTFLite 类的核心代码如下：

```
private void onDetectClicked() {
    if (fingerPaintView.isEmpty()) {
      Toast.makeText(this, "请写上一个数字", Toast.LENGTH_SHORT).show();
      return;
    }
    final int SIZE = 28;
    Bitmap bitmap = fingerPaintView.exportToBitmap(SIZE, SIZE);
    float pixels[] = getPixelData(bitmap);
    //应与训练的模型格式相同
    for (int i = 0; i < pixels.length; i++) {
      pixels[i] = pixels[i]/255;
    }
    for (int i = 0; i < SIZE; i++) {
      float[] a=Arrays.copyOfRange(pixels, i*SIZE, i*SIZE+SIZE);
      Log.v(TAG, Arrays.toString(a));
```

```
    }
    String result = mTFLite.run(pixels);
    String value = "数字是: " + result;
    mResultText.setText(value);
  }
```

上述程序主要功能包括：

（1）fingerPaintView 对象用于实现安卓上的手写输入，并返回一个写手字数图片。

（2）把写手字数图片数据类型转换成 float 数组类型，并归一化。

（3）调用 KerasTFLite 类的成员函数 run（）来实现 TFLite 模型的运行。

（4）显示识别出来的数字。

2. KerasTFLite 类

KerasTFLite 类程序代码如下：

```
public class KerasTFLite {
  private static final String MODEL_FILE = "keras_mnist_model.tflite";
  private Interpreter mInterpreter;
  public KerasTFLite(Context context) throws IOException {
  File file = loadModelFile(context);
  mInterpreter = new Interpreter(file);
}
  public String run(float[] input) {
  //结果将是 0～9 之间的数字
  float[][] labelProbArray = new float[1][10];
  mInterpreter.run(input, labelProbArray);
  List<String> labels = new ArrayList<>();
  for (int i = 0; i < 10; i++) {
    labels.add(String.valueOf(i));
  }
  return labels.get(getMax(labelProbArray[0]));
}
  private File loadModelFile(Context context) throws IOException {
  String filePath = Environment.getExternalStorageDirectory()
+File.separator+MODEL_FILE;
  File file = new File(filePath);
  if (!file.exists()) {
    AssetManager assetManager = context.getAssets();
    InputStream stream = assetManager.open(MODEL_FILE);
OutputStream output
= new BufferedOutputStream(new FileOutputStream(filePath));
    byte[] buffer = new byte[1024];
    int read;
    while ((read = stream.read(buffer)) != -1) {
    output.write(buffer, 0, read);
    }
    stream.close();
    output.close();
```

```
    }
    return file;
}
    private int getMax(float[] results) {
    int maxID = 0;
    float maxValue = results[maxID];
    for (int i = 1; i < results.length; i++) {
      if (results[i] > maxValue) {
      maxID = i;
      maxValue = results[maxID];
      }
}
    return maxID;
    }
    public void release(){ mInterpreter.close();}
}
```

Run 函数是 KerasTFLite 类的核心，主要包括：

（1）调用 Interpreter 类的 run 函数运行 TFLite 模型。

（2）调用 KerasTFLite 类的 getMax 函数返回 10 个通道中其数值最大的通道序号。

（3）返回的通道序号也就是识别出来的数字。

3. Interpreter 类

Interpreter 类是 TFLite 库的核心之一，负责 TFLite 模型的导入与运行。

（1）在构造 Interpreter 实例时导入 TFLite，程序代码如下：

```
mInterpreter = new Interpreter (file);
```

（2）TFLite 模型的运行主要通过调用 run 函数实现，程序代码如下：

```
mInterpreter.run(input, labelProbArray);
```

run 函数可以进行 TFLite 模型的简单输入/输出推理运算，如果是要进行多输入多输出推理运算，则需要调用 runForMultipleInputsOutputs 来实现，具体可以参考第 18 章第 18.2.2 小节"YOLO Lite 安卓程序"。

## 14.3　MobileNet 模型应用

### 14.3.1　MobileNet 介绍

1. MobileNet V1

MobileNet V1 最大的创新点是，提出了深度可分离卷积（depthwise separable convolution）。传统卷积分成两步，每个卷积核与每张特征图进行按位相乘然后进行相加，例如，一个 3×3 的卷积，输入通道为 16、输出通道为 32。标准的卷积操作的参数个数为 32×16×3×3＝4608。而对于深度可分离卷积，纵向卷积先用 16 个 3×3 的卷积核分别与 16 个输入通道卷积；然后点卷积用 32 个 1×1 大小的卷积核与纵向卷积的输出特征图相卷积，进行相加融合。这个过程的参数个数是 16×3×3＋16×32×1×1＝656，远少于标准卷积的 4608 个参数。

深度可分离卷积将传统卷积的两步进行分离开来，分别是逐点（depthwise）与纵向（pointwise），如图 14-5 所示，首先按照通道进行计算按位相乘的计算，此时通道数不改变；然后利用第一步的结果，使用 1×1 的卷积核进行传统的卷积运算，此时通道数可以进行改变。

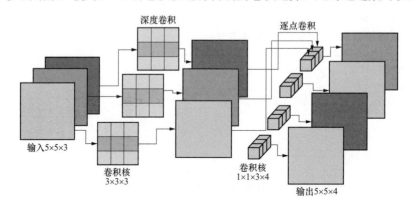

图 14-5　深度可分离卷积

这种深度可分离卷积虽然很好的减少计算量，但同时也会损失一定的准确率。使用传统卷积的准确率比深度可分离卷积的准确率高约 1%，但计算量却增大了 9 倍。

2. MobileNet V2

MobileNet V2 发表于 2018 年，MobileNetV2 中主要引入线性瓶颈结构和反向残差结构。MobileNetV2 网络模型中有共有 17 个 Bottleneck 层（每个 Bottleneck 包含两个逐点卷积层和一个深度卷积层）、1 个标准卷积层（conv）、2 个逐点卷积层（pw conv），共计有 54 层可训练参数层。MobileNetV2 中使用线性瓶颈（Linear Bottleneck）和反向残差（Inverted Residuals）结构优化了网络，使得网络层次更深了，但是模型体积更小，速度更快了。

（1）线性瓶颈（Linear Bottleneck）。通常在 MobileNet V1 的宽度乘数压缩后的 M 维空间后通过一个非线性变换 ReLU，如果 ReLU 的输入小于零，该通道的值会被清零。采用 ReLU 激活函数不可避免地导致输入信息的流逝，但是如果有很多维特征，某一特征经过 ReLU 的时候丢失了也不要紧，因为相同的特征可能保留在其他维度的特征里。

MobileNet V2 与传统的可分卷积不同的地方还包括第一次逐点卷积与纵向均使用了非线性激活函数 ReLU6，但是第二次逐点卷积则不采用非线性激活，保留线性特征。

（2）倒残差（Inverted Residual）。残差块已经被证明有助于提高精度，所以 MobileNet V2 也引入了类似的块。经典的残差块是：1×1（压缩）→3×3（卷积）→1×1（升维），而 inverted residual 顾名思义是颠倒的残差：1×1（升维）→3×3（dw conv＋relu）→1×1（降维＋线性变换），skip-connection（跳过连接）是在低维的瓶颈层间发生，这对于移动端有限的宽带是有益的。

MobileNet V2 先升维的目的是在数据进入深度卷积之前扩展数据中的通道数量，丰富特征数量，提高精度。在深度卷积之后压缩通道数，自动选择有用的特征，减少参数数量。

3. MobileNet V3

MobileNet V3 是谷歌在 2019 年 3 月 21 日提出的网络架构，具有以下特点：

（1）网络的架构基于 NAS 实现的 MnasNet（效果比 MobileNetV2 好）；

（2）引入 MobileNetV1 的深度可分离卷积；

（3）引入 MobileNetV2 的具有线性瓶颈的倒残差结构；

（4）引入基于挤压（squeeze）和激励（excitation）结构的轻量级注意力模型（SE）；

（5）使用了一种新的激活函数 h-swish（x）；

（6）网络结构搜索中，结合两种技术：资源受限的 NAS（platform-aware NAS）与 NetAdapt；

（7）修改了 MobileNetV2 网络端部最后阶段。

MobileNetV3 分为 Large 和 Small 两个版本，Large 版本适用于计算和存储性能较高的平台，Small 版本适用于硬件性能较低的平台。Large 版本共有 15 个 bottleneck 层，一个标准卷积层，三个逐点卷积层；Small 版本共有 12 个 bottleneck 层，一个标准卷积层，两个逐点卷积层。

MobileNet V3 中引入了 5×5 大小的深度卷积代替部分 3×3 的深度卷积。引入 Squeeze-and-excitation（SE）模块和 h-swish（HS）激活函数以提高模型精度。结尾两层逐点卷积不使用批规范化（batch norm），MobileNetV3 结构图中使用 NBN 标识。网络结构上相对于 MobileNetV2 的结尾部分做了优化，去除三个高阶层。去除后减少了计算量和参数量，但是模型的精度并没有损失。

值得一提的是，不论是 Large 还是 Small 版本，都是使用神经架构搜索（NAS）技术生成的网络结构。

## 14.3.2　MobileNet 在安卓中的应用

利用 TFLite 将 MobilenetV2 模型部署到移动端，过程分为 4 个步骤：

（1）导出模型结构。导出前向传播图（不包含权重）：

```
python export_inference_graph.py
--model_name＝mobilenet_v2_035
--output_file＝0318_log_v2_035_mobilenet/0318_export_v2_035_mobilenet.pb
--dataset_name＝cards
--dataset_dir＝../datasets/cards_0317
```

（2）固化模型。将前向传播图（不包含权重）和训练得到的 cpkt 文件（包含权重）固化在一起：

```
python freeze_graph.py
--input_binary＝true
--input_graph＝0318_log_v2_035_mobilenet/0318_export_v2_035_mobilenet.pb
--input_checkpoint＝0318_log_v2_035_mobilenet/model.ckpt-18000
--output_graph＝0318_log_v2_035_mobilenet/0318_frozen_v2_035_mobilenet.pb
--output_node_names＝MobilenetV2/Predictions/Reshape_1
```

（3）转成 TFLite 格式。利用 TFLiteConverter 将固化后的 pb 文件转成 TFLite 格式文件：

```
import tensorflow as tf
graph_def_file = "0318_log_v2_035_mobilenet/0318_frozen_v2_035_mobilenet.pb"
input_arrays = ["input"]
output_arrays = ["MobilenetV2/Predictions/Softmax"]
converter = tf.lite.TFLiteConverter.from_frozen_graph(
graph_def_file, input_arrays, output_arrays)
```

```
tflite_model = converter.convert()
open("0318_log_v2_035_mobilenet/0318_v2_035_float_mobilenet.tflite",
"wb").write(tflite_model)
```

（4）在安卓程序中使用 TFLite 模型。在安卓程序中使用 TFLite 模型，可以参考本章 14.2.2 节介绍的"在安卓应用程序中使用 TFLite 模型"部分。

1）依赖包。在安卓项目 app 子目录下的 build.gradle 文件中的 dependencies 中加入如下：

```
compile 'org.tensorflow:tensorflow-Android:+'
```

2）Tensorflow Mobile 接口。使用 Tensorflow Mobile 库中模型调用封装类 org.tensorflow. contrib.Android.TensorFlowInferenceInterface 完成模型的调用，主要使用的如下函数：

```
public TensorFlowInferenceInterface(AssetManager assetManager, String model){...}
 public void feed(String inputName, float[] src, long...dims) {...}
 public void run(String[] outputNames) {...}
 public void fetch(String outputName, int[] dst) {...}
```

其中，构造函数中的参数 model 表示目录"assets"中模型名称。feed 函数中参数 inputName 表示输入节点的名称，即对应模型转换时指定输入节点的名称"input"，参数 src 表示输入数据数组，变长参数 dims 表示输入的维度，如传入 1，192，192，3 则表示输入数据的 Shape＝[1，192，192，3]。函数 run 的参数 outputNames 表示执行从输入节点到 outputNames 中节点的所有路径。函数 fetch 中参数 outputName 表示输出节点的名称，将指定的输出节点的数据拷贝到 dst 中。

## 第三部分

# 第 15 章　YOLO 网络与目标检测基础

### 15.1　YOLO 目标检测入门实例

**1. 目标**

本小节首先介绍一个 YOLO 目标检测入门实例，然后在后续几小节里详细分析该实例涉及的一些基本概念和基本原理。YOLO 目标检测入门实例将实现一个最简单的人脸检测功能，基本过程是：

（1）在网上找一个人物图片；

（2）标注人脸位置；

（3）作为样本输入到一个 YOLO 神经网络中进行训练；

（4）使用该训练好的神经网络检测该图片中人脸的位置。

标注人脸位置将采用 YOLO_Mark 软件，神经网络训练和识别将采用 Darknet 软件。YOLO_Mark 软件可以对图片样本进行标注，标注格式正好满足 YOLO 网络的要求。Darknet 软件可以对 YOLO 网络进行训练和测试。这两个软件在本章后续部分将详细介绍，本小节直接使用已经编译好的 YOLO_Mark 和 Darknet 软件。

**2. YOLO_Mark 和 Darknet 整合目录结构**

为了方便使用 YOLO_Mark 和 Darknet，可以把这两个软件编译生成的可执行文件整合在一个目录里，并且设置好网络配置文件和图片工作目录，目录结构如图 15-1 所示。

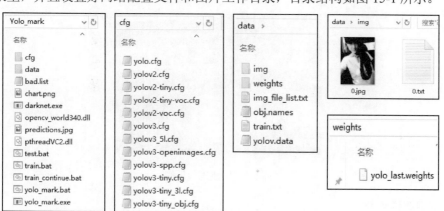

图 15-1　YOLO_Mark 和 Darknet 整合目录结构

3. 准备工作

（1）启动标注软件批处理文件。YOLO_Mark.bat 文件内容：

```
YOLO_Mark.exe data/img data/train.txt data/obj.names
```

（2）启动训练处理文件。train.bat 文件内容：

```
Darknet .exe detector train .\data\yolov.data .\cfg\yolo.cfg
cmd
```

（3）继续训练处理文件。train_continue.bat 文件内容：

```
Darknet .exe detector train .\data\yolov.data .\cfg\yolo.cfg .\data\weights\
yolo_last.weights
cmd
```

（4）测试处理文件。testk.bat 文件内容：

```
Darknet .exe detect.\data\yolov.data.\cfg\yolo.cfg.\data\weights\yolo_last.
weights.\ data\img\0.jpg
cmd
```

（5）数据配置文件。yolov.data 文件内容：

```
classes= 1
train = .\data\train.txt
valid = .\data\train.txt
names = .\data\obj.names
backup= .\data\weights
```

train.txt 文件内容：

```
data/img/0.jpg
```

obj.names 文件内容：

```
face
```

4. 标注人脸位置

鼠标左键双击 YOLO_Mark.bat 文件启动 YOLO_Mark 软件，如图 15-2 所示。标注的数据将保存在与图片目录和文件相同的 txt 文本文件中。

图 15-2　标注人脸位置

5. 神经网络训练

鼠标左键双击 train.bat 文件启动 Darknet 软件的训练功能，如图 15-3 所示。每训练够 100

次就保存 1 次参数，当 Loss 小于 1 时，基本上就能正确检测出人脸位置。

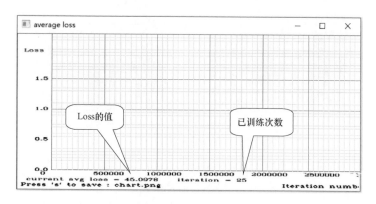

图 15-3　标注人脸位置

6. 人脸位置检测

神经网络训练完成之后，鼠标左键双击 test.bat 文件启动 Darknet 软件的检测功能，如图 15-4 所示。

图 15-4　标注人脸位置

## 15.2　目标检测与对象识别概要

1. 对象识别和定位介绍

目标检测与对象识别是很多计算机视觉任务的基础，通俗地讲，其目的是在目标场景中将目标用一个个框给框出来，并且识别出这个框中的物体类别。包括检测和识别两个过程。

目标检测与对象识别是一种为了检测汽车、建筑物和人类等目标对象的计算机视觉技术，这些对象通常可以通过图片或视频来识别。目标检测在视频监控、自动驾驶汽车、目标/人跟踪等领域得到了广泛的应用。

目标检测与对象识别的功能是输入一张图片，要求输出其中所包含的对象，以及每个对象的位置，包含该对象的矩形框，如图 15-5 所示。对象识别和定位可以看成两个任务：一是找到图片中某个存在对象的区域；二是识别出该区域中具体是什么对象。

图 15-5　对象识别和定位

目标检测与对象识别最原始的方法就是遍历图片中所有可能的位置，地毯式搜索不同大小、不同宽高比、不同位置的每个区域，逐一检测其中是否存在某个对象，挑选其中概率最大的结果作为输出，但是这种方法效率太低，因此出现了大量改进和优化的方法，例如 RCNN、YOLO 等。

目标检测与对象识别会定位图像中的对象，并在该对象周围绘制一个包围框。这过程通常分为两步：

目标分类并确定类型；

在该对象周围绘制一个框。

常见用于目标检测的模型架构如下：

（1）RCNN，Regions with CNN Features，基于卷积神经网络特征的区域方法；

（2）Fast RCNN，快速 RCNN；

（3）Faster RCNN，超快速 RCNN；

（4）Mask RCNN，实例分割 RCNN 架构；

（5）SSD，单点多框检测器；

（6）MobileNet，专注于移动端或者嵌入式设备中的轻量级 CNN 网络；

（7）YOLO，You Only Look Once。

2. RCNN/Fast RCNN/Faster RCNN 网络

RCNN 是目标检测领域的开山之作，是将 CNN 方法应用到目标检测问题上的一个里程碑，由年轻有为的 RBG 大神提出，发表在 2014 年的 CVPR。借助 CNN 良好的特征提取和分类性能，通过 Region 建议窗口方法实现目标检测问题的转化。RCNN 是 Fast RCNN 和 Faster RCNN 的基础，该论文提出的诸多思想、方法，为后续目标检测新的思想、原理、方法的提出提供了诸多颇具启发性的思路，尽管 RCNN 有诸多的不足，速度慢、占用空间大等。所以，透彻的理解 RCNN 的思想、原理、方法，有利于更好的理解后续目标检测算法，甚至启迪创新的思想，独立设计新的算法。

RCNN 开创性地提出了候选区（Region 建议窗口）的方法，先从图片中搜索出一些可能存在对象的候选区（选择性搜索），大概 2000 个左右，然后对每个候选区进行对象识别，如图 15-6 所示，大幅提升了对象识别和定位的效率。

RCNN 虽然比地毯式搜索速度快一些，但速度依然很慢，其处理一张图片大概需要几十秒。因此又有了后续的 Fast RCNN 和 Faster RCNN，针对 RCNN 的神经网络结构和候选区的算法不断改进，Faster RCNN 已经可以达到一张图片约零点几秒的处理速度。RCNN/Fast RCNN/Faster RCNN 比较如表 15-1 所示。

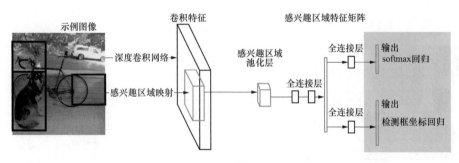

图 15-6　RCNN 工作原理示意图

表 15-1　　　　　　　　　　　　　RCNN/Fast RCNN/Faster RCNN 比较

| 方法 | 使用方法 | 缺点 | 改进 |
|---|---|---|---|
| RCNN | （1）SS 提取 RP；<br>（2）CNN 提取特征；<br>（3）SVM 分类；<br>（4）BB 盒回归 | （1）训练步骤烦琐（微调网络＋训练 SVM＋训练框）；<br>（2）训练、测试均速度慢 ；<br>（3）训练占空间 | （1）从 DPMHSC 的 315.3%直接提升到了 66%（mAP）；<br>（2）引入 RP＋CNN |
| Fast RCNN | （1）SS 提取 RP；<br>（2）CNN 提取特征；<br>（3）softmax 分类；<br>（4）多任务损失函数边框回归 | （1）依旧用 SS 提取 RP（耗时 2～3s，特征提取耗时 0.32s）；<br>（2）无法满足实时应用，没有真正实现端到端训练测试；<br>（3）利用了 GPU，但是区域建议方法是在 CPU 上实现的 | （1）由 66.9%提升到 70%；<br>（2）每张图像耗时约为 3s |
| Faster RCNN | （1）RPN 提取 RP；<br>（2）CNN 提取特征；<br>（3）softmax 分类；<br>（4）多任务损失函数边框回归 | （1）还是无法达到实时检测目标；<br>（2）获取 region 建议窗口，再对每个建议窗口分类计算量还是比较大 | （1）提高了检测精度和速度；<br>（2）真正实现端到端的目标检测框架；<br>（3）生成建议框仅需约 10ms |

（1）生成候选区域方法。生成候选区域使用选择性搜索（选择性搜索）方法对一张图像生成约 2000～3000 个候选区域，基本思路如下：

1）使用一种过分割手段，将图像分割成小区域。

2）查看现有小区域，合并可能性最高的两个区域，重复直到整张图像合并成一个区域位置。优先合并以下区域：

a）颜色（颜色直方图）相近的；

b）纹理（梯度直方图）相近的；

c）合并后总面积小的；

d）合并后，总面积在其框中所占比例大。

在合并时须保证合并操作的尺度较为均匀，避免一个大区域陆续"吃掉"其他小区域，保证合并后形状规则。

3）输出所有曾经存在过的区域，即所谓候选区域。

（2）边框回归。边框回归基本的算法就是对坐标＋IoU 误差、分类误差进行修正，如图 15-7 所示，外面的框表示背景真相（Ground Truth），里面的框为选择性搜索（选择性搜索）提取的区域建议（Region 建议窗口）。那么即便里面的框被分类器识别为飞机，但是由于里面的框定位不准（IoU<0.5），那么这张图相当于没有正确地检测出飞机。如果我们能对里面的框进行微调，使得经过微调后的窗口跟背景真相（Ground Truth）更接近，这样岂不是定位

会更准确，如图 15-8 所示。因此，边框回归就是用来微调这个窗口。

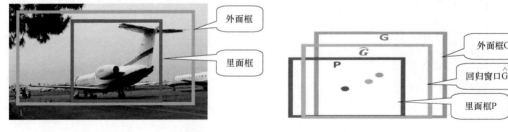

图 15-7　IoU 误差示意图　　　　　　　图 15-8　边框回归示意图

# 15.3　YOLO 网 络 结 构

## 15.3.1　YOLO 介绍

### 1. YOLO 来源

YOLO 意思是 You Only Look Once，创造性地将候选区和对象识别这两个阶段合二为一，看一眼图片（不用看两眼）就能知道有哪些对象以及它们的位置。早期的目标检测方法：通过提取图像的一些健壮的特征（如 Haar、SIFT、HOG 等），使用 DPM（Deformable Parts Model，可变形部件）模型，用滑动窗口的方式来预测具有较高得分的边界框。这种方式非常耗时，而且精度又不怎么高。

后来出现了目标建议窗口方法（其中选择性搜索为这类方法的典型代表）：相比于滑动窗口这种穷举的方式，减少了大量的计算，同时在性能上也有很大的提高。利用选择性搜索的结果，结合卷积神经网络的 RCNN 出现后，目标检测的性能有了一个质的飞越。基于 RCNN 发展出来的 SPPnet、Fast RCNN、Faster RCNN 等方法，证明了"建议窗口＋分类"的方法在目标检测上的有效性。

相比于 RCNN 系列的方法，YOLO 提供了另外一种思路：将目标检测（目标检测）的问题转化成一个回归问题。给定输入图像，直接在图像的多个位置上回归出目标的边界框以及其分类类别。

### 2. YOLO 的特点

YOLO 是一个可以一次性预测多个框位置和类别的卷积神经网络能够实现端到端的目标检测和识别，其最大的优势就是速度快。

事实上，目标检测的本质就是回归，因此一个实现回归功能的 CNN 并不需要复杂的设计过程。YOLO 没有选择滑动窗口或提取建议窗口的方式训练网络，而是直接选用整图训练模型。这样做的好处在于可以更好地区分目标和背景区域，相比之下，采用建议窗口训练方式的 Fast-RCNN 常常把背景区域误检为特定目标。

YOLO 将物体检测任务当作回归问题来处理，直接通过整张图片的所有像素得到边框的坐标、边框中包含物体的置信度和类别概率。通过 YOLO，每张图像只需要看一眼就能得出图像中都有哪些物体和这些物体的位置。

实际上，YOLO 并没有真正去掉候选区，而是采用了预定义的候选区（准确点说应该是预测区，因为并不是 Faster RCNN 所采用的 Anchor），YOLO 与 RCNN 比较如图 15-9 所示。也就是将图片划分为 7×7＝49 个网格，每个网格允许预测出 2 个边框，包含某个对象的矩形框），总共 7×7×2＝98 个边框。可以理解为 98 个候选区，它们很粗略地覆盖了图片的整个区域。

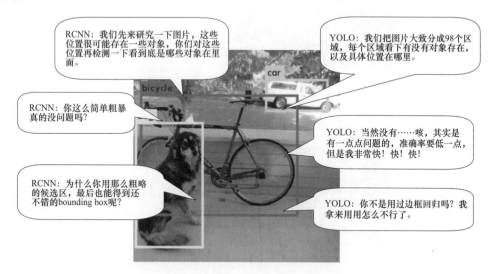

图 15-9　YOLO 与 RCNN 比较

RCNN 虽然会找到一些候选区，但毕竟只是候选，等真正识别出其中的对象以后，还要对候选区进行微调，使之更接近真实的边框。这个过程就是边框回归：将候选区边框调整到更接近真实的边框。既然反正最后都是要调整的，为什么还要先费劲去寻找候选区呢，大致有个区域范围就行了，所以 YOLO 就这么干了。

边框回归之所以能起作用，本质上是因为分类信息中已经包含了位置信息。就像看到人的脸和身体，就能推测出耳朵和屁股的位置。

## 15.3.2　YOLO 基本原理

### 1. YOLO 网络结构示意图

YOLO 检测网络包括多个卷积层和输出层。其中，卷积层用来提取图像特征，输出层用来预测图像位置和类别概率值，YOLO 的网络结构示意图如图 15-10 所示。

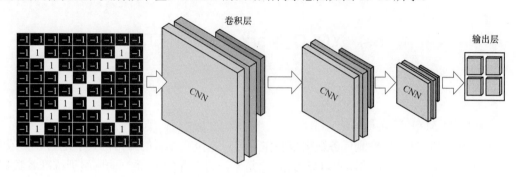

图 15-10　YOLO 网络结构示意图

### 2. YOLO 目标的表示方法

（1）首先，输入图像如图 15-11 所示，大小 $W \times H$。

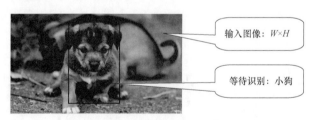

图 15-11　输入图像

（2）然后，YOLO 将输入图像划分为网格形式（例如 $3 \times 3$），如图 15-12 所示。

图 15-12　划分网格

（3）最后，对每个网格应用图像分类和定位处理，获得预测对象的边界框及其对应的类别概率。

目标（图像类别和位置）的表示方法是，将图像划分为网格（例如上面的实例，网格大小为 $3 \times 3$），设置类别数量（例如分成 3 个类别，分别是小狗 c1、小猫 c2 和小鸟 c3）。对于每个单元格，用标签 y 来表示目标（图像类别和位置）类别参数，标签 y 定义成一个八维向量，内容如图 15-13 所示。

$$y = \begin{bmatrix} pc \\ bx \\ by \\ bh \\ bw \\ c1 \\ c2 \\ c3 \end{bmatrix}$$

图 15-13　目标的表示方法

其中：

1）pc 定义对象是否存在于网格中（存在的概率）；

2）bx、by、bh、bw 指定边界框；

3）c1、c2、c3 代表类别，如果检测对象是小猫，则 c2 位置处的值将为 1，c1 和 c3 处的值将为 0。

## 15.4　YOLO_Mark 数据集制作工具

### 15.4.1　YOLO_Mark 项目介绍

#### 1. YOLO_Mark 下载与编译

YOLO_Mark 是一个检测任务数据集制作工具，制作完成后的数据格式不是 VOC 或者 COCO 的数据格式，从它的名字也可以看出，它是专门为了 YOLO 系列的网络训练准备数据，所以它的训练数据准备也是按照 Darknet 标准的格式。YOLO_Mark 就是专门为了准备 YOLO

训练数据的，这里是它的 github 地址：https://github.com/AlexeyAB/YOLO_Mark。

　　该项目支持 Windows 和 Linux 两中系统，依赖 OpenCV 库，2.X 或者 3.X 都可以。如果是 Windows 的话，需要 VS2013 或 VS2015。

　　编译成功后会在 x64 下的 Release 文件夹中生成.exe 程序，然后通过 YOLO_Mark.cmd 的命令行文件运行这个生成的 exe 程序，如图 15-14 所示。

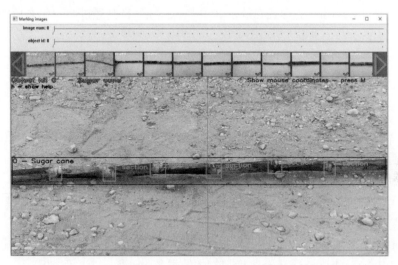

图 15-14　YOLO_Mark 主界面

2．data 文件

　　项目中的 data 文件夹内存放需要标注的数据与标注后的结果：

　　.data 文件中定义了目标检测的类别数量，训练数据与测试数据的 txt 文件列表，各个类别的名字（它是从.names）文件中获取到的：

```
classes= 1
train  = data/train.txt
valid  = data/valid.txt
names  = data/obj.names
backup = backup/
```

.names 文件中定义了各个类别的名字，每个类别的名称都在单独的一行，行数与名称一一对应，比如做单类别行人检测时，.names 文件中只有一行：

```
human
```

此时，human 就是 id 0。

train.txt 文件为训练数据的列表，它由 img 文件夹内存放的数据自动获取：

```
data/img/0.jpg
data/img/1.jpg
data/img/2.jpg
data/img/3.jpg
data/img/15.jpg
data/img/5.jpg
data/img/6.jpg
data/img/7.jpg
```

### 3. 标注数据存储

最后就是 img 文件夹了，开始标注之前，img 文件夹内只存放需要标注的图像数据（要求.jpg 文件），一张图片标注完成之后，会给该图片生成一个名字相同的.txt 文件，里面存放的就是框的信息。

在.txt 文件中，每一行都是一个目标的信息，这意味着有几行数据，图像中就标注了几个目标，它按"id x y w h"的形式存放，其中"x y w h"都是经过归一化之后的。比如 0.txt 文件中的结果：

```
0 0.341797 0.547917 0.049219 0.118056
0 0.731250 0.581944 0.050000 0.225000
```

## 15.4.2  准备自己的数据并进行标注

打开图片所在文件夹，将自己的图片复制到 YOLO_Mark 下 x64/Release/data/img 文件夹中（先删除自带的所有文件）。

修改 x64/Release/data/obj.data 文件，此文件包含了需要标记的物体有几类，训练集和验证集对于的 txt 文件路径，以及训练生成的权重文件路径 backup。标记只需要修改第一行后面的数字，后面的数字表示标记的物体有几类，此处只标记一类物体。例如：

```
classes = 1
```

修改 x64/Release/data/obj.names。标记物体的类名，一行一个。例如：

```
bird
```

打开 YOLO_Mark 的方法：

（1）如果是 Linux 操作系统，在终端输入./linux_mark.sh 可以启动 YOLO_Mark。

（2）如果是 Windows 操作系统，在终端输入./mark.cmd 可以启动 YOLO_Mark。

启动 YOLO_Mark 之后，鼠标左键按下拖动，会形成一个矩形框。在打开的图片窗口中，标记目标，快捷键 C 会清除所有标记，按下空格键保存数据并打开下一张图片。数字键可以切换标记目标的名字。标记完用 Esc 或者 Ctrl＋c 退出。

标注完成后，会在 img 文件夹下面生成与图片相对应的同名 txt 文件，里面为训练需要标注的数据。例如：

```
0 0.425781 0.645833 0.235938 0.436111
```

第一个参数是对应的类，后面的四个参数为标记物体归一化后中心位置和尺寸。同时，会在 data 目录下生成 train.txt 文件，里面包含了已经完成标记的图片的路径，路径从 YOLO_Mark 的目录开始。

还可以利用 YOLO_Mark 对视频抓图片帧，例如：

```
./YOLO_Mark x64/Release/data/img cap_video x64/Release/data/img/v19.mp4
```

参数：./YOLO_Mark imgfile 路径 cap_video 视频路径图片保存路径，不带保存路径参数默认保存在视频路径下。默认 50 帧图片保存一次（3s 保存一张图片），可根据需要修改 main.c 里面 150 行左右，找到判断语句 if （argc >= 4 && train_filename == "cap_video"） 下的参数值：

```
float save_each_frames = 50。
```

## 15.5　基于 Python 的 YOLO 训练

1.　YOLO 模型训练的资源

YOLO 模型训练资源，可以从以下项目获得：

（1）https://github.com/pjreddie/Darknet；

（2）https://github.com/AlexeyAB/Darknet；

（3）https://github.com/gliese581gg/YOLO_tensorflow；

（4）https://github.com/xingwangsfu/caffe-YOLO；

（5）https://github.com/tommy-qichang/YOLO.torch；

（6）https://github.com/nilboy/tensorflow-YOLO。

YOLO 模型的相关应用项目如下：

（1）Darkflow：将 Darknet 转换到 Tesorflow 平台。加载训练好的权值，用 Tesorflow 再次训练，再将导出计算图到 C＋＋环境中，下载地址：https://github.com/thtrieu/darkflow。

（2）使用你自己的数据训练 YOLO 模型。利用分类标签和自定义的数据进行训练，Darknet 支持 Linux / Windows 系统，下载地址：https://github.com/Guanghan/Darknet。

（3）IOS 上的 YOLO 实战：CoreML vs MPSNNGraph，用 CoreML 和新版 MPSNNGraph 的 API 实现小型 YOLO，下载地址：https://github.com/hollance/YOLO-CoreML-MPSNNGraph。

（4）安卓上基于 TensorFlow 框架运行 YOLO 模型实现实时目标检测，下载地址：https://github.com/natanielruiz/android-YOLO。

2.　YOLO_tensorflow 版本训练

（1）下载 YOLO_tensorflow。下载地址：https://github.com/hizhangp/YOLO_tensorflow。

（2）下载 Pascal VOC。下载地址：http://pjreddie.com/media/files/VOCtrainval_06-Nov-2007.tar。保存目录：pascal_voc。

（3）下载 YOLO_small 的权值文件。下载地址：https://drive.google.com/file/d/0B5aC8pI-akZUNVFZMmhmcVRpbTA/view?usp＝sharing。

YOLO_Tiny 版本训练的源码下载地址为：https://github.com/leeyoshinari/YOLO_tiny。保存目录：data/weight。

（4）训练和测试。训练命令：python train.py。测试命令：python test.py。

在训练过程中，如果提示 print 输出字符串格式错误，则可以先注解掉该 print 语句，直接训练。在测试过程中，如果出现以下错误：

```
tensorflow.python.framework.errors_impl.NotFoundError: FindFirstFile failed for:
data/weights:\u03f5\u0373\udcd5\u04b2\udcbb\udcb5\udcbd\u05b8\udcb6\udca8\udc
b5\udcc4·\udcbe\udcb6\udca1\udca3; No such process
```

则需要在第 33 行"self.saver.restore（self.sess，　self.weights_file）"之前加上如下一行：

```
self.weights_file="data/weight/YOLO_small.ckpt"
```

为了方便进行训练和测试，可以在 Obtain_Studio 中创建一个"\python 项目\python 可视化基础模板"项目，例如项目名称为"YOLO_tensorflow_test_001"，然后把上述代码都拷贝到该项目的 src 目录下。修改 YOLO_tensorflow_test_001.prj 文件中的编译命令：

```
<compile>
cd src
::python main.py
::python train.py
python test.py
</compile>
```

运行效果如图 15-15 所示。

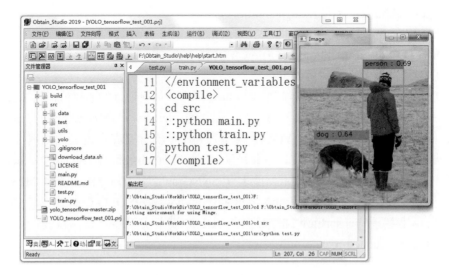

图 15-15　YOLO 测试程序运行效果

## 15.6　基于 Darknet 的 YOLO 训练

### 15.6.1　Darknet 软件介绍

Darknet 是一个较为轻型的完全基于 C 与 CUDA 的开源深度学习框架，其主要特点就是容易安装，没有任何依赖项（OpenCV 都可以不用），移植性非常好，支持 CPU 与 GPU 两种计算方式。

Darknet 完全由 C 语言实现，没有任何依赖项，当然可以使用 OpenCV，但只是用其来显示图片、为了更好的可视化；Darknet 支持 CPU（所以没有 GPU 也不用紧的）与 GPU（CUDA/Cudnn，使用 GPU 更块更好）。

Darknet 是一个比较小众的深度学习框架，没有社区，主要靠作者团队维护，所以推广较弱，用的人不多。而且由于维护人员有限，功能也不如 TensorFlow 等框架那么强大，但是该框架还是有一些独有的优点：

（1）易于安装：在 makefile 里面选择自己需要的附加项（Cuda，Cudnn，OpenCV 等）直接 make 即可，几分钟即可完成安装。

（2）没有任何依赖项：整个框架都用 C 语言进行编写，可以不依赖任何库，连 OpenCV 作者都编写了可以对其进行替代的函数。

（3）结构明晰，源代码查看、修改方便：其框架的基础文件都在 src 文件夹，而定义的一些检测、分类函数则在 example 文件夹，可根据需要直接对源代码进行查看和修改。

（4）友好 Python 接口：虽然 Darknet 使用 C 语言进行编写，但是也提供了 Python 的接口，通过 Python 函数，能够使用 Python 直接对训练好的.weight 格式的模型进行调用。

（5）易于移植：该框架部署到机器本地十分简单，且可以根据机器情况，使用 CPU 和 GPU，特别是检测识别任务的本地端部署，Darknet 会显得异常方便。

Windows 版本 Darknet 下载地址：https://github.com/AlexeyAB/Darknet。

Windows 版本 Darknet 源代码文件夹分布如图 15-16 所示。

图 15-16　Darknet 源代码文件夹分布

（1）cfg 文件夹内是一些模型的架构，每个 cfg 文件类似与 caffe 的 prototxt 文件，通过该文件定义的整个模型的架构。

（2）data 文件夹内放置了一些 label 文件，如 COCO9k 的类别名等，和一些样例图（该文件夹主要为演示用，或者是直接训练 COCO 等对应数据集时有用，如果要用自己的数据自行训练，该文件夹内的东西都不是我们需要的）。

（3）src 文件夹内全是最底层的框架定义文件，所有层的定义等最基本的函数全部在该文件夹内，可以理解为该文件夹就是框架的源码。

（4）examples 文件夹是更为高层的一些函数，如检测函数、识别函数等，这些函数直接调用了底层的函数，我们经常使用的就是 example 中的函数。

（5）include 文件夹，顾名思义，存放头文件的地方。

（6）python 文件夹里是使用 python 对模型的调用方法，基本都在 Darknet .py 中。当然，要实现 python 的调用，还需要用到 Darknet 的动态库 libDarknet .so，这个动态库稍后再介绍。

（7）scripts 文件夹中是一些脚本，如下载 COCO 数据集，将 voc 格式的数据集转换为训练所需格式的脚本等。

在 Visual Studio 2015 中打开 Darknet .sln 文件，即可编译。如果需要 OpenCV 和 GPU 的支持，则在编译之后需要安装 OpenCV、CUDA 和 CUDNN。

### 15.6.2　Darknet 软件编译

（1）YOLO 工程文件下载。下载网址：https://github.com/AlexeyAB/Darknet。下载完后解压，里面的 Darknet .sln 就是即将编译的工程文件。

（2）配置环境。

1）安装 Visual Studio 2015。

2）安装 Cuda 10.0 ，下载链接：https://developer.nvidia.com/Cuda-toolkit-archive。

3）安装 Cudnn v7，官网下载，要注册。

4）安装 OpenCV 3.4，下载链接： https://OpenCV.org/releases.html。

这里要特别注意几个问题：

1）Cuda 与 Visual Studio 的版本兼容问题。因此大家使用自己的配置时要先看是否兼容。由于 https://github.com/AlexeyAB/Darknet 里用的就是 Cuda 10.0＋ Visual Studio 2015。

2）先装 Visual Studio 2015 再装 Cuda。原因是 Cuda 在安装时会自动检测 vs 并在 Visual Studio 2015 相关文件夹下生成文件，这样 vs 就能使用 Cuda。这个操作只在 Cuda 安装时进行，如果计算机上原本就有 Cuda，那就安装完 vs 后重装 Cuda。

3）Cuda 与 nvidia driver 版本兼容问题。一图说明关系：https://www.cnblogs.com/wolflzc/p/9117291.html。

（3）Visual Studio 2015 打开工程文件。在下载解压好的 Darknet 文件打开 build\Darknet\x64，先修改 Darknet .vcxproj 文件，具体操作是将 Darknet .vcxproj 文件（可以用写字板打开）的所有 CUDA 10.0 改成自己计算机上的 CUDA 的版本（如果 Cuda 是 10.0 就不用改了），否则无法加载 Darknet .sln。修改完 Darknet .vcxproj 文件之后，用 vs 打开 Darknet .sln。

（4）Darknet 工程配置 OpenCV。先将下载好的 OpenCV 解压缩。然后配置 Visual Studio 2015：

只需要配置 Release | x64 属性，操作可以参考其他教程，我的操作为：打开工程属性管理器→右键 Release | x615→添加新项目属性表→创建 OpenCVRelease.props，然后在 Release | x64 下拉栏双击刚才新建的 OpenCVRelease 弹出属性页，按以下操作配置 OpenCV：

1）VC＋＋目录→包含目录：添加 OpenCV 所在文件夹下的三个路径，例如：

```
E:\software\OpenCV\build\include;
E:\software\OpenCV\build\include\OpenCV;
E:\software\OpenCV\build\include\OpenCV2。
```

要改成自己计算机上的 OpenCV 的路径。

2）VC＋＋目录→库目录：添加 E：\software\OpenCV\build\x64\vc14\lib，路径修改同上。

3）链接器→输入：添加 OpenCV\build\x64\vc14\lib 文件夹下的对应 lib 文件：OpenCV_world340.lib，这里也要修改成自己 OpenCV 的版本。

（5）Cudnn 配置。配置 Cudnn 操作很简单，下载 Cudnn 相关文件并解压，然后分别复制 Cudnn/Cuda/lib，Cudnn/Cuda/bin，Cudnn/Cuda/include 下所有文件至 C：\Program Files\NVIDIA GPU Computing Toolkit\CUDA\vX.X 下对应的文件夹。

如果不想要 Cudnn 的话要在 Visual Studio 2015 修改配置：打开解决方案资源管理器→右键 Darknet→属性→C/C＋＋→预处理器→预处理器定义，然后删除 CUDNN 这一栏。

（6）生成 Darknet .exe。在 vs 界面上方，下拉选择 Release｜x64，然后生成解决方案。在 Darknet.sln 同一目录下的 x64 文件夹中就会生成可执行的 Darknet.exe 程序了。在使用前要先将 E:\software\OpenCV\build\x64\vc14\bin 下的 OpenCV_ffmpeg330_615.dll 和 OpenCV_world330.dll 复制到 Darknet .exe 目录下。

（7）测试。在 Darknet .exe 目录下，shift＋右键→在此处打开 powershell 窗口，输入命令：Darknet .exe detector test data/coco.data yolov3.cfg yolov3.weights，yolov3.cfg 和 yolov3.weights 要对应，路径要相对于 Darknet .exe 所在路径。

## 15.6.3　采用 Darknet 进行 YOLO 训练

### 1. 样本图片与标注

训练 YOLO 时需要大量的图片的样本，所关注的对象只是图片中一小块区域，所以必须把这个区域标注出来，标注信息放在与图片相同目录，且文件名相同，但后缀名为.txt，比如有一个图片叫 truck1.jpg，就要提供一个 truck1.txt 在它旁边，truck1.txt 内容像这样：

```
0 0.491666666666667 0.561611374407583 0.833333333333333 0.872037914691943
```

可能是多行，也可能是一行，一行代表一个对象，多行代表这张图片里有多个对象。每一行的数据格式如下：

```
<目标-class> <x> <y> <width> <height>
```

（1）目标-class：是指对象的索引，从 0 开始，具体代表哪个对象去 obj.names 配置文件中按索引查。

（2）x，y：是一个坐标，需要注意的是它可不是对象左上角的坐标，而是对象中心的坐标。

（3）width，height：是指对象的宽高。

### 2. 两个索引文件

准备好样本图片及其对应的标注文件以后，还需要建立两个索引文件，分别叫 train.txt 及 test.txt，名字其实并不重要，它们的意义在于把需要训练的图片路径按每个图片文件名占用一行并放在 train.txt 文件中，而作为验证的图片路径按每个图片文件名占用一行放在 test.txt 中。

### 3. Darknet 软件

使用 Darknet 来训练 YOLO 模型时，需要三个配置文件和两个索引文件。

（1）模型配置文件，比如名叫 my-YOLO-net.cfg，需要将 YOLO 的模型结构写到一个配置文件如：

```
[net]
#Testing
batch＝64
subdivisions＝8
#Training
#batch＝64
#subdivisions＝8
height＝416
width＝416
```

```
channels=3
momentum=0.9
decay=0.0005
angle=0
saturation = 1.5
exposure = 1.5
hue=.1

learning_rate=0.001
burn_in=1000
max_batches = 80200
policy=steps
steps=40000, 60000
scales=.1, .1

[convolutional]
batch_normalize=1
filters=32
size=3
stride=1
pad=1
activation=leaky

[maxpool]
size=2
stride=2

[convolutional]
batch_normalize=1
filters=64
size=3
stride=1
pad=1
activation=leaky
//省略
```

其中像 convolutional 节就代表一个卷积层，指定有多少个卷积核心 filters＝30，基本上就是一个网络结构定义以及一些其他配置。

（2）一个对象名称文件，比如叫 obj.names，这个文件比较简单，一行一个对象名称：

```
Dog
Fox
Cat
……
```

（3）最后还有一个 obj.data 文件，内容如下：

```
classes= 1
```

```
train = /Darknet /work/train.txt
valid = /Darknet /work/test.txt
names = /Darknet /work/cfg/obj.names
backup = /output/
```

上述参数的意义：

1）classes 是指对象分类，这里只检测一类对象，所以是 1。

2）names 就是指对象名称文件。

3）backup 是指 Darknet 在训练时只在训练结果的目录。

4）train 和 valid 是指索引文件了。

# 第16章

# YOLO 网络样本标注与训练

## 16.1  Obtain_YOLO_eMake 样本标注与训练软件

### 16.1.1  Obtain_YOLO_eMake 介绍

第 15 章介绍的 YOLO_mark 标注软件功能比较少，操作也很不方便。下面将介绍功能较全面的标注软件 Obtain_YOLO_eMake，简称"易标注软件""eMake"。

（1）样本图片的自动标注。在 Obtain_YOLO_eMake 易标注软件之中，可以首先使用少量样本图片的图标标注，然后通过数据增强的方式增加样本图片，增加的图片标注自动生成。接下来进行训练，训练到一定程度之后，再采用 eMake 自动标注的功能，可以实现剩下图标的标注。检查自动标注的结果，对于自动标注不对的数据，进行手动调试，然后再进行训练。

（2）自动生成四个训练配置文件。在易标注软件之中，只要打开某一个文件夹里的一个图片文件，就可以自动生成该文件夹的图片文件列表，并自动生成和保存深度学习需要的四个训练配置文件，包括训练图片列表文件 train.txt、目标列表文件 obj.names、YOLO 数据文件 YOLOv.data 和所有图片列表文件 img_file_list.txt。

（3）视频样本采集。可以通过手机、相机等拍摄或者从网上获取视频，然后在易标注软件之中打开视频文件，即可以自动进行视频图片的并保存到视频文件之中，也可以打开摄像头直接进行视频采集。

（4）样本图片的手动标注。采用特别容易操作的方式实现样本图片的手动标注。采用鼠标左键进行标注框的绘制；采用鼠标右键进行标注框的编辑，包括移动、大小调整、删除、标注类别的编辑修改等。

（5）YOLO 训练。可以实现各种 YOLO 模型的训练。易标注软件自带了 Darknet 几个常用版本，包括 GPU 版本、非 GPU 版本、GCC 版本、GCC_MP 版本、GCC_MP_CV 版本。也可以使用用户自动编译的，直接在易标注软件界面上的 Darknet 组合框中直接填写 Darknet 全局路径和文件名。

（6）检测与识别。对于已经训练完成的工作目录，可以使用该目录相关的 YOLO 模型训练结果进行检测与识别，包括图片检测、视频文件检测、摄像头视频检测等。

（7）样本增强。可以对已经标注过的某一个图片进行样本增强，也可以对某一个文件夹下的所有已经标注过的样本进行增强，包括平移、缩放、颜色、翻转、旋转等几何变换和像素变化，以及包括了 Mixup 多样本合成等图片融合。

### 16.1.2　使用步骤

**1.　从图片开始**

（1）打开图片；

（2）对图片进行标注；

（3）训练已经标注的图片；

（4）检测与测试；

（5）采用训练的结果自动标注，以及手动修正，重新训练。

**2.　从视频文件开始**

（1）打开视频文件，自动采集图片并保存到视频所在文件夹的\data\img 文件夹下。

（2）后续步骤与"1．从图片开始"相同。

**3.　从摄像头直接采集开始**

（1）打开视频文件，自动采集图片并保存到易标注软件根目录所在的\data\img 文件夹下。

（2）后续步骤与上述"1．从图片开始"相同。

### 16.1.3　手动标注

**1.　打开的工作目录**

通过菜单或者工具条打开图片、打开工作目录，以及前后图片的切换。打开图片时，图片所在目录被当作当前打开的工作目录。易标注软件所有功能都必须要在打开工作目录的情况下进行，如图 16-1 所示。

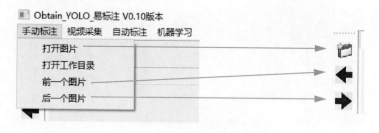

图 16-1　菜单与工具条

**2.　手工标注**

采用鼠标左键进行标注框的绘制，如图 16-2 所示。

（1）标注类型框中填写类型编号，为从 0 开始的连续整数，如果一共有 4 个类别，则标注类型范围是 0～3。

（2）目标类型框中填写具体的类型名称，当前版本的类型名称尽量采用英语名称。目标类型列表行数尽量与 cfg 文件中的 classes 值相同。

（3）模型列表中列出了常用的易标注软件自带的 CFG 文件。也可以填写其他的用户自己的 CFG 文件。如果采用用户自己的 CFG 文件，则需要采用带全局路径的文件。

（4）采用鼠标左键进行标注框的绘制。标注框的位置和大小尽量准确，会更加有利于后续训练和识别。

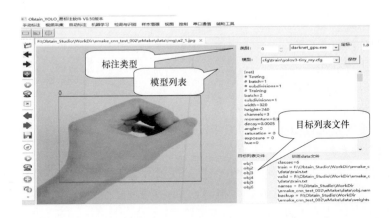

图 16-2　手工标注

### 3. 编辑标注

采用鼠标右键进行标注框的编辑，包括移动、大小调整、删除、标注类别的编辑修改等，如图 16-3 所示。

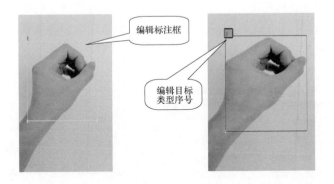

图 16-3　编辑标注

（1）单击鼠标右键某个标注框可以选中该标注框。

（2）采用进行标注框的编辑，包括移动、大小调整。

（3）选中的标注框，通过键盘上的 Delete 键可以删除该标注框。

（4）采用鼠标右键单击标注框左上角的目标类型序号，可以进入目标类型序号编辑状态，然后可以直接在序号编辑框中修改序号。

### 4. 标注数据的保存

标注数据将自动保存到图片所在目录中，如图 16-4 所示。

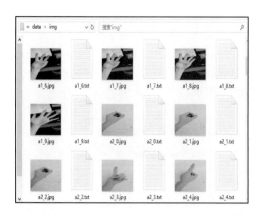 

图 16-4　标注数据的保存

（1）标注数据将自动保存到图片所在目录中，标注数据格式如下：

0  0.208496  0.528646  0.221680  0.671875
0  0.506348  0.569010  0.143555  0.479167
0  0.712402  0.393229  0.106445  0.291667
0  0.894531  0.341146  0.072266  0.218750
0  0.956543  0.319661  0.057617  0.227865
1  0.187988  0.744141  0.360352  0.496094
1  0.483398  0.774740  0.294922  0.432292
1  0.709961  0.545573  0.142578  0.304688
1  0.882812  0.466797  0.087891  0.233073
1  0.954102  0.447266  0.048828  0.175781

（2）自动生成训练配置文件，训练配置文件保存在图片所在目录的上一层目录。

### 16.1.4　视频样本采集

#### 1. 视频文件采集

可以通过手机、相机等拍摄或者从网上获取视频，然后在易标注软件之中打开视频文件，即可以自动将视频图片保存到视频文件之中。自动采集图片并保存到视频所在文件夹的 \data\img 文件夹下，如图 16-5 所示。

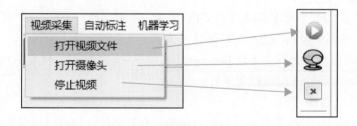

图 16-5　视频文件采集

#### 2. 摄像头视频采集

可以打开摄像头直接进行视频采集。自动采集图片并保存到易标注软件根目录所在的 \data\img 文件夹下。

### 16.1.5　机器学习

**1．Darknet 的选择**

可以实现各种 YOLO 模型的训练，如图 16-6 所示。

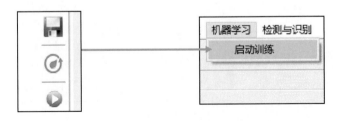

图 16-6　YOLO 模型的训练

易标注软件自带了几个 Darknet 常用版本，包括 GPU 版本、非 GPU 版本、GCC 版本、GCC_MP 版本、GCC_MP_CV 版本。也可以使用用户自己编译的 Darknet，直接在易标注软件界面上的 Darknet 组合框中直接填写 Darknet 全局路径和文件名，如图 16-7 所示。

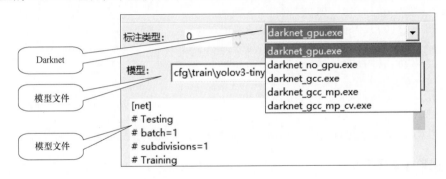

图 16-7　Darknet 版本选择

（1）在训练之前，根据用户计算机配置的实际情况，选择适合的 Darknet 版本。如果计算机带独立显卡并且安装了 CUDA10.0 驱动和运行时库，则可以选择 GPU 版本，训练速度比其他非 GPU 版本快百倍。

（2）如果是多 CPU 计算机但不支持 GPU 版本，则可以选择 GCC_MP 版本。

（3）具体选择哪个版本，用户可以都自己试试，看看哪个版本更适合。

（4）用户也可以自己到网上下载 Darknet 源代码下来自行编译，然后在 Darknet 选择框中输入带全局路径的 Darknet 可执行文件名。

**2．模型文件的选择**

模型列表中列出了常用的易标注软件自带的 CFG 文件。也可以填写其他的用户自己的 CFG 文件。如果采用用户自己的 CFG 文件，则需要采用带全局路径的文件。

CFG 文件包括的内容比较多，每一项的具体功能，以及 CFG 文件的编译与配置，可以参考网上的资料或者 YOLO 模型官方资料。

**3．模型文件的修改**

（1）classes 修改：

把 classes＝80 修改为：

```
classes＝4
```

（2）filters 计算。YOLOv2 的最后一层 filters 计算方法：

```
filters＝30  //修改最后一层卷积层核参数个数，计算公式是依旧自己数据的类别数 filter＝
num×(classes ＋ coords ＋ 1)＝5×(1+4+1)＝30
```

例如：

```
classes＝80
coords＝4
```

设置：

```
filters＝425
```

YOLOv3 的最后一层 filters 计算方法：

```
filters＝18//每一个[region/YOLO]层前的最后一个卷积层中的 filters＝num(YOLO 层个数)×
(classes+5)，5 的意义是 5 个坐标，为论文中的 tx、ty、tw、th、to。
num＝3
```

例如：

```
classes＝80
filters＝255

如果 classes＝4
filters＝27
```

（3）Anchor 修改。Anchor 的大小使用 K-Means 聚类得出。在 COCO 数据集上的 9 个 Anchor 大小分别为：（10×13）；（16×30）；（33×23）；（30×61）；（62×45）；（59×119）；（116×90）；（156×198）；（373×326）。

其中在 YOLOv3 中，最终有 3 个分支输出做预测，输出的特征图大小分别为 13×13，26×26，52×52，每个特征图使用 3 个 Anchor：

13×13 的特征图使用（116×90）；（156×198）；（373×326）；这 3 个 Anchor。

26×26 的特征图使用（30×61）；（62×45）；（59×119）；这 3 个 Anchor。

52×52 的特征图使用（10×13）；（16×30）；（33×230；这 3 个 Anchor。

而在 YOLOv3-tiny 中，一共有 6 个 ancho：（10，14），（23，27），（37，58），（81，82），（135，169），（344，319）。YOLOv3-tiny 最终有 2 给分支输出做预测，特征图大小分别为 13×13，26×26。每个特征图使用 3 个 Anchor 做预测。

13×13 的特征图使用（81，82），（135,169），（344，319）这 3 个 Anchor。

26×26 的特征图使用（23，27），（37,58），（81，82）这 3 个 Anchor。

4. 模型文件的训练

模型文件训练与测试时的不同，主要在 batch 和 subdivisions 两个参数上。batch 的值的含义是，每 batch 个样本更新一次参数。subdivisions 的值的含义是，如果内存不够大，将 batch 分割为 subdivisions 个子 batch，每个子 batch 的大小为 batch/subdivisions。在 darknet 代码中，会将 batch/subdivisions 命名为 batch。

训练时采用 YOLOv2-tiny.cfg：

```
# Testing
# batch=1
# subdivisions=1
# Training
batch=8
subdivisions=2
```

计算和设置 Anchors 值：

采用 gen_Anchors.py 生成 Anchors 值。

YOLOv2-tiny-test.cfg 测试时采用：

```
# Testing
batch=1
subdivisions=1
# Training
# batch=8
# subdivisions=2
```

### 16.1.6 自动标注

（1）启动自动标注。完成前面的训练之后，就可以进行自动或者半自动的标注。通过自动标注菜单里的前一个图片、后一个图片菜单，可以启动自动标注，如图 16-8 所示。

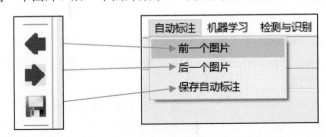

图 16-8 启动自动标注

（2）自动标注。在切换到前一个或者后一个图片之前，需要单击工具条上的保存按钮，或者自动标注菜单里的保存自动标注，可以保存自动标注。需要特别注意的是：手动标注会自动保存，自动标注需要手动保存确认。

（3）自动标注的编辑。自动标注的效果不一定准确，因此需要手动进行细节的调整或者手机增加、删减标注框。自动标注时，标注使用的命令以及识别输出的结果在主界面右下边的编辑框中可以看出来，如图 16-9 所示。

### 16.1.7 检测与识别

（1）启动检测与识别。训练之后就可以进行自动或者半自动的标注。通过检测与识别菜单里的图片文件检测、视频文件检测、摄像头视频检测菜单，可以启动检测与识别，如图 16-10 所示。

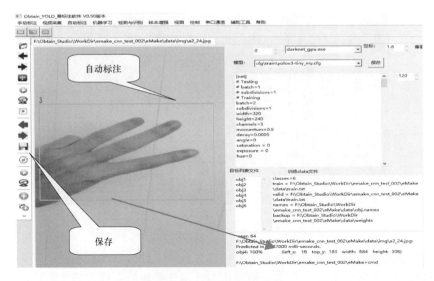

图 16-9 自动标注的编辑

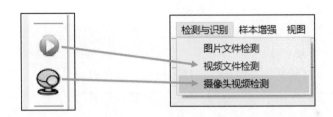

图 16-10 启动检测与识别

（2）图片文件检测。打开 JPG、PNG 或者 BMP 等图片，可以进行图片文件的检测，如图 16-11 所示。

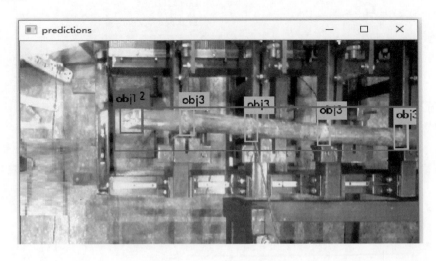

图 16-11 图片文件检测

（3）视频文件检测。打开视频文件，可以进行视频文件的检测，如图 16-12 所示。

图 16-12　视频文件检测

（4）摄像头视频检测。摄像头视频检测与打开视频文件检测过程相同。只支持第 0 个摄像头的视频检测，如果计算机上有多个摄像头并且需要检测的摄像头编号不是 0 号，则需要把该摄像头之前的其他摄像头都暂时禁用。

### 16.1.8　标本增强

#### 1. 图片增强的基本功能

可以对已经标注过的某一个图片进行样本增强，也可以对某一个文件夹下的所有已经标注过的样本进行增强。包括平移、缩放、颜色、翻转、旋转等几何变换和像素变化，以及包括了 Mixup 多样本合成等图片融合。

图片增强包括当前图片增强和目录下所有图片增强，如图 16-13 所示。

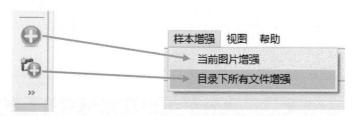

图 16-13　图片增强方式

#### 2. 图片增强的操作过程

选择需要增强的数量，也就是要新生成的图片数量，如图 16-14 所示。

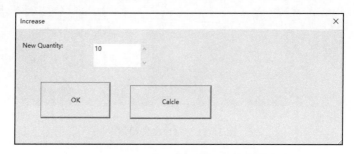

图 16-14　图片增强操作界面

新生成的图片保存在当前图片目录的上一级目录的 increase 子目录下，如图 16-15 所示。

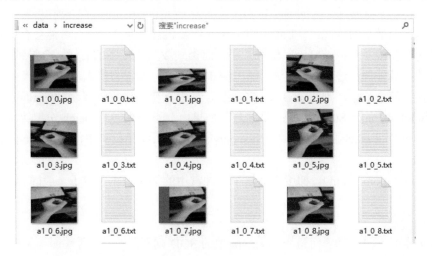

图 16-15　新生成的图片

新生成的图片列表也会自动添加到训练图片列表文件 train.txt 之中。

## 16.2　YOLO 网络配置参数

### 16.2.1　YOLO 网络配置参数介绍

（1）Batch_Size。每个 Batch_Size 样本更新一次参数。Batch_Size 是批尺寸，该参数主要用于批梯度下降算法（Batch Gradient Descent）中，批梯度下降算法是每次迭代都遍历批中的所有样本，由批中的样本共同决定最优的方向，Batch_Size 正是批中的样本数量。

若数据集比较小，可以采用全数据集（Full Batch Learning）的形式，由全数据确定的方向能更好地代表样本总体，从而更准确地朝向极值所在的方向；但该种方式并不适用于大数据集。

另一个极端是每次只训练一个样本，即 Batch_Size＝1，每次修正方向以各自样本的梯度方向修正，相当于"横冲直撞，各自为政"，所以难以达到收敛。

在合理范围内增大 Batch_Size：

1）提高内存利用率，进而提高大矩阵乘法的并行效率。

2）跑完一次 epoch（全数据集）所需的迭代次数减少，对于相同数据量的处理速度进一步加快。

3）在一定范围内，一般来说 Batch_Size 越大，其确定的下降方向越准，引起的训练振荡越小。

盲目增大 Batch_Size 的坏处：

1）超出内存容量。

2）跑完一次 epoch（全数据集）所需的迭代次数减小，要想达到相同的精度，所需要的 epoch 数量越多，对参数的修正更加缓慢。

3）Batch_Size 增大到一定程度，其确定的下降方向已经基本不再变化。

Batch_Size 参数调试：大的 Batch_Size 在显存能允许的情况下收敛速度是比较快的，但有时会陷入局部最小的情况；小 Batch_Size 引入的随机性会更大些，有可能会有更好的效果，但是收敛速度会慢一些；当 Batch_Size 太小，而类别数又比较多的时候，会导致 loss 函数振荡而不收敛。具体调试过程中，一般可根据 GPU 显存，设置为最大，而且一般要求是 8 的倍数，选择一部分数据，跑几个 Batch 看看 loss 是否在变小，再选择合适的 Batch_Size。

（2）Subdivisions。Subdivisions 是细分，如果内存不够大，将 batch 分割为 subdivisions 个子 batch，每个子 batch 的大小为 batch/subdivisions。Darknet 代码中，是将 batch/subdivisions 命名为 batch。

（3）冲量（momentum）。梯度下降法中一种常用的加速技术，对于一般的 SGD，其表达式为：

$$x \leftarrow x - \alpha * dx$$

沿着负梯度方向下降，而带 momentum 项的 SGD 则写成：

$$v = \beta * v - a * dx$$

其中是 momentum 系数，通俗的理解上面的式子就是，如果上一次的 momentum 与这一次的负梯度方向是相同的，那么这次下降的幅度就会加大，因此可以起到加速收敛的作用，冲量的建议配置为 0.9。

（4）权值衰减（weight decay）。使用权值衰减的目的是防止过拟合，当网络逐渐过拟合时网络权值往往会变大，因此，为了避免过拟合，在每次迭代过程中以某个小因子降低每个权值，也等效于给误差函数添加一个惩罚项，常用的惩罚项是所有权重的平方乘以一个衰减常量之和。权值衰减惩罚项使得权值收敛到较小的绝对值。

（5）Angle、saturation、exposure、hue。在每次迭代中，会基于角度、饱和度、曝光、色调产生新的训练图片。

1）Angle：图片角度变化，单位为度（°），假如 angle＝5，就是生成新图片的时候随机旋转−5°~5°；

2）saturation & exposure：饱和度与曝光变化大小，tiny-yolo-voc.cfg 中 1~1.5 倍，以及 1/1.5~1 倍；

3）hue：色调变化范围，tiny-yolo-voc.cfg 中−0.1~0.1。

（6）学习率（learning rate）。学习率决定了参数移动到最优值的速度快慢，如果学习率过大，很可能会越过最优值导致函数无法收敛，甚至发散；反之，如果学习率过小，优化的效率可能过低，算法长时间无法收敛，也易使算法陷入局部最优（非凸函数不能保证达到全局最优）。合适的学习率应该是在保证收敛的前提下，能尽快收敛。

设置较好的学习率，需要不断尝试。在一开始的时候，可以将其设大一点，这样可以使 weights 快一点发生改变，在迭代一定的 epochs 之后人工减小学习率。

在 YOLO 训练中，网络训练 160epoches，初始学习率为 0.001，在 60 和 90epochs 时将学习率除以 10。

（7）Burn_in。Burn_in 与学习率的动态变化有关。Yolo network.c 中出现的代码：

```
if (batch_num < net.burn_in) return net.learning_rate * pow ((float) batch_num /
net.burn_in, net.power);
```

（8）最大迭代次数（max_batches）。最大迭代次数指权重更新次数。

（9）调整学习率的策略（policy）。调整学习率的 policy，有如下策略：CONSTANT，STEP，EXP，POLY，STEPS，SIG，RANDOM。

（10）学习率变化时的迭代次数（steps）。根据 batch_num 调整学习率，若 steps＝100，25000，35000，则在迭代 100 次，25000 次，35000 次时学习率发生变化，该参数与 policy 中的 steps 对应。

（11）学习率变化的比率（scales）。学习率变化的比率指相对于当前学习率的变化比率，累计相乘，与 steps 中的参数个数保持一致。

（12）是否做 BN-batch_normalize。假设输入 m-size 的 batch 样本 $x$，对其中的所有特征都做如下处理：

$$\begin{cases} \hat{x}=\dfrac{x-\bar{x}}{\sqrt{\mathrm{var}(x)}} & \text{std} \cdot \text{normalize} \\ BN(x)=\gamma\hat{x}+\beta & \text{scale} \cdot \text{shif}t \end{cases}$$

其中 $\bar{x}=\dfrac{1}{m}\sum\limits_{i=1}^{m}x_i$；$\mathrm{var}(x)=\dfrac{1}{m}\sum\limits_{i=1}^{m}(x_i-\bar{x})^2$。

（13）激活函数（activation）。激活函数包括 logistic，loggy，relu，elu，relie，plse，hardtan，lhtan，linear，ramp，leaky，tanh，stair。

（14）［route］层。路由层将从网络的早期引入更细粒度的特性。

（15）［passthrough］和［shortcut］层。［passthrough］和［shortcut］层用于实现残差网络，YOLOv2 采用［shortcut］层，YOLOv3 采用［shortcut］层。

（16）［reorg］层和［yolo］层。reorg 层是 YOLOv1-v2 采用的输出层，为了使这些特性与后一层的特性映射大小相匹配；最终特性映射为 13×13，前一层的特性映射为 26×26×512。reorg 层将 26×26×512 功能图映射到 13×13×2048 功能图上，以便它可以与 13×13 分辨率的功能图相连接。YOLOv3 采用［yolo］层代替［reorg］层。

（17）Anchors。Anchors：预测框的初始宽高，第一个是 w，第二个是 h，总数量是 num×2，YOLOv2 说 Anchors 是使用 K-Means 获得，其实就是计算出哪种类型的框比较多，可以增加收敛速度，如果不设置 Anchors，默认是 0.5。

（18）jitter。jitter 是通过抖动增加噪声来抑制过拟合。

（19）rescore。rescore 可理解为一个开关，非 0 时通过重打分来调整 l.delta（预测值与真实值的差）。

（20）random（yolo 模型训练）。random 为 1 时会启用 Multi-Scale Training，随机使用不同尺寸的图片进行训练，如果为 0，每次训练大小与输入大小一致。是否随机确定最后的预测框。random 为 1 时，占用的内存特别大，经常会出现内在溢出现象。因此，一般情况下，需要把 random 设置为 0。

（21）几个尺寸说明。

1）iteration：1 个 iteration 等于使用 Batch-size 个样本训练一次。

2）epoch：1 个 epoch 等于使用训练集中的全部样本训练一次。

（22）训练 log 中各参数的意义。

1）Region Avg IOU：平均的 IOU，代表预测的 bounding box 和 ground truth 的交集与并

集之比，期望该值趋近于 1。

2）Class：是标注物体的概率，期望该值趋近于 1。

3）Obj：期望该值趋近于 1。

4）No Obj：期望该值越来越小但不为零。

5）Avg Recall：期望该值趋近 1。

6）avg：平均损失，期望该值趋近于 0。

## 16.2.2 YOLOv3 参数实例

### 1. YOLOv3 配置参数

典型的 YOLOv3 配置参数代码如下：

```
[net]
# Testing
# batch=1
# subdivisions=1
# Training
batch=64
subdivisions=16
# 一批训练样本的样本数量，每 batch 个样本更新一次参数
# batch/subdivisions 作为一次性送入训练器的样本数量
# 如果内存不够大，将 batch 分割为 subdivisions 个子 batch
# 如果计算机内存小，则把 batch 改小一点，batch 越大训练效果越好
# subdivisions 越大，可以减轻显卡压力
width=608
height=608
channels=3
# 以上三个参数为输入图像的参数信息 width 和 height 影响网络对输入图像的分辨率，从而影响
precision，只可以设置成 32 的倍数
# 动量 DeepLearning1 中最优化方法中的动量参数，这个值影响着梯度下降到最优值的速度
momentum=0.9
# 权重衰减正则项，防止过拟合
decay=0.0005
# 通过旋转角度来生成更多训练样本
angle=0
# 通过调整饱和度来生成更多训练样本
saturation = 1.5
# 通过调整曝光量来生成更多训练样本
exposure = 1.5
# 通过调整色调来生成更多训练样本
hue=.1
# 学习率决定着权值更新的速度，设置得太大会使结果超过最优值，太小会使下降速度过慢。如果仅
靠人为干预调整参数，需要不断修改学习率。刚开始训练时可以将学习率设置得高一点，而一定轮数之后，
将其减小在训练过程中，一般根据训练轮数设置动态变化的学习率。
# 刚开始训练时：学习率以 0.01 ～ 0.001 为宜。一定轮数过后：逐渐减缓。
# 接近训练结束：学习速率的衰减应该在 100 倍以上。
```

```
# 学习率的调整参考 https://blog.csdn.net/qq_33485434/article/details/80452941
learning_rate＝0.001


# 在迭代次数小于 burn_in 时，其学习率的更新有一种方式，大于 burn_in 时，才采用 policy
的更新方式
burn_in＝1000


# 训练达到 max_batches 后停止学习
max_batches ＝ 500200


# 这个是学习率调整的策略，有 policy:constant, steps, exp, poly, step, sig, RANDOM,
constant 等方式
policy＝steps


# 下面这两个参数 steps 和 scale 是设置学习率的变化，比如迭代到 40000 次时，学习率衰减十倍。
# 45000 次迭代时，学习率又会在前一个学习率的基础上衰减十倍
steps＝400000, 450000
# 学习率变化的比例，累计相乘
scales＝.1, .1


[convolutional]
batch_normalize＝1
filters＝32
size＝3
stride＝1
pad＝1
activation＝leaky


# Downsample
[convolutional]
batch_normalize＝1
filters＝64
size＝3
stride＝2
pad＝1
activation＝leaky
（省略……）


[convolutional]
batch_normalize＝1
size＝3
stride＝1
pad＝1
filters＝256
activation＝leaky


[convolutional]
```

```
size=1
stride=1
pad=1

# 每一个[region/yolo]层前的最后一个卷积层中的 filters=num(yolo层个数)*(classes+5)
# 5 的意义是 5 个坐标，论文中的 tx, ty, tw, th, to
filters=255
activation=linear

# 在 yoloV2 中 yolo 层叫 region 层
[yolo]
mask = 0, 1, 2
```

```
# Anchors是可以事先通过cmd指令计算出来的，是和图片数量、width, height 以及 cluster(应
该就是下面的 num 的值，即想要使用的 Anchors 的数量)相关的预选框，可以手工挑选，也可以通过 K-
Means  从训练样本中学出
Anchors = 10, 13,   16, 30,   33, 23,   30, 61,   62, 45,   59, 119,   116, 90,
156, 198,   373, 326
classes=80
```

```
# 每个 grid cell 预测几个 box，和 Anchors 的数量一致。当想要使用更多 Anchors 时需要调大
num,
# 且如果调大 num 后训练时 Obj 趋近 0 的话可以尝试调大 object_scale
num=9
```

```
# 利用数据抖动产生更多数据，YOLOv2 中使用的是 crop, filp, 以及 net 层的 angle, flip
是随机的，
# jitter 就是 crop 的参数，tiny-yolo-voc.cfg 中 jitter=.3，就是在 0～0.3 中进行 crop
jitter=.3
# 参与计算的 IOU 阈值大小。当预测的检测框与 ground true 的 IOU 大于 ignore_thresh 的时
候，参与 loss 的计算，否则，检测框的不参与损失计算。
# 参数目的和理解：目的是控制参与 loss 计算的检测框的规模，当 ignore_thresh 过大，接近于 1
的时候，那么参与检测框回归 loss 的个数就会
# 比较少，同时也容易造成过拟合；而如果 ignore_thresh 设置得过小，那么参与计算的会数量规
模就会很大。同时也容易在进行检测框回归的时候造成欠拟合。
# 参数设置：一般选取 0.5～0.7 之间的一个值，之前的计算基础都是小尺度(13×13)用的是 0.7,
(26×26)用的是 0.5。这次先将 0.5 更改为 0.7。
# 参考：https://www.e-learn.cn/content/qita/804953
ignore_thresh = .7
truth_thresh = 1
```

```
# 为 1 打开随机多尺度训练，为 0 则关闭
random=1
```

2. Anchors 参数的设置

Anchors 参数的计算采用 AlexeyAB 版本 Darknet 自带的 gen_Anchors.py 来生成，代码下载地址：

https://git hub.com/AlexeyAB/darknet/blob/master/scripts/gen_Anchors.py。

Anchors 参数计算方法采用 K-Means 算法，K-Means 是最简单的聚类算法之一，应用十分广泛，K-Means 以距离作为相似性的评价指标，其基本思想是按照距离将样本聚成不同的簇，两个点的距离越近，其相似度就越大，以得到紧凑且独立的簇作为聚类目标。

K-Means 算法又名 $k$ 均值算法。其算法思想大致为：先从样本集中随机选取 $k$ 个样本作为簇中心，并计算所有样本与这 $k$ 个簇中心的距离，对于每一个样本，将其划分到与其距离最近的簇中心所在的簇中，对于新的簇计算各个簇的新的簇中心。

根据以上描述，实现 K-Means 算法的主要三点：

（1）簇个数 $k$ 的选择；

（2）各个样本点到簇中心的距离；

（3）根据新划分的簇，更新簇中心。

K-Means 算法是一种无监督分类算法，假设数据集：

$$X = \begin{bmatrix} x^{(1)} \\ x^{(2)} \\ \vdots \\ x^{(m)} \end{bmatrix}$$

该算法的任务是将数据集聚类成 $k$ 个簇 $C = C_1$，$C_2$，$\cdots$，$C_k$，最小化损失函数为：

$$E = \sum_{i=1}^{k} \sum_{x \in C_i} \|x - \mu_i\|^2$$

其中 $\mu_i$ 为簇 $C_i$ 的中心点：

$$\mu_i = \frac{1}{|C_i|} \sum_{x \in C_i} x$$

要找到以上问题的最优解，需要遍历所有可能的簇划分，K-Means 算法使用贪心策略求得一个近似解，具体步骤如下：

（1）在样本中随机选取 $k$ 个样本点充当各个簇的中心点 $\{\mu_1$，$\mu_2$，$\cdots$，$\mu_k\}$；

（2）计算所有样本点与各个簇中心之间的距离 $\text{dist}(x^{(i)}, \mu_j,)$，然后把样本点划入最近的簇中 $x^{(i)} \in \mu_{nearest}$；

（3）根据簇中已有的样本点，重新计算簇中心：

$$\mu_i = \frac{1}{|C_i|} \sum_{x \in C_i} x$$

重复（2）、（3）。

为什么 YOLOv2 和 YOLOv3 的 Anchor 大小有明显区别？在 YOLOv2 中，用最后一层特征图的相对大小来定义 Anchor 大小。也就是说，在 YOLOv2 中，最后一层特征图大小为 13×13，相对的 Anchor 大小范围就在（0×0，13×13），如果一个 Anchor 大小是 9×9，那么其在原图上的实际大小是 288×288。而在 YOLOv3 中，改用相对于原图的大小来定义 Anchor，Anchor 的大小为（0×0, input_w x input_h）。所以，在两份 cfg 配置文件中，Anchor 的大小有明显的区别。

# 16.3　Obtain_YOLO_eMake 应用练习

### 16.3.1　练习的目标

（1）拍摄一些能用于目标识别的视频，例如拍一些水果进行水果识别，拍一些花草进行花草识别，拍一些虫子进行虫子识别，拍食堂的菜进行菜品识别，拍 1min 以上 10min 以下。

（2）采用 Obtain_YOLO_易标注软件进行识别的训练。

### 16.3.2　启动 Obtain_YOLO_eMake 的方法

（1）直接启动 Obtain_Studio 软件 Obtain_YOLO_eMake 子目录下的"Obtain_YOLO_eMake.exe"启动 Obtain_YOLO_eMake 软件。

（2）在 Obtain_Studio 主界面里，采用"\Obtain_YOLO_eMake 项目\eMake 演示模板"或者"\Obtain_YOLO_eMake 项目\eMake 空模板"创建 Obtain_YOLO_eMake 项目。两个模板的区别是，演示模板自己带的一个简单的训练用图片，可以直接进行演示。

### 16.3.3　Obtain_YOLO_eMake 三类子项目

Obtain_YOLO_eMake 项目里，包含了三类子项目：eMake、安卓、K210 子项目。

（1）打开 eMake 子项目的方法：在 Obtain_Studio 主界面里通过"文件—打开项目"菜单，选择"ch16_eMake_001.prj"文件来打开 Obtain_YOLO_eMake 项目的 eMake 子项目。单击 Obtain_Studio 主界面工具栏上的运行按钮（绿色三角图标），可以启动 Obtain_YOLO_eMake 软件。

（2）打开安卓子项目的方法：在 Obtain_Studio 主界面里通过"文件—打开项目"菜单，选择"ch16_eMake_001.prj"文件来打开 Obtain_YOLO_eMake 项目的安卓子项目。

（3）打开 K210 子项目的方法：在 Obtain_Studio 主界面里通过"文件—打开项目"菜单，选择"ch16_eMake_001.prj"文件来打开 Obtain_YOLO_eMake 项目的 K210 子项目。

基于RISC-V的人工智能应用开发

# 第17章

# YOLO 网络结构分析

## 17.1 YOLOv1 网络结构

### 17.1.1 YOLOv1 网络结构介绍

YOLOv1 采用卷积网络来提取特征，然后使用全连接层来得到预测值。网络结构参考 GooLeNet 模型，包含 24 个卷积层，卷积层之后是两个全连接层，并用 $1\times1$ 卷积层降低了来自以前的层的特征空间。预训练 ImageNet 分类任务的卷积层，训练数据为一半分辨率，即为 $224\times224$ 输入数据，之后再将图像改为 $448\times448$ 的大小，作为输入数据。YOLOv1 的网络结构示意图如图 17-1 所示。

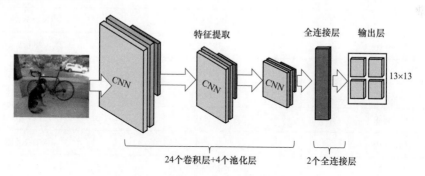

图 17-1　YOLOv1 的网络结构示意图

YOLOv1 检测网络包括 24 个卷积层和 2 个全连接层，如表 17-1 所示。其中，卷积层用来提取图像特征，全连接层用来预测图像位置和类别概率值。采用了多个下采样层，网络学到的物体特征并不精细，因此也会影响检测效果。YOLOv1 网络借鉴了 GoogLeNet 分类网络结构。不同的是，YOLOv1 未使用初始模块（Inception Module），而是使用 $1\times1$ 卷积层（此处 $1\times1$ 卷积层的存在是为了跨通道信息整合）+$3\times3$ 卷积层简单替代。

表 17-1 YOLO 网络列表

| 名　　称 | 过滤器 | 输出尺寸 |
|---|---|---|
| Conv 1 | $7\times7\times64$，stride＝2 | $224\times224\times64$ |

| 名　　称 | 过滤器 | 输出尺寸 |
|---|---|---|
| Max Pool 1 | 2×2，stride＝2 | 112×112×64 |
| Conv 2 | 3×3×192 | 112×112×192 |
| Max Pool 2 | 2×2，stride＝2 | 56×56×192 |
| Conv 3 | 1×1×128 | 56×56×128 |
| Conv 4 | 3×3×256 | 56×56×256 |
| Conv 5 | 1×1×256 | 56×56×256 |
| Conv 6 | 1×1×512 | 56×56×512 |
| Max Pool 3 | 2×2，stride＝2 | 28×28×512 |
| Conv 7 | 1×1×256 | 28×28×256 |
| Conv 8 | 3×3×512 | 28×28×512 |
| Conv 9 | 1×1×256 | 28×28×256 |
| Conv 10 | 3×3×512 | 28×28×512 |
| Conv 11 | 1×1×256 | 28×28×256 |
| Conv 12 | 3×3×512 | 28×28×512 |
| Conv 13 | 1×1×256 | 28×28×256 |
| Conv 14 | 3×3×512 | 28×28×512 |
| Conv 15 | 1×1×512 | 28×28×512 |
| Conv 16 | 3×3×1024 | 28×28×1024 |
| Max Pool 4 | 2×2，stride＝2 | 14×14×1024 |
| Conv 17 | 1×1×512 | 14×14×512 |
| Conv 18 | 3×3×1024 | 14×14×1024 |
| Conv 19 | 1×1×512 | 14×14×512 |
| Conv 20 | 3×3×1024 | 14×14×1024 |
| Conv 21 | 3×3×1024 | 14×14×1024 |
| Conv 22 | 3×3×1024，stride＝2 | 7×7×1024 |
| Conv 23 | 3×3×1024 | 7×7×1024 |
| Conv 24 | 3×3×1024 | 7×7×1024 |
| FC 1 | — | 4096 |
| FC 2 | — | 7×7×30（1470） |

对于卷积层，主要使用 1×1 卷积来实现降维，然后紧跟 3×3 卷积。对于卷积层和全连接层，采用 Leaky ReLU 激活函数：max（x，0）。最后一层采用线性激活函数。最后一层有 7×7＝49 个输出，每一个输出是 30 维，其中 30＝20（分类）＋5×2（回归）。30 维向

量＝20 个对象的概率＋2 个边框×4 个坐标＋2 个边框的置信度。

### 17.1.2　YOLOv1 网络的输出

YOLOv1 网络的输出如下：

（1）首先将图像划分成 7×7 的网格。

（2）每个网格预测 2 个框（Bouding 框），每个框包含 5 个预测量，以及 20 个类别概率，总共输出 7×7×（2×5＋20）＝1470 个张量。

（3）根据上一步可以预测出 7×7×2＝98 个目标窗口，然后根据阈值去除可能性比较低的目标窗口，再由 NMS 去除冗余窗口即可。

YOLOv1 网络最后一层得到的 7×7×30 特征图，代表的是最后的输出，代表一共有 49 个 cell，每个 cell 拥有 30 个值，其中有 20 个值为类别概率值，即该 cell 检测出来的属于某类物体的概率。而剩下的 10 个值可以分成两部分，分别代表 cell 两个边界框各自的参数部分。取一个 cell 来看，一个 cell 有 30 个元素，如图 17-2 所示。

如果网格里没有物体存在，则 Pr（目标）＝0，存在的意思是指物体的 ground truth 中心点在这个 cell 里面。一个网格里面虽然有两个边界框，但是它们共享同一组分类概率，因此一个 cell 只能识别同一个物体。

边界框的大小和位置用 4 个值来表示：（x，y，w，h），其中（x，y）是边界框的中心坐标，w 和 h 是边界框的宽与高。（x，y）是相对于每个单元格左上角坐标点偏移值，并且单位是相对于单元格大小的，而 w 和 h 预测值是相对于整个图片的宽和高的比例，这样理论上 4 个元素的大小在［0，1］范围内，而且每个边界框

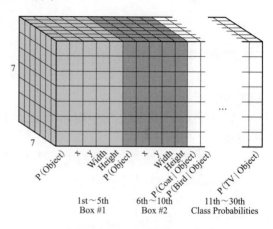

图 17-2　7×7×30 cell 结构

的预测值实际上包含 5 个元素：（x，y，w，h，c）。前四个元素表征边界框的大小和位置，最后一个值是置信度。

### 17.1.3　YOLOv1 损失函数

YOLOv1 损失函数计算方法如图 17-3 所示。

只有当某个网格中有目标的时候才对分类错误进行惩罚。只有当某个框预测器对某个真实框负责的时候，才会对框的坐标误差进行惩罚，而对哪个真实框负责就看其预测值和真实框的 IoU 是不是在那个 cell 的所有框中最大。

损失函数的设计目标就是让坐标（x，y，w，h）、可信度、分类这个三个方面达到很好的平衡。如果全部采用了误差平方和损失来做这件事会有以下不足：

（1）8 维的定位误差和 20 维的分类错误同等重要显然是不合理的。

（2）如果一个网格中没有目标（一幅图中这种网格很多），那么就会将这些网格中的框的可信度降到 0，相比于较少的有目标的网格，这种做法是不足的，这会导致网络不稳定甚至发散。

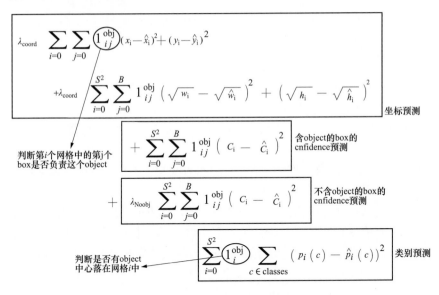

图 17-3　YOLOv1 计算损失函数计算方法

解决方案如下：

（1）更重视 8 维的坐标预测，给这些损失前面赋予更大的损失权重，记为 $\lambda_{\text{coord}}$，在 pascal VOC 训练中取 5。

（2）对没有目标的框的可信度损失，赋予小的损失权重，记为 $\lambda_{\text{coord}}$，在 pascal VOC 训练中取 0.5。

（3）有目标的框的可信度损失和类别的损失权重正常取 1。

损失函数设计如图 17-4 所示。

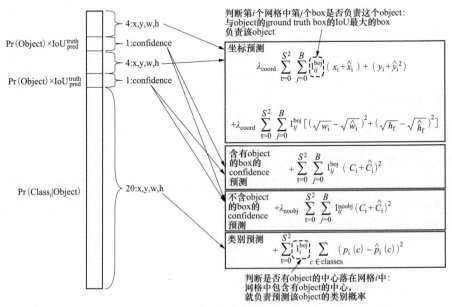

图 17-4　损失函数设计

对不同大、小目标框预测中，相比于大框预测偏一点，小框预测偏一点更不能忍受。而

平方和误差损失中对同样的偏移损失是一样。为了缓和这个问题，YOLOv1 用了一个比较巧
妙的办法，就是将框的宽和高取平方根
代替原本的高和宽。小框的横轴值较小，
发生偏移时，反映到 y 轴上的损失比大
框要大，如图 17-5 所示。

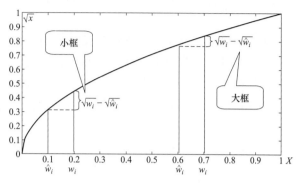

　　一个网格预测多个边界框，在训练
时希望每个目标（真实框）只有一个边
界框专门负责（一个目标一个框）。具体
做法是与真实框（目标）的 IoU 最大的
边界框负责该真实框（目标）的预测，
这种做法称作边界框预测器的专职化
（specialization）。通过训练，每个预测器

图 17-5　不同大小预测

会对特定（纵横比或分类目标）的真实框预测得越来越好。

### 17.1.4　YOLOv1 存在的问题

　　（1）YOLOv1 输出是 30 个 7×7 网络特征图，网络比较粗，对于小目标的检测精度比较差。
　　（2）检测的问题，用的全连接层，这样完全把物体的定位信息给打破了，7×7 可以映射
图像的像素区域，经过全连接层这样的映射关系完全就没有了，所以 YOLOv1 是希望用 1 位
全连接层来分析出物体的位置信息，但实际上很难。
　　（3）YOLOv1 使用了端到端的回归方法，没有区域建议分析步骤，直接回归便完成了位
置和类别的判定，也造成 YOLOv1 在目标定位上不那么精准，直接导致 YOLOv1 的检测精
度并不是很高。

## 17.2　YOLOv2 网络原理

### 17.2.1　YOLOv2 网络结构

　　YOLOv2 提出了一种新的分类模型 Darknet-19，借鉴了很多其他网络的设计概念，主要
使用 3×3 卷积并在池化之后通道数加倍（VGG）。全局平均值池化替代全连接做预测分类，
并在 3×3 卷积之间使用 1×1 卷积压缩特征表示。使用批量归一化来提高稳定性，加速收敛，
对模型正则化。YOLOv2 网络结构示意图如图 17-6 所示。

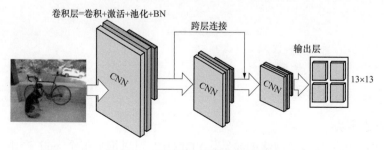

图 17-6　YOLOv2 网络结构示意图

　　YOLOv2 采用了新的网络模型 Darknet-19，共 32 层。结构比较常规，包含一些卷积和最大池化，其中有一些 1×1 卷积，采用 GoogLeNet 一些微观的结构。其中要留意的是，第 25层和 28 层有一个 route 层。

　　例如第 28 层的 route 层是（27，24），即把 27 层和 24 层合并到一起输出到下一层，route层的作用是进行层的合并。30 层输出的大小是 13×13，是指把图片通过卷积或池化，最后缩小到一个 13×13 大小的格。每一个格子的输出参数是 125。所以最后输出的参数一共是13×13×125。YOLOv2 32 层的内容如下：

```
0 conv 32 3×3/1416×416×3→416×416×32
1 max 2×2/2416×416×32→208×208×32 //池化，缩小特征图片大小 size=2, stride=2
2 conv 64 3×3/1208×208×32→208×208×64 //卷积，增加通道数
3 max 2×2/2208×208×64→104×104×64 池化，缩小特征图片大小
4 conv 128 3×3/1104×104×64→104×104×128 //卷积，增加通道数
5 conv 64 1×1/1104×104×128→104×104×64 //1×1 的卷积，在不改变图片尺寸的基础上改变
图片通道数
6 conv 128 3×3/1104×104×64 → 104×104×128
7 max 2×2/2104×104×128 → 52×52×128
8 conv 256 3×3/152×52×128 → 52×52×256
9 conv 128 1×1/152×52×256 → 52×52×128
10 conv 256 3×3/152×52×128 → 52×52×256
11 max 2×2/252×52×256 → 26×26×256
12 conv 512 3×3/126×26×256 → 26×26×512
13 conv 256 1×1/126×26×512 → 26×26×256
14 conv 512 3×3/126×26×256 → 26×26×512
15 conv 256 1×1/126×26×512 → 26×26×256
16 conv 512 3×3/126×26×256 → 26×26×512
17 max 2×2/226×26×512 → 13×13×512
18 conv 1024 3×3/113×13×512 → 13×13×1024
19 conv 512 1×1/113×13×1024 → 13×13×512
20 conv 1024 3×3/113×13×512 → 13×13×1024
21 conv 512 1×1/113×13×1024 → 13×13×512
22 conv 1024 3×3/113×13×512 → 13×13×1024
23 conv 1024 3×3/113×13×1024 → 13×13×1024
24 conv 1024 3×3/113×13×1024 → 13×13×1024
25 route 16
26 conv 64 1×1/126×26×512→26×26×64
27 reorg /226×26×64→13×13×256
28 route 27 24
29 conv 1024 3×3/113×13×1280→13×13×1024
30 conv 60 1×1/113×13×1024→13×13×60
31 detection
```

## 17.2.2　YOLOv2 网络主要特点

### 1. 去掉全连接层

去掉全连接层大大减少了网络的参数，YOLOv2 可以增加每个 cell 产生边界框以及每

个边界框能够单独对应一组类别概率的原因。

并且，网络下采样是 32 倍，这样也使得网络可以接收任意尺寸的图片，所以 YOLOv2 有了多尺度训练的改进：输入图片缩放到不同的尺寸（默认选用 320，352，…，608 十个尺寸，下采样 32 倍对应 $10 \times 10 \sim 19 \times 19$ 的特征图）。每训练 10 个 epoch，将图片重新调整大小到另一个不同的尺寸再训练。这样一个模型可以适应不同的输入图片尺寸，输入图像大（$608 \times 608$）、精度高速度稍慢，输入图片小（$320 \times 320$）精度稍低速度快，增加了模型对不同尺寸图片输入的鲁棒性。

2. BN 层

在每个卷积层后面都加入一个 BN 层，并不再使用 Droput 层。这样提升模型收敛速度，而且可以起到一定正则化效果，降低模型的过拟合。

3. 采用跨层连接

YOLOv2 的输入图片大小为 $416 \times 416$，经过 5 次 max 池化（下采样 32 倍）之后得到 $13 \times 13$ 大小的特征图，并以此特征图采用卷积做预测。这样会导致小的目标物体经过 5 层 max 池化之后特征基本没有了。

所以 YOLOv2 引入转移层（Passthrough Layer），如图 17-7 所示，前面的特征图维度是后面的特征图的 2 倍，转移层抽取前面层的每个 $2 \times 2$ 的局部区域，然后将其转化为通道维度，对于 $26 \times 26 \times 512$ 的特征图，经转移层处理之后就变成了 $13 \times 13 \times 2048$ 的新特征图，这样就可以与后面的 $13 \times 13 \times 1024$ 特征图连接在一起，形成 $13 \times 13 \times 3072$ 大小的特征图，然后在此特征图基础上卷积做预测。YOLO 借鉴了 ResNet 网络，不是直接对高分辨特征图处理，而是增加了一个中间卷积层，先采用 64 个 $1 \times 1$ 卷积核进行卷积，然后再进行 Passthrough 处理，这样 $26 \times 26 \times 512$ 的特征图得到 $13 \times 13 \times 256$ 的特征图。

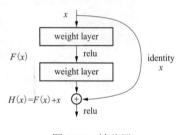

图 17-7　转移层

## 17.2.3　YOLOv2 输出层

YOLOv2 的输入图片大小为 $416 \times 416$，经过 5 次 max 池化之后得到 $13 \times 13$ 大小的特征图，并以此特征图采用卷积做预测。$13 \times 13$ 大小的特征图对检测大物体是足够了，但是对于小物体还需要更精细的特征图（细粒度特征，Fine-Grained Features）。因此 SSD 使用了多尺度的特征图来分别检测不同大小的物体，更精细的特征图可以用来预测小物体。YOLOv2 提出了一种转移层来利用更精细的特征图。

YOLOv2 所利用的细粒度特征是 $26 \times 26$ 大小的特征图（最后一个 max 池化层的输入），对于 Darknet-19 模型来说就是大小为 $26 \times 26 \times 512$ 的特征图。转移层与 ResNet 网络的 shortcut 类似，以前面更高分辨率的特征图为输入，然后将其连接到后面的低分辨率特征图上。

前面的特征图维度是后面的特征图的 2 倍，转移层抽取前面层的每个 $2 \times 2$ 的局部区域，然后将其转化为通道维度，对于 $26 \times 26 \times 512$ 的特征图，经转移层处理之后就变成了 $13 \times 13 \times 2048$ 的新特征图（特征图大小降低 4 倍，而通道增加 4 倍），这样就可以与后面的 $13 \times 13 \times 1024$ 特征图连接在一起形成 $13 \times 13 \times 3072$ 大小的特征图，然后在此特征图基础上采用卷积做预测。

# 17.3　YOLOv3 网络结构

### 17.3.1　YOLOv3 网络介绍

物体检测领域的经典论文 YOLO(You Only Look Once)的两位作者,华盛顿大学的 Joseph Redmon 和 Ali Farhadi 在 2018 年提出了 YOLO 的第三版 YOLOv3,一系列设计改进使得新模型性能更好,速度更快。

YOLOv3 网络比 YOLOv2 稍大,但更准确。它的速度也还是很快,这点不用担心。在 320×320 下,YOLOv3 以 22.2 mAP 在 22 ms 运行完成,达到与 SSD 一样的精确度,但速度提高了 3 倍。与 YOLOv2 的 0.5 IOU mAP 检测指标相比,YOLOv3 的性能是相当不错的。在 Titan X 上,它在 51ms 内达到 57.9 AP50,而 RetinaNet 达到 57.5 AP50 需要 198ms,性能相似,但速度提升 3.8 倍。YOLOv3 网络结构示意图如图 17-8 所示。

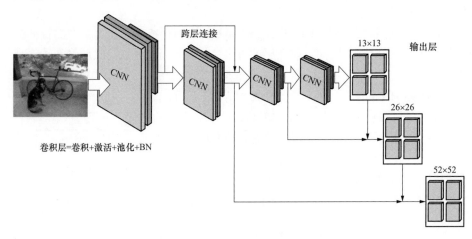

图 17-8　YOLOv3 网络结构示意图

YOLOv3 采用新的网络结构 Darknet-53,含有 53 个卷积层,如图 17-9 所示,它借鉴了残差网络(residual network)的做法,在一些层之间设置了快捷链路(shortcut connections)。

YOLOv3 整个结构如图 17-10 所示,可以表示成 DBL、Resn、Concat 三类基本的部件。

(1) DBL:也就是代码中的 Darknetconv2d_BN_Leaky,是 YOLOv3 的基本组件。就是卷积+BN+Leaky relu。对于 YOLOv3 来说,BN 和 leaky relu 已经是和卷积层不可分离的部分了(最后一层卷积除外),共同构成了最小组件。

(2) Resn:n 代表数字,有 res1,res2,…,res8 等,表示这个 res_block 里含有多少个 res_unit。这是 YOLOv3 的大组件,YOLOv3 开始借鉴了 ResNet 的残差结构,使用这种结构可以让网络结构更深(从 YOLOv2 的 darknet-19 上升到 YOLOv3 的 darknet-53,前者没有残差结构)。

(3) Concat:张量拼接。将 Darknet 中间层和后面的某一层的上采样进行拼接。拼接的操作和残差层 add 的操作是不一样的,拼接会扩充张量的维度,而 add 只是直接相加不会导致张量维度的改变。

| 种类 | | 滤波器 | 尺寸 | | 输出 | |
|---|---|---|---|---|---|---|
| | 卷积 | 32 | 3 | 3 | 256 | 256 |
| | 卷积 | 64 | 3 | 3 / 2 | 128 | 128 |
| 1 | 卷积 | 32 | 1 | 1 | | |
| | 卷积 | 64 | 3 | 3 | | |
| | 残差 | | | | 128 | 128 |
| | 卷积 | 128 | 3 | 3 / 2 | 64 | 64 |
| 2 | 卷积 | 64 | 1 | 1 | | |
| | 卷积 | 128 | 3 | 3 | | |
| | 残差 | | | | 64 | 64 |
| | 卷积 | 256 | 3 | 3 / 2 | 32 | 32 |
| 8 | 卷积 | 128 | 1 | 1 | | |
| | 卷积 | 256 | 3 | 3 | | |
| | 残差 | | | | 32 | 32 |
| | 卷积 | 512 | 3 | 3 / 2 | 16 | 16 |
| 8 | 卷积 | 256 | 1 | 1 | | |
| | 卷积 | 512 | 3 | 3 | | |
| | 残差 | | | | 16 | 16 |
| | 卷积 | 1024 | 3 | 3 / 2 | 8 | 8 |
| 4 | 卷积 | 512 | 1 | 1 | | |
| | 卷积 | 1024 | 3 | 3 | | |
| | 残差 | | | | 8 | 8 |
| | Avgpool | | 国际 | | | |
| | 连接 | | 1000 | | | |
| | Softmax | | | | | |

图 17-9　Darknet-53

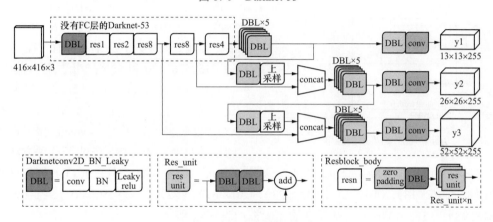

图 17-10　YOLOv3 结构

## 17.3.2　YOLOv3 网络输出

### 1. YOLOv3 输出结构图

YOLOv3 输出了 3 个不同尺度的特征图像，如图 17-11 所示。这个借鉴了 FPN（feature pyramid networks），采用多尺度来对不同尺寸的目标进行检测，越精细的网格就可以检测出越精细的物体。对于 COCO 类别而言，有 80 个种类，所以每个框应该对每个种类都输出一个概率。y1、y2 和 y3 的深度都是 255，边长的规律是 13:26:52。

YOLOv3 设定的是每个网格单元预测 3 个框，所以每个框需要有（x，y，w，h，confidence）五个基本参数，然后还要有 80 个类别的概率。所以 3×（5+80）=255。

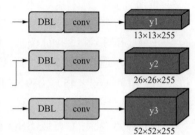

图 17-11　YOLOv3 输出结构

YOLOv3 用上采样的方法来实现这种多尺度的特征图像，可以结合图 17-10 和图 17-11 来看，图 17-10 中 concat 连接的两个张量是具有一样尺度的（两处拼接分别是 26×26 尺度拼接和 52×52 尺度拼接，通过（2，2）上采样来保证 concat 拼接的张量尺度相同）。并没有像 SSD 那样直接采用 backbone 中间层的处理结果作为特征图像的输出，而是和后面网络层的上采样结果进行一个拼接之后的处理结果作为特征图像。

**2. 中心坐标**

下面的公式描述了网络输出是如何转换，以获得边界框预测结果的。

$$b_x = \sigma(t_x) + c_x \quad b_x = \sigma(t_x) + c_x$$
$$b_y = \sigma(t_y) + c_y \quad b_y = \sigma(t_y) + c_y$$
$$b_w = p_w e^{t_w} \quad b_w = p_w e^{t_w}$$
$$b_h = p_h e^{t_h} \quad b_h = p_h e^{t_h}$$

使用 Sigmoid 函数进行中心坐标预测。这使得输出值在 0 和 1 之间。对输出执行对数空间变换，然后乘锚点，来预测边界框的维度，如图 17-12 所示。

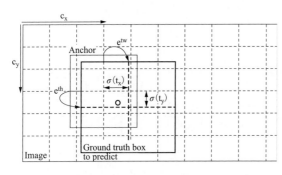

图 17-12　边界框的维度

**3. 多尺度预测**

YOLOv3 在 3 个不同尺度上进行预测。检测层用于在三个不同大小的特征图上执行预测，特征图步幅分别是 32、16、8。这意味着，当输入图像大小是 416×416 时，在尺度 13×13、26×26 和 52×52 上执行检测。

随着输出的特征图的数量和尺度的变化，先验框的尺寸也需要相应的调整。YOLO2 已经开始采用 K-Means 聚类得到先验框的尺寸，YOLO3 延续了这种方法，为每种下采样尺度设定 3 种先验框，总共聚类出 9 种尺寸的先验框。在 COCO 数据集这 9 个先验框是：（10×13）、（16×30）、（33×23）、（30×61）、（62×45）、（59×119）、（116×90）、（156×198）、（373×326）。9 种尺度的先验框如表 17-2 所示。

表 17-2　　　　　　　　　　　　特征图与先验框

| 特征图 | 13×13 | | | 26×26 | | | 52×52 | | |
|---|---|---|---|---|---|---|---|---|---|
| 感受野 | 大 | | | 中 | | | 小 | | |
| 先验框 | （116×90） | （156×198） | （373×326） | （30×61） | （62×45） | （59×119） | （10×13） | （16×30） | （33×23） |

在最小的 13×13 特征图上（有最大的感受野）应用较大的先验框（116×90）、（156×198）、（373×326），适合检测较大的对象。中等的 26×26 特征图上（中等感受野）应用中等的先验框（30×61）、（62×45）、（59×119），适合检测中等大小的对象。较大的 52×52 特征图上（较小的感受野）应用较小的先验框（10×13）、（16×30）、（33×23），适合检测较小的对象。

YOLOv3 采用了类似 SSD 的 mul-Scales 策略，使用 3 个 Scale（13×13，26×26，52×52）的特征图像进行预测。使用多尺度融合的策略，使得 YOLOv3 的召回率和准确性都有大的提升。

（1）Faster RCNN 网络：3 个 Scale（128×128，256×256，512×512），3 个 Aaspect ratio（1:1，1:2，2:1）共 9 个 Anchor。

（2）SSD 网络：5 个 Aspect ratio（1:1，1:2，1:3，2:1，3:1），再加一个中间的 Default 框，一共 6 个 Anchor。

（3）YOLOv3 网络：一共 9 个 Anchor。

（4）FPN 网络：5 个 Scale（32×32，64×64，128×128，256×256，512×512），3 个 Aspect ratio（1:1，1:2，2:1），共 15 个 Anchor。

（5）Ctpn 网络：Anchor 宽度固定为 16，高度为 11~283 之间的 10 个数，每次处以 0.7 得到，最终得到 [11，16，23，33，48，68，97，139，198，283] 共 10 个 Anchor。

有别于 YOLOv2，这里将每个网格预测的边框数从 YOLOv2 的 5 个减为 3 个。最终输出的张量维度为 N×N×[3×（4+1+80）]。其中 N 为特征图像的长宽，3 表示 3 个预测的边框，4 表示边框的 tx、ty、tw、th，1 表示预测的边框的置信度，80 表示分类的类别数。

和 YOLOv2 一样，Anchor 的大小还是使用 K-Means 聚类得出。在 COCO 数据集上的 9 个 Anchor 大小分别为：（10×13）、（16×30）、（33×23）、（30×61）、（62×45）、（59×119）、（116×90）、（156×198）、（373×326）。

其中在 YOLOv3 中，最终有 3 个分支输出做预测，输出的特征图大小分别为 13×13、26×26、52×52，每个特征图使用 3 个 Anchor。13×13 的特征图使用（116×90）、（156×198）、（373×326）这 3 个 Anchor。26×26 的特征图使用（30×61）、（62×45）、（59×119）这 3 个 Anchor。52×52 的特征图使用（10×13）、（16×30）、（33×23）这 3 个 Anchor。

Tiny-YOLOv3：一共 6 个 Anchor，YOLOv3-tiny 结构如图 17-13 所示。在 YOLOv3-tiny 中，一共有 6 个 Anchor：（10，14）、（23，27）、（37，58）、（81，82）、（135，169）、（344，319）。

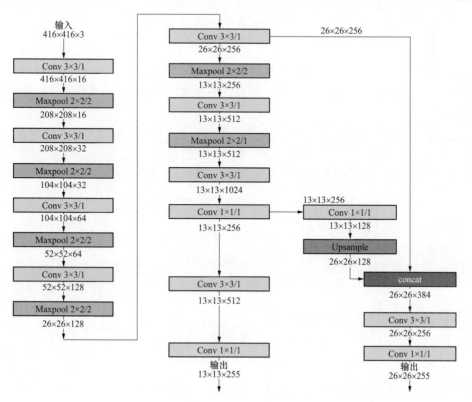

图 17-13　YOLOv3-tiny 结构

YOLOv3-tiny 最终有 2 给分支输出做预测，特征图大小分别为 13×13、26×26。每个特征图使用 3 个 Anchor 做预测。13×13 的特征图使用（81，82）、（135，169）、（344，319）这 3 个 Anchor。26×26 的特征图使用（23，27）、（37，58）、（81，82）这 3 个 Anchor。

### 17.3.3　YOLOv3 的损失函数

YOLOv3 的损失函数是在 YOLOv2 基础上改动，最大的变动是分类损失换成了二分交叉熵，这是由于 YOLOv3 中剔除了 Softmax 改用 Logistic。

1. Logistic 回归和线性回归的关系

首先给出线性回归模型：

$$f(x) = w_0x_0 + w_1x_1 + \cdots + w_nx_n + b$$

写成向量形式为：

$$f(x) = w^Tx + b$$

同时"广义线性回归"模型为：

$$y = g^{-1}(w^Tx + b)$$

注意，其中 $g(\sim)$ 是单调可微函数。

Logistic 回归是处理二分类问题的，所以输出的标记 $y = \{0, 1\}$，并且线性回归模型产生的预测值 $z = wx + b$ 是一个实值，所以我们将实值 $z$ 转化成 0/1 值便可，这样有一个可选函数便是"单位阶跃函数"：

$$y = \begin{cases} 0, z<0 \\ 0.5, z=0 \\ 1, z>0 \end{cases}$$

这种如果预测值大于 0 便判断为正例，小于 0 则判断为反例，等于 0 则可任意判断。但是单位阶跃函数是非连续的函数，需要一个连续的函数，Sigmoid 函数便可以很好地取代单位阶跃函数：

$$y = \frac{1}{1+e^{-z}}$$

Sigmoid 函数在一定程度上近似单位阶跃函数，同时单调可微分，如图 17-14 所示。

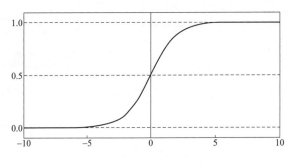

图 17-14　Sigmoid 函数

这样在原来的线性回归模型外面套上 Sigmoid 函数便形成了 Logistic 回归模型的预测函数，可以用于二分类问题：

$$y = \frac{1}{1 + e^{-(w^{\mathrm{T}}x + b)}}$$

对上式的预测函数做一个变换：

$$\ln \frac{1}{1-y} = w^{\mathrm{T}}x + b$$

### 2. Softmax

Softmax 逻辑回归模型是 Logistic 回归模型在多分类问题上的推广，在多分类问题中，类标签 $y$ 可以取两个以上的值。Softmax 回归模型对于诸如 MNIST 手写数字分类等问题很有用，该问题的目的是辨识 10 个不同的单个数字。Softmax 回归是有监督的，不过可以与深度学习无监督学习方法相结合。

Softmax 是 Soft（软化）的 max。在 CNN 的分类问题中，真实值是一个数的形式，下面以四分类为例，理想输出应该是（1，0，0，0），或者说（100%，0%，0%，0%），这就是让 CNN 学到的终极目标。

网络输出的幅值千差万别，输出最大的那一路对应的就是需要的分类结果。通常用百分比形式计算分类置信度，最简单的方式就是计算输出占比，假设输出特征是（$x_1$，$x_2$，$x_3$，$x_4$），这种最直接最最普通的方式，相对于 Soft 的 max，在这里把它叫作 Hard 的 max：

$$p = \frac{x_i}{\sum\limits_j x_j}$$

现在通用的是 Soft 的 max，将每个输出 $x$ 非线性放大到 exp（$x$），形式如下：

$$p = \frac{e^{x_i}}{\sum\limits_j e^{x_j}}$$

### 3. 交叉熵

交叉熵刻画了两个概率分布之间的距离，也就是说，交叉熵值越小，两个概率分布越接近通过 $p$ 来表示 $q$ 的交叉熵：

$$H(p, q) = -\sum p(x_i) \log q(x_i) p$$

为正确答案的分布，$q$ 为预测的分布，这个 log 是以 e 为底的，所以 YOLOv3 中损失函数为：

$$
\begin{aligned}
Loss = {} & \lambda_{\text{coord}} \sum_{i=0}^{S^2} \sum_{j=0}^{B} I_{ij}^{\text{obj}} \left[ (x_i - \hat{x}_i)^2 + (y_i - \hat{y}_i)^2 \right] + \\
& \lambda_{\text{coord}} \sum_{i=0}^{S^2} \sum_{j=0}^{B} I_{ij}^{\text{obj}} \left[ (\sqrt{w_i} - \sqrt{\hat{w}_i})^2 + (\sqrt{h_i} - \sqrt{\hat{h}_i})^2 \right] - \\
& \sum_{i=0}^{S^2} \sum_{j=0}^{B} I_{ij}^{\text{obj}} \left[ \hat{C}_i^j \log(C_i^j) + (1 - \hat{C}_i^j) \log(1 - C_i^j) \right] - \\
& \lambda_{\text{noobj}} \sum_{i=0}^{S^2} \sum_{j=0}^{B} I_{ij}^{\text{noobj}} \left[ \hat{C}_i^j \log(C_i^j) + (1 - \hat{C}_i^j) \log(1 - C_i^j) \right] - \\
& \sum_{i=0}^{S^2} I_{ij}^{\text{obj}} \sum_{c \in \text{classes}} \left[ \hat{P}_i^j \log(P_i^j) + (1 - \hat{P}_i^j) \log(1 - P_i^j) \right]
\end{aligned}
$$

# 第18章

# YOLO 网络在安卓中的应用

## 18.1 采用 Obtain_YOLO_eMake 创建模型

在 Obtain_Studio 中采用 "\Obtain_YOLO_eMake 项目\eMake 空模板",创建一个空的 eMake 项目,项目名称为 "emake_cnn_test_001"。然后在 Obtain_YOLO_eMake 中完成 YOLO 网络的月亮识别模型的创建和训练,最后应用于安卓中。

1. 月亮样本图片收集

在网上找一些有月亮和没有月亮的图片,有月亮的图片可以多一些,无月亮的图片可以少一些,保存到 emake_cnn_test_001 项目的 "\eMake\data\img" 子目录下,然后在 Obtain_Studio 中打开 emake_cnn_test_001 项目并单击工具条上的启动按钮,启动 Obtain_YOLO_易标注软件(简称 "eMake"),选择菜单 "辅助工具——目标文件重命名",如图 18-1 所示。

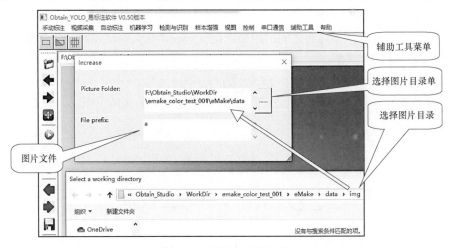

图 18-1　目标文件重命名

图片文件重命名之后,本实例选择的样本图片以及文件名如图 18-2 所示,共 12 张图片,其中有 6 张包含月亮,另外 6 张不包含月亮。

2. 月亮样本图片标注

Obtain_YOLO_易标注软件中,选择主界面菜单上的 "手动标注——打开图片",可以对样本图片进行标注，对于包含月亮的图片，框出月亮的位置和大小，如图 18-3 所示。对于不包含月亮的图片，也要用鼠标单击一下图片，生成一个空的标注文件。之所以需要生成空的标注文件，是因为 Obtain_YOLO_易标注软件只训练标注过的图片，没有标注过的图片不参与训练。Obtain_YOLO_易标注软件详细的使用方法可以参考该项软件的帮助文件。

图 18-2　月亮样本图片

图 18-3　月亮样本图片收集标注

3. 样本增强

由于本实例收集到的样本图片特别少，训练出来的网络其检测月亮的适应性比较差，因此本实例采用了样本增强的办法来增强样本数量。在 Obtain_YOLO_易标注软件中选择菜单"样本增强—目录下所有样本增强"，增强的数量选择每一个样本增加 10 个增强样本。增强的样本保存到了本项目的"emake_cnn_test_001\eMake\data\increase"目录下。

4. 配置卷积神经网络结构

本实例采用一种特别简单的卷积神经网络结构，其目的不在于识别精度，而在于简单易学，方便初学者了解基本步骤和方法。采用的卷积神经网络包含四个卷积层，选择 3×3 的卷积核。第一层 16 个卷积核，第一层 16 个卷积核，第二层 32 个卷积核，第三层 16 个卷积核，第四层 6 个卷积核，如图 18-4 所示。

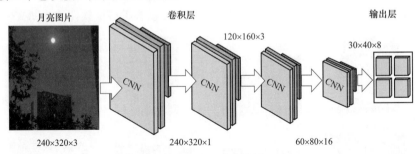

图 18-4　月亮检测卷积神经网络结构

配置卷积神经网络配置文件选择 "cfg\train\yolov3-tiny_my_3.cfg"，根据上述月亮检测卷积神经网络结构的需要修改配置文件，参考配置代码如下：

```
[net]                       [convolutional]              [convolutional]              [maxpool]
batch=16                    batch_normalize=1            batch_normalize=1            size=2
subdivisions=1              filters=16                   filters=32                   stride=2
width=320                   size=3                       size=3                       [convo lutional]
height=240                  stride=1                     stride=1                     size=1
channels=3                  pad=1                        pad=1                        stride=1
momentum=0.9                activation=leaky             activation=leaky             pad=1
decay=0.0005                [convolutional]              [maxpool]                    filters=6
angle=0                     batch_normalize=1            size=2                       activation=linear
saturation = 0              filters=16                   stride=2                     [yolo]
exposure = 0                size=3                       [convolutional]              mask = 0
hue=0                       stride=1                     batch_normalize=1            anchors = 10, 14
learning_rate=0.001         pad=1                        filters=16                   classes=1
burn_in=20                  activation=leaky             size=3                       num=1
max_batches=500000          [maxpool]                    stride=1                     jitter=.3
policy=steps                size=2                       pad=1                        ignore_thresh = .7
steps=20, 4000              stride=2                     activation=leaky             truth_thresh = 1
scales=.1, .1                                                                         random=0
```

5. 相关配置

（1）Darknet 的选择，如果计算机带有英伟达显卡并支持 CUDA10.0 版本程序，可以选择 "darknet_gpu.exe" 文件，否则选择 "darknet_no_gpu.exe" 文件。

（2）目标列表文件，由于本网络只检测月亮一类目标，因此只要列出一项即可，例如 "Moon"，如图 18-5 所示。

（3）训练 data 文件，由于本网络只检测月亮一类目标，因此训练 data 文件的 classes（目标类别数量）属性等于 1。

6. 卷积神经网络训练

在 Obtain_YOLO_易标注软件中选择菜单 "机器学习—启动训练" 或者单击主窗口左边的 "启动训练" 图标，可以启动 Darknet 的训练过程。当 LOSS 到达 1 左右即可，如图 18-6

所示，当然如果不赶时间，也还可以继续训练下去。

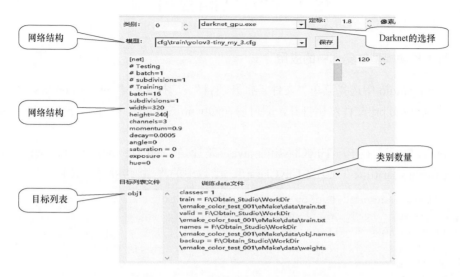

图 18-5　Obtain_YOLO_易标注软件相关配置

### 7. 生成 TFLite 和 KModel 文件

在 Obtain_YOLO_易标注软件中训练完成之后，关闭 Darknet 和 Obtain_YOLO_易标注软件，Darknet 软件需要在 Windows 自带的任务管理器中关闭。回到 Obtain_Studio 中的 "emake_cnn_test_001" 项目，打开 emake_cnn_test_001.prj 文件，可以看到生成 TFLite 和 KModel 文件的命令代码，修改成以下内容：

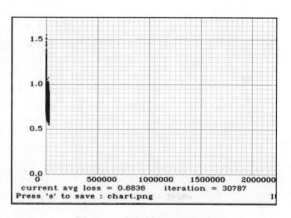

图 18-6　卷积神经网络训练

```
<compile>
python DW2TF/convert.py
./eMake/cfg/test/yolov3-tiny_my_3_test.cfg
./eMake/data/weights/yolov3-tiny_my_3_last.weights
./eMake/data/weights/yolov3-tiny_my_3_last.h5 -p
python DW2TF/keras2tflite.py
./eMake/data/weights/yolov3-tiny_my_3_last.h5
./eMake/data/weights/yolov3-tiny_my_3_last.tflite
ncc.exe -i tflite -o k210model --channelwise-output
--dataset images
./eMake/data/weights/yolov3-tiny_my_3_last.tflite
./eMake/data/weights/yolo.kmodel
</compile>
```

单击 Obtain_Studio 工具条上的编译按钮，可以生成 TFLite 和 KModel 模型文件。TFLite 模型文件主要应用于安卓系统，KModel 模型文件主要应用于 K210。

## 18.2  YOLO Lite 安卓程序

### 18.2.1  月亮检测模型在安卓中的应用

在 Obtain_Studio 中选择菜单"文件—打开项目",选择上述"emake_cnn_test_001"项目根目录下的 android.prj 文件然后打开,即可以在 Obtain_Studio 中打开"emake_cnn_test_001"安卓项目。

在 Obtain_Studio 中打开 TinyClassifier.java,路径是"\emake_cnn_test_001\app \src\main\java\com\amitshekhar\tflite",修改 TinyClassifier 函数中的程序内容,代码如下:

```
super(assetManager, "yolov3-tiny_my_3_last.tflite",
 "yolov3-tiny_my_3_last.txt", 320, 240);
mAnchors = new int[]{10, 14};
mMasks = new int[][]{{0}};
mOutWidth_w = new int[]{40};
mOutWidth_h = new int[]{30};
mObjThresh = 0.001f;
cc=1*(5 + mLabelList.size());//cc=1*(5 + 1);
```

上述程序中使用的参数,与前面的络配置文件"cfg\train\yolov3-tiny_my_3.cfg"相吻合。然后修改 android.prj 文件中的编译命令内容,代码如下:

```
<compile>
copy .\eMake\data\weights\yolov3-tiny_my_3_last.tflite
.\app\src\main\assets\yolov3-tiny_my_3_last.tflite
copy .\eMake\data\obj.names .\app\src\main\assets\yolov3-tiny_my_3_last.txt
gradlew build
</compile>
```

在 Obtain_Studio 中编译该安卓项目,然后把"\emake_cnn_test_001\app\build\ outputs\apk\debug"目录下编译生成的 app-debug.apk 文件拷贝到安卓手机上安装并运行,运行效果如图 18-7 所示。

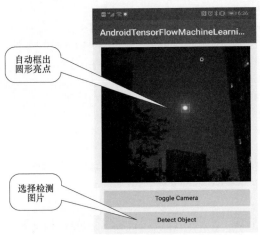

图 18-7  月亮检测模型在安卓中的运行效果

## 18.2.2　YOLO Lite 安卓识别程序分析

YOLO Lite 安卓识别程序主要位于 emake_cnn_test_001 项目的 "\app\src\main\java\com\amitshekhar\tflite" 子目录下，其中 Classifier.java 程序是 emake_cnn_test _001 项目的 YOLO Lite 核心识别程序，在 RecognizeImage 函数中，通过调用 Interpreter 类的成员函数 runForMultipleInputsOutputs 来实现 TFLite 模型的运行。RecognizeImage 函数程序代码如下：

```
Public ArrayList<Recognition> RecognizeImage(Bitmap bitmap) {
  ByteBuffer byteBuffer=convertBitmapToByteBuffer(bitmap);
  Map<Integer, Object> outputMap=new HashMap<>();
  //int cc=1*(5+mLabelList.size());
  for (int i=0;i<mOutWidth_h.length;i++) {
    float[][][][] out=new float[1][mOutWidth_h[i]][mOutWidth_w[i]][cc];
    outputMap.put(i, out);
  }
  Log.d("wangmin", "mObjThresh: "+getObjThresh());
  Object[] inputArray={byteBuffer};
  ArrayList<Recognition> detections=new ArrayList<Recognition>();
  mInterpreter.runForMultipleInputsOutputs(inputArray, outputMap);
  try {
  for (int i=0;i<mOutWidth_h.length;i++) {
    int gridWidth_w=mOutWidth_w[i];
    int gridWidth_h=mOutWidth_h[i];
    float[][][][] out=(float[][][][])outputMap.get(i);
    for (int y=0;y<gridWidth_h;++y) {
    for (int x=0;x<gridWidth_w;++x) {
      for (int b=0;b<NUM_BOXES_PER_BLOCK;++b) {
      final int offset = (gridWidth_h*(NUM_BOXES_PER_BLOCK*(mLabelList
.size()+5)))*y+(NUM_BOXES_PER_BLOCK*(mLabelList.size()
+5))*x+(mLabelList.size()+5)*b;
      final float confidence=expit(out[0][y][x][(mLabelList.size()+5)*b+4]);
      int detectedClass=-1;
      float maxClass=0;
      final float[] classes=new float[mLabelList.size()];
      for (int c=0;c<mLabelList.size();++c) {
        classes[c]=out[0][y][x][(mLabelList.size()+5)*b+5+c];
      }
      softmax(classes);
      for (int c=0;c<mLabelList.size();++c) {
        if (classes[c] > maxClass) {
          detectedClass=c;
          maxClass=classes[c];
        }
      }
      final float confidenceInClass=maxClass*confidence;
      if (confidenceInClass > getObjThresh()) {
```

```
            final float xPos=(x+expit(out[0][y][x][(mLabelList.size()
+5)*b+0]))*(mInputSize_w/gridWidth_w);
            final float yPos=(y+expit(out[0][y][x][(mLabelList.size()
+5)*b+1]))*(mInputSize_h/gridWidth_h);
            final float w=(float) (Math.exp(out[0][y][x][(mLabelList.size()
+5)*b+2])*mAnchors[2*mMasks[i][b]+0]);
            final float h=(float) (Math.exp(out[0][y][x][(mLabelList.size()
+5)*b+3])*mAnchors[2*mMasks[i][b]+1]);
            Log.d("wangmin", "box x:"+xPos+", y:"+yPos+", w:"+w+", h:"+h);
            final RectF rect =
              new RectF(
                Math.max(0, xPos - w/2),
                Math.max(0, yPos - h/2),
                Math.min(bitmap.getWidth() - 1, xPos+w/2),
                Math.min(bitmap.getHeight() - 1, yPos+h/2));
            Log.d("wangmin", "detect "+mLabelList.get(detectedClass)
             +", confidence: "+confidenceInClass
             +", box: "+rect.toString());
            detections.add(new Recognition(""+offset, mLabelList.get(detectedClass),
              confidenceInClass, rect, detectedClass));
      }       }     }     }
  } } catch (Exception e) {    e.printStackTrace();  }
  final ArrayList<Recognition> recognitions=nms(detections);
  return recognitions;
  }
```

使用 Interpreter 类调用模型的基本步骤如下：

（1）加载模型参数，通过 Interpreter 类构造函数实现。

（2）执行网络模型，并传入输入数据和输出拷贝空间，通过函数 run 或函数 runFor
MultipleInputsOutputs 实现。其中：

1）run 进行 TFLite 模型的推理运算；

2）runForMultipleInputsOutputs 进行 TFLite 模型的多输入多输出推理运算。

在 MainActivity.java 之中，调用上述 RecognizeImage 函数，实现图片的识别，并把识别
结果绘制到手机屏幕上，主要程序代码如下：

```
Bitmap bitmap = BitmapFactory.decodeFile(mImagePath);
resized_image = processBitmap(bitmap, classifier.getInputSize_w(),
classifier.getInputSize_h());
ArrayList<Classifier.Recognition> results = null;
results = classifier.RecognizeImage(resized_image);
resized_image = Bitmap.createBitmap(resized_image);
final Canvas canvas = new Canvas(resized_image);
final Paint paint = new Paint();
paint.setColor(Color.RED);
paint.setStyle(Paint.Style.STROKE);
paint.setStrokeWidth(2.0f);
```

# 第四部分

# 第 19 章　K210 人工神经网络应用设计

## 19.1　K210 人工神经网络应用设计入门

### 19.1.1　K210 人工神经网络应用设计过程

K210 是一个神经网络处理器，其核心是 KPU，可以实现各种卷积运算和实现卷积神经网络功能。本小节的 KPU 测试程序将实现一个简单的目标检测——鸢尾花分类。KPU 工作原理将在本章最后部分介绍，本节首先介绍如何通过 K210 实现简单目标检测的程序以及运行方法。

K210 人工神经网络应用设计流程如图 19-1 所示，首先需要完成人工神经网络模型设计的设计，或者采用现成的人工神经网络模型。然后设计 K210 程序，包括加载模型、初始化输出与绘制等程序的设计。最后编译程序，下载程序到 K210 中并运行。

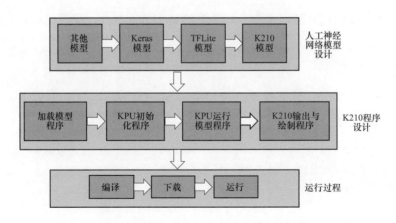

图 19-1　K210 人工神经网络应用设计流程

为了实现鸢尾花分类检测，本章采用的人工神经网络模型如图 19-2 所示，图右边是 Netron 绘制的结构图。包括 4 个输入 3 输出，2 层神经网络，第 1 层 10 个节点，第 2 层 3 个节点。也可以采用第 12 章 "Keras 人工神经网络应用设计" 中介绍的方法设计自己的网络模型。

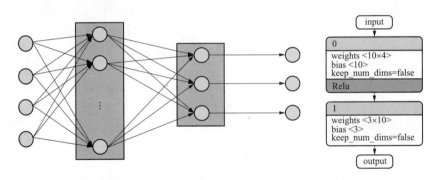

图 19-2　鸢尾花分类检测人工神经网络模型

### 19.1.2　KPU 人工神经网络测试程序

#### 1. 创建 K210 项目

在 Obtain_Studio 中采用"\K210 项目\K210 新模板"创建一个 KPU 人工神经网络测试程序，实现鸢尾花分类。KPU 人工神经网络测试程序工作流程如图 19-3 所示，首先准备好模型数据和输入数据，并进行初始化，然后运行 ANN 模型，最后显示输出结果。

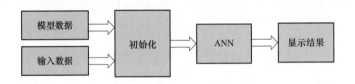

图 19-3　KPU 人工神经网络测试程序工作流程

程序可以参考 K210 新模板 bak/kpu 目录下的 kpu1.cpp 文件，程序代码如下所示：

```
#include "main.h"
#include "ann.h"

INCBIN(model, "../src/model/iris.kmodel");
const float input_data[] = { 5.1, 3.8, 1.9, 0.4 };//setosa
//const float input_data[] = {6.1, 3.1, 5.1, 1.1};//versicolor
const char *labels[] = { "setosa", "versicolor", "virginica" };

CmyAnn ann;
void setup()
{
ann.init(4, input_data, labels);
}
void loop()
{
ann.run();
ann.draw();
}
```

编译完成之后即可以单击 Obtain_Studio 工具条上的下载和运行按钮，正常情况下，可以看到 LCD 上显示采集到的图像，并且把识别出来的目标用红色它显示出来。输入数据是{ 5.1，3.8，1.9，0.4 }时，显示"setosa"，运行效果如图 19-4 所示。输入数据是{6.1，3.1，5.1，1.1}时，显示"setosa"，将会显示"versicolor"。

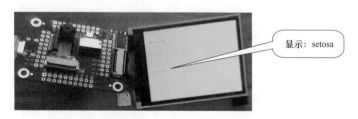

显示：setosa

图 19-4　KPU 人工神经网络测试程序运行效果

**2. 程序说明**

程序主要包括以下内容：

（1）导入模型。导入模型程序代码：`INCBIN(model, "../src/model/ iris.kmodel");`

该程序主要功能是在预编译时，编译器把 model 目录下的模型文件 iris.kmodel 读取到数据 model_data 之中。模型文件 iris.kmodel 采用 Nncase 官方提供的例子中的模型文件，下载地址如下：

https://github.com/kendryte/nncase/tree/master/examples/iris/k210/kpu_iris_example/kfpkg/iris.kmodel。

（2）准备数据。初始化测试用数据，保存到数组之中，下面是 setosa 和 versicolor 的一个样本数据：

```
setosa:{ 5.1, 3.8, 1.9, 0.4 }
versicolor :{6.1, 3.1, 5.1, 1.1}
输出的标签数据: { "setosa", "versicolor", "virginica" }
```

主程序初始化和主程序流程控制，如图 19-5 所示。

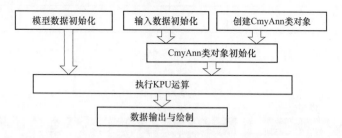

图 19-5　主程序初始化和主程序流程控制

### 19.1.3　鸢尾花分类方法说明

**1. 鸢尾花分类**

利用已知的鸢尾花数据构建机器学习模型，用于预测新测量的鸢尾花的品种。鸢尾花数据集可能是模式识别、机器学习等领域里被使用最多的一个数据集了，很多教材用这份数据来做案例，很多工具，包括 R、scikit-learn，都会自带这些数据集，而且说学术界很多论文也应用这份数据做实验，可见这份数据的重要意义。

花朵外观如图 19-6 所示，根据鸢尾花外观数据可以对鸢尾花进行分类。鸢尾花分类数据集最初由 Edgar Anderson 测量得到，而后在著名的统计学家和生物学家 R.A Fisher 于 1936 年发表的文章《The use of multiple measurements in taxonomic problems》中被使用，用其作为线性判别分析（Linear Discriminant Analysis）的一个例子，证明分类的统计方法，从此被众人所知，尤其是在机器学习这个领域。

图 19-6　花朵外观

数据中的两类鸢尾花记录结果是在加拿大加斯帕半岛上，于同一天的同一个时间段，使用相同的测量仪器，在相同的牧场上由同一个人测量出来的。这是一份有着 90 年历史的数据，虽然老，但是却很经典，详细数据集可以在 UCI 数据库中找到。

2. 数据集详情

鸢尾花数据集共收集了三类鸢尾花，即 Setosa 鸢尾花、Versicolour 鸢尾花和 Virginica 鸢尾花，每一类鸢尾花收集了 50 条样本记录，共计 150 条。

数据集包括 4 个属性，分别为花萼的长、花萼的宽、花瓣的长和花瓣的宽。对花瓣我们可能比较熟悉，花萼是什么呢？花萼是花冠外面的绿色被叶，在花尚未开放时，保护着花蕾。四个属性的单位都是 cm，属于数值变量，四个属性均不存在缺失值的情况，以下是各属性的一些统计值如表 19-1 所示。

表 19-1　　　　　　　　　　　　　　　鸢 尾 花 属 性

| 属性 | 最大值 | 最小值 | 均值 | 方差 |
| --- | --- | --- | --- | --- |
| 萼长 | 7.9 | 4.3 | 5.84 | 0.83 |
| 萼宽 | 4.4 | 2.0 | 3.05 | 0.43 |
| 瓣长 | 6.9 | 1.0 | 3.76 | 1.76 |
| 瓣宽 | 2.5 | 0.1 | 1.20 | 0.76 |

那么什么是萼片呢？萼片是花的最外一环，如图 19-7 所示，清晰指出花的萼片和花瓣。

图 19-7　三种鸢尾花

根据每种鸢尾花的四个数据 （萼片长/宽和花瓣长/宽），我们最终目的是想正确的分类这三种花。但重中之重的第一步是数据处理，有了干净数据之后再来机器学习很容易。

class label 是花的名字，分别是：

（1）Iris Setosa——山鸢尾花；

（2）Iris Versicolor——变色鸢尾花；

（3）Iris Virginica——维吉尼亚鸢尾花。

然后图中的四个属性分别是：

（1）Sepal length——萼片长度；

（2）Sepal width——萼片宽度；

（3）Petal length——花瓣长度；

（4）Petal width——花瓣宽度。

## 19.2　KPU 应用基础

### 19.2.1　KPU 结构

#### 1．KPU 特点

KPU（Knowledge Processing Unit， 知识处理单元）是 K210 通用神经网络处理器内置卷积、批归一化、激活、池化运算单元，可以对人脸或物体进行实时检测，具体特性如下：

（1）支持主流训练框架按照特定限制规则训练出来的定点化模型；

（2）对网络层数无直接限制，支持每层卷积神经网络参数单独配置，包括输入/输出通道数目、输入/输出行宽列高；

（3）支持两种卷积内核 $1 \times 1$ 和 $3 \times 3$；

（4）支持任意形式的激活函数；

（5）实时工作时最大支持神经网络参数大小为 5.5～5.9MB；

（6）非实时工作时最大支持网络参数大小为（Flash 容量－软件体积），如表 19-2 所示。

表 19-2　　　　　　　　　　　最大支持神经网络参数

| 工况 | 最大定点模型大小（MB） | 量化前浮点模型大小（MB） |
| --- | --- | --- |
| 实时（≥30 帧/s） | 5.9 | 13.8 |
| 非实时（<10 帧/s）[1] | 与 Flash 容量相关[2] | 与 Flash 容量相关 |

[1]　非实时场合一般用于音频应用，这类应用一般不需要 33ms 内获得神经网络输出结果。

[2]　Flash 大小可选择为：SPI NOR Flash（8MiB，16MiB，32MiB），SPI NAND Flash（64MiB，128MiB，256MiB），用户可根据需要选择合适的 Flash。

#### 2．KPU 的内部结构

KPU 的内部结构如图 19-8 所示，包括 KPU 运算单元、运算控制单元、主存储器、参数存储器、写回单元等。

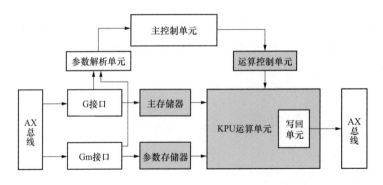

图 19-8　KPU 的内部结构图

### 19.2.2　KPU 工作原理

KPU（Knowledge Processing Unit，知识处理单元）是 K210 内部通用神经网络处理器，其本质上是一个 NPU（Neural-Network Processing Unit，神经网络单元）。KPU 内置卷积、批归一化、激活、池化运算单元，可以对人脸或物体进行实时检测。神经网络处理器测试程序的工作原理如图 19-9 所示。

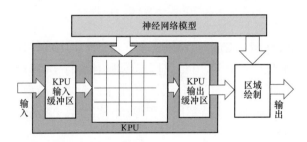

图 19-9　KPU 工作原理

在 KPU 单元里，包括了一组卷积运算单元，可以构成一个神经网络的一层运算单元，通过辅助控制单元（例如写回单元、运算控制单元等），反复利用该层运算单元，从而实现一个多层的神经网络运算过程，如图 19-10 所示。

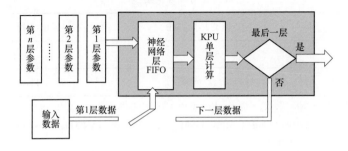

图 19-10　KPU 工作原理

对于中间层的计算过程，每一层的输出正好是下一层的输入，因此 KPU 采用了一种数据缓冲区切换的方式来轮换使用缓冲区，其过程如图 19-11 所示。

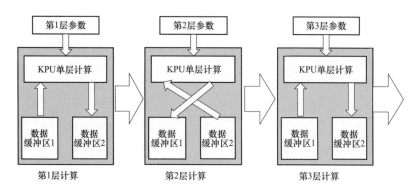

图 19-11　KPU 数据缓冲区的切换

### 19.2.3　KPU 鸢尾花分类程序分析

KPU 鸢尾花分类程序工作原理如图 19-12 所示，整个程序可以分成四层，包括用户层、类抽象层、库函数层、KPU 硬件层。

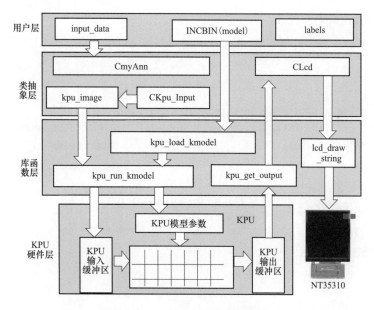

图 19-12　CmyAnn 类工作原理

（1）KPU 硬件层是 KPU 驱动程序，主要完成数据输入、模型参数输入、运算数据输出，以及具体实现模型运算过程。

（2）库函数层主要完成模型的导入、数据的导入、启动模型运算过程，以及 LCD 显示。

（3）类抽象层主要包括人工神经网络类 CMYANN，把库函数层的功能进行了抽象与封装，以方便用户进行调用。

（4）用户层主要代码在 main.cpp 文件之中，需要准备三种数据，包括神经网络输入数据、神经网络模型数据、类别标签数据。在用户层代码之中，还包括了主程序初始化和主程序流程控制。

CmyAnn 类的实现代码如下：

```
class CmyAnn
{
  public:
    CLcd lcd1;
    CKpu_Input input1;
    CKpu kpu1;
    const char **labels;
    void init(int k_h, const float* data, const char** lab)
    {
        labels=lab;
        lcd1.init(DIR_YX_LRUD);
        input1.init(1, 1, k_h, (uint8_t*)data);
        kpu1.init();
    }
    void run()
    {
        kpu1.run();
    }
    void draw()
    {
        float *output;
        size_t output_size;
        kpu_get_output(&kpu1.detect_task, 0, (uint8_t**)&output, &output_size);
        lcd_draw_string(16, 130, (char*)labels[argmax(output, output_size/4)],
0xf800);
    }
    size_t argmax(const float *src, size_t count)
    {
        float max = 0;
        size_t max_id = 0, i;
        for (i = 0; i < count; i++)
        {
            if (src[i] > max)
            {
                max = src[i];
                max_id = i;
            }
        }
        return max_id;
    }
};
```

在上述 CmyAnn 类程序中，CKpu_Input 的初始化函数原型 init（int k_p, int k_w, int k_h, uint8_t* features）包括了 4 个参数：

（1）int k_p：用于给 kpu_image.pixel 赋值，代表输入数据（图像）像素。

（2）int k_w：用于给 kpu_image.width 赋值，代表输入数据（图像）宽度。

（3）int k_h：用于给 kpu_image.height 赋值，代表输入数据（图像）高度。

（4）uint8_t* features：用于给 kpu_image.addr 赋值，代表输入数据（图像）地址。

在 CmyAnn 类 draw（）函数中，调用 KPU 库函数 kpu_get_output 返回模型运行结果，然后读取其中最大值所在的通道，最后在 LCD 中显示该通过对应的标签名称，上述例子中显示的是鸢尾花的名称。

# 第 20 章

# K210 卷积神经网络应用设计

## 20.1 K210 卷积运算入门

### 20.1.1 K210 卷积运算实例

在人工智能深度学习技术中，有一个很重要的概念就是卷积神经网络 CNN（Convolutional Neural Networks）。卷积神经网络被广泛地运用到计算机视觉中，用于提取图像数据的特征，其中发挥关键作用的步骤就是卷积层中的卷积运算，因为运用卷积运算是一种特别有效也特别重要的提取特征的手段。

K210 是一个神经网络处理器，它的核心是 KPU，可以实现各种卷积运算和实现卷积神经网络功能。因此，本小节将介绍如何在 K210 上实现最简单的卷积运算功能，主要步骤如下：

（1）在 Obtain_Studio 中采用"\K210 项目\K210_Keras 新模板"创建一个新项目，例如项目名称为"k210_keras_001"。

（2）打开"k210_keras_001"项目下的"keras"子项目，设置好卷积运算的数据输入维度和卷积核维度，设置卷积核参数值。

（3）生成 Keras 模型文件，再把 Keras 模型文件通过 ncc 命令转换成 K210 模型。

（4）编辑 K210 卷积运算程序，导入第（3）步生成的 K210 模型。

（5）最后，编译、下载和运行 K210 程序。在 K210 开发板上显示卷积运算结果。

本节介绍的 K210 卷积运算实例采用如图 20-1 所示的卷积运算模型，图 20-1 右边是 Netron 绘制的结构图。

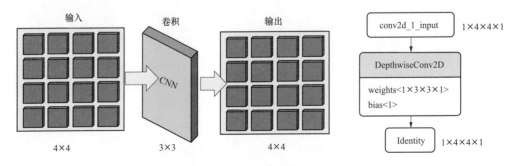

图 20-1　K210 卷积运算实例模型

为了方便检查运行结果是否正确，采用如图 20-2 所示的卷积输入数据和卷积核数据，卷积运算结果为图 20-2 中右边框所示的值。

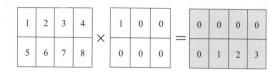

图 20-2　卷积运算参数与结果

K210 卷积运算实例程序工作流程如图 20-3 所示，首先准备好模型数据和输入数据，并进行初始化，然后运行 CNN 模型，最后显示输出结果。

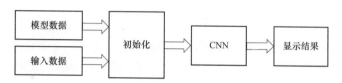

图 20-3　K210 卷积运算实例工作流程

K210 程序可以参考 K210 新模板 bak/kpu 目录下的 kpu2.cpp 文件，程序代码如下：

```cpp
#include "main.h"
#include "Con2D.h"
INCBIN(model, "../src/model/my_model_Con2D_v4.kmodel");
const float data_input[]={ 1, 2, 3, 4,
                           5, 6, 7, 8,
                           9, 10, 11, 12,
                           13, 14, 15, 16 };
CCon2D Con2D;
void setup()
{
Con2D.init(1, 4, 4, data_input);
}
void loop()
{
Con2D.run();
Con2D.draw();
}
```

编译、下载和运行上述 K210 卷积运算实例，运行效果如图 20-4 所示。

图 20-4　K210 卷积运算实例运行效果

### 20.1.2　K210 卷积运算工作原理

与第 19 章介绍的 KPU 人工神经网络测试程序比例，本章 K210 卷积运算实例程序主要
差别在于采用了 CCon2D 类来实现程序的管理工作。K210 卷积运算工作原理如图 20-5 所示。

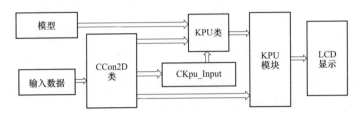

图 20-5　K210 卷积运算工作原理

在 CCon2D 类中，构造了 CKpu_Input、CKpu、CLcd 这三个类对象，分别用于完成 KPU
的数据输入、KPU 操作以及 LCD 液晶屏数据显示等功能。CCon2D 类程序代码如下：

```cpp
#include "yolo.hpp"
class CCon2D
{
 public:
    CLcd lcd1;
    CKpu_Input input1;
    CKpu kpu1;

    void init(int k_p, int k_w, int k_h, const float* data_input)
    {
        lcd1.init(DIR_YX_LRUD);
        input1.init(k_p, k_w, k_h, (uint8_t*)data_input);
        kpu1.init();
    }
    void run()
    {
        kpu1.run();
    }
    void draw(int col=4)
    {
        float *output;
        size_t output_size;
        kpu_get_output(&kpu1.detect_task, 0, (uint8_t **)&output,
    &output_size);
        lcd_clear(DARKGREY);
        char buffer[10];
        for(int i=0;i<output_size/col;i++)
        {
            sprintf(buffer, "%.2f", ((float *)output)[i]);
            lcd_draw_string(20+70*(i%col), 30+30*(i/col), (char*)buffer,
```

```
0xf800);
        }
        while(1);

    }
};
```

在 CmyAnn 类 draw（）函数中，调用 KPU 库函数 kpu_get_output 返回模型运行结果，最后把输出数据全部显示到 LCD 上。

## 20.1.3　卷积运算模型设计

打开"k210_keras_001"项目下的"keras"子项目，设置好卷积运算的数据输入维度和卷积核维度，设置卷积核参数值。Keras 主程序代码如下：

```
def Simplest_Con2D_modle():
    weights = [[[[[1.0]], [[0.0]], [[0.0]]],
              [[[0.0]], [[0.0]], [[0.0]]],
              [[[0.0]], [[0.0]], [[0.0]]]]]
    weights =np.array(weights)
    model = Sequential()
    model.add(Convolution2D(filters=1, kernel_size=(3, 3), padding='same'
, input_shape=(4, 4, 1)))
    model.set_weights(weights)
    return model

def Simplest_Con2D():
    model=Simplest_Con2D_modle()
    model.save('./model/Simplest_Con2D.h5')
```

可以在 Keras 程序中测试上述模型，输入数据和运算程序代码如下：

```
from keras import backend as K
image = K.constant([
    [[1], [2], [3], [4]],
    [[5], [6], [7], [8]],
    [[9], [10], [11], [12]],
    [[13], [14], [15], [16]]  ])
x = np.expand_dims(image, axis=0)
print(x.shape)
preds = model.predict(x)
print(preds)
```

上述测试程序的给出结果为：

```
[[[[ 0.] [ 0.] [ 0.] [ 0.]]
  [[ 0.] [ 1.] [ 2.] [ 3.]]
  [[ 0.] [ 5.] [ 6.] [ 7.]]
  [[ 0.] [ 9.] [10.] [11.]]]]
```

## 20.2　K210 卷积神经网络

### 20.2.1　K210 卷积神经网络程序设计

本节采用第 18 章的月亮识别项目"emake_cnn_test_001"模型和程序。通过 Obtain_Studio 的"文件—打开项目"，选择"emake_cnn_test_001"项目下"K210"子目录的 k210.prj 文件打开项目。由于"emake_cnn_test_001"项目构建的卷积神经网络采用的是 YOLO 网络进行简化，因此需要为网络准备好 Anchor 数据，以及输入和运行参数的配置。需要准备以下三方面的工作：

（1）模型导入。采用上述步骤生成的模型：INCBIN（model，"../src/model/yolo.kmodel"）。

（2）准备 Anchor 数据。static float anchor［2］＝{1.889，2.5245}。

（3）运行参数：

1）选择概率：float threshold＝0.1；

2）最后一层特征图宽度：unsigned int w＝40；

3）最后一层特征图高度：unsigned int h＝30；

4）最后一层特征图数量：unsigned int c＝6，即 Anchor 数量×（类别数量＋5）＝1×（1＋5）＝6；

5）Anchor 数量：unsigned int a＝1。

（4）输入/输出数据。使用摄像头采集到的图像作为输入数据。输出数据是月亮的位置框数据，绘制到 LCD 屏上显示出来。

主程序 main.cpp 代码如下：

```
#include "main.h"
#include "mycnn.h"
INCBIN(model, "../src/model/my_cnn.kmodel");
CMyCNN cnn;
void setup()
{
    static float anchor[2] = {1.889, 2.5245};
    cnn.init(0.1, 40, 30, 6, 1, anchor);
}
void loop()
{
    cnn.run();
    cnn.draw();
}
```

编译、下载和运行该 K210 月亮检测程序实例，运行效果如图 20-6 所示。由于不方便拍摄真实的月亮，该效果图采用一个灯泡来模拟月亮，可以正常检测出灯泡的位置，说明该模型可以正常运行。但从另外一个角度来说，该模型过于简单，检测的精度比较差，它检测出来的是像月亮的东西，而并不一定是真正的月亮。

图 20-6　K210 月亮检测程序运行效果

## 20.2.2　K210 月亮检测程序工作原理

K210 月亮检测程序工作原理如图 20-7 所示，与 20.1.1 介绍的原理基本相同，这个主要是主类采用了 CMyCNN，输出采用了 CYolo 类来实现。

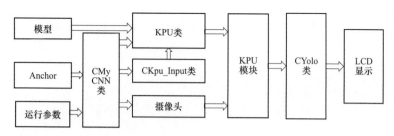

图 20-7　K210 月亮检测程序工作原理

本节的数据输入通过 CKpu_Input 类把 KPU 数据输入指针 kpu_image.addr 指向了摄像头采集数据缓冲区，而本章 20.1.1 节 "K210 卷积运算实例" 的 KPU 数据输入指针 kpu_image.addr 指向了数组 data_input。

本节的数据输出通过 CYolo 类进行处理，而 20.1.1 小节的实例则直接把数据显示到 LCD 屏上。

CYolo 类程序代码如下：

```
#include "yolo.hpp"
class CMyCNN
{
  public:
    CLcd lcd1;
    CCamera cam1;
    CKpu kpu1;
    CYolo yolo1;
void init(float threshold, unsigned int w, unsigned int h, unsigned int c,
unsigned int a, const float* anchor)
    {
        lcd1.init(DIR_YX_LRUD);
        cam1.init();
        kpu1.init();
        yolo1.init(threshold, w, h, c, a, anchor);
    }
```

```
void run()
{
    cam1.wait();
    kpu1.run();
}
void draw()
{
    yolo1.draw(&kpu1.detect_task);
}
}
```

# 第 21 章

# K210 神经网络处理器工作原理分析

## 21.1 K210 使用不同的神经网络模型

### 21.1.1 官方人脸识别模型的应用

上一章介绍了采用 CMyCNN 类实现月亮图像的检测，该类也可以应用于其他的网络模型。下面将以官方的人脸识别 face_detect 为例，介绍不同网络模型的应用方法。

官方人脸识别模型文件名是 detect.kmodel，所以加载模型的程序代码如下：

```
INCBIN(model, "../src/model/detect.kmodel");
```

官方人脸识别模型采用的网络结构是 YOLOv2，官方的人脸识别例子模型的输出网格大小是 20×15。ANCHOR_NUM 等于 5。只识别一个类别，每一个网络的特征量是 ANCHOR_NUM×（类别数量＋5）＝5×（1＋5）＝30。所以模型初始化的程序代码如下：

```
static float anchor[10]={1.889, 2.5245,  2.9465, 3.94056, 3.99987, 5.3658,
5.155437, 6.92275, 6.718375, 9.01025};
cnn.init(0.2, 20, 15, 30, 5, anchor);
```

完整的官方人脸识别模型应用程序如下：

```
#include "main.h"
#include "mycnn.h"
INCBIN(model, "../src/model/detect.kmodel");
CMyCNN cnn;
void setup()
{
static float anchor[10]={1.889, 2.5245,  2.9465, 3.94056, 3.99987, 5.3658,
 5.155437, 6.92275, 6.718375, 9.01025};
    cnn.init(0.2, 20, 15, 30, 5, anchor);
}
void loop()
{
    cnn.run();
    cnn.draw();
}
```

### 21.1.2  YOLOv3-Tiny 模型的应用

在 Obtain_Studio 的 "\Obtain_YOLO_eMake 项目\eMake 演示模板" 里，自带了一个 YOLOv3-Tiny 的演示例子，模型的配置文件为 "cfg\train\yolov3-tiny_my.cfg"，是 YOLOv3-Tiny 的简化版本。有关该实例的样本标注、模型训练等，可参考上一章的例子。对于该例子的 K210 程序，生成的模型文件名为 "yolo.kmodel"，所以加载模型的程序代码如下：

```
INCBIN(model, "../src/model/ yolo.kmodel");
```

该模型的 ANCHOR_NUM 等于 3，则需要以下定义：

```
static float anchor[6]={1.889, 2.5245, 2.9465, 3.94056, 3.99987, 5.3658};
```

该模型输出网格大小是 10，8，一共识别 4 个类别，每一个网格的特征量 ANCHOR_NUM× （类别数量＋5）＝3×（4＋5）＝27，因此，初始化代码如下：

```
cnn.init(0.2, 10, 8, 27, 3, anchor);
```

完整的 YOLOv3-Tiny 模型应用程序如下：

```
#include "main.h"
#include "mycnn.h"
INCBIN(model, "../src/model/detect.kmodel");
CMyCNN cnn;
void setup()
{
static float anchor[10]={ 1.889, 2.5245, 2.9465, 3.94056, 3.99987, 5.3658};
    cnn.init(0.2, 10, 8, 27, 3, anchor);
}
void loop()
{
    cnn.run();
    cnn.draw();
}
```

### 21.1.3  生成 K210 模型

Nncase 是一个为 AI 加速器设计的神经网络编译器。支持常用的 CNN 网络，包括：

（1）MobileNetV1/V2；

（2）YOLOV1 YOLOV3。

Nncase 主要功能包括：

（1）支持多输入/输出网络，支持多分支结构；

（2）静态内存分配，不需要堆内存；

（3）算子合并和优化；

（4）支持 float 和量化 uint8 推理；

（5）支持训练后量化，使用浮点模型和量化校准集；

（6）平坦模型，支持零拷贝加载。

3.0 版本的 Nncase 的编译命令格式如下：

```
ncc.exe -i tflite -o k210model --channelwise-output --dataset images./eMake/
data/weights/yolov3-tiny_my_2_last.tflite ./eMake/data/weights/yolo.kmodel
```

4.0 版本的 Nncase 的编译命令格式如下：

```
ncc compile <input file> <output file> -i <input format> [-o <output
  format>] [-t <target>] [--dataset <dataset path>] [--inference-type
  <inference type>] [--input-mean <input mean>] [--input-std <input std>]
  [--dump-ir] [-v]
```

主要参数：

 <input file>：输入文件；

 <output file>：输出文件；

 -i，--input-format：输入文件格式，例如 tflite；

 -o，--output-format：输出文件格式，例如 kmodel，默认值 kmodel；

 -t，--target：target arch，例如 cpu，k210，默认值 k210；

 --dataset：输入数据集；

 --inference-type：数据类型：例如 float，uint8，默认值 uint8；

 --input-mean：输入平均值，默认值 0.000000；

 --input-std：输入标准值，默认值 1.000000；

 --dump-ir：将 nncase ir 转储到.dot 文件。

4.0 版本的 Nncase 的数据类型命令格式如下：

```
ncc infer <input file> <output path> --dataset <dataset path> [--input-mean
  <input mean>] [--input-std <input std>] [-v]
```

 <input file> ：输入模型；

 <output path> ：输出目录；

 --dataset：输入数据集；

 --input-mean：输入平均值，默认值 0.000000；

 --input-std：输入标准值，默认值 1.000000。

Nncase 的查看版本命令格式如下：

 -v，--version，显示版本

# 21.2　KPU 图 像 检 测 原 理

## 21.2.1　KPU 图像检测程序结构

  KPU 内置卷积、批归一化、激活、池化运算单元，可以对人脸或物体进行实时检测。在官方提供的演示示例 kendryte-standalone-demo 中，包括 ai_demo_sim、Face_detect、kpu 等三个图像检测示例，KPU 图像检测程序结构如图 21-1 所示。

  在图 21-1 中，上半部分是第 7 章"摄像头数据采集"介绍的图像采集与显示程序结构，结构与第 7 章基本上一致，不同之处只是增加了把 KPU 输出的人脸识别窗口叠加到输出图像中。下半部分是第 19 章"K210 人工神经网络应用设计"介绍的 KPU 作原理（见图 21-10）。

KPU 图像检测工作原理如图 21-2 所示,通过 KPU 进行卷积运算,把输出结果送入 Region 层,计算目标区域,最后在把目标区域绘制在输出图像中。目标区域绘制方式又分两种,一种是直接通过 SPI 接口把数据输出到 LCD 上;另外一种是把要绘制的数据更新到 DVP 接口显示内存中,然后再把整个图像数据输出到 LCD 上。

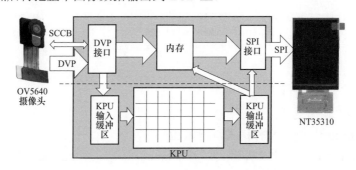

图 21-1　KPU 图像检测程序结构

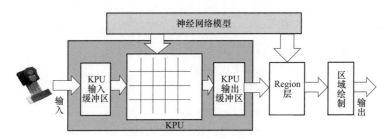

图 21-2　KPU 图像检测工作原理

与第 19 章 "K210 人工神经网络应用设计" 介绍的 KPU 做原理比较,KPU 图像检测主要是把数据输入换成了摄像头图像输入,输出多了 Region 层作为输出计算,然后再把输出结果绘制叠加到图片最后绘制到 LCD 上。

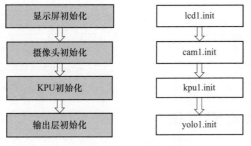

图 21-3　KPU 应用程序初始化过程

### 21.2.2　KPU 图像检测程序初始化和工作流程

#### 1. KPU 应用程序初始化过程

KPU 初始化过程如图 21-3 所示包括显示屏、摄像头、KPU、输出层四个部分的初始化过程。

在 KPU 应用程序初始化过程中,特别需要重点关注的是图像数据如何输入到 KPU 中,以及 KPU 运算结果又如何显示到 LCD 上。在摄像头初始化过程中,分配两块图像内容,一个是用于 KPU 的 RGB 三通道内存,另外一个是用于图像显示的内容,其声明如下:

```
static image_t kpu_image, display_image;
```

(1) display_image.addr 是摄像头的图像显示缓冲区。

(2) kpu_image.addr 是 PKU 的三个输入通道(RGB 三色)的数据缓冲区。

一头通过 dvp_set_ai_addr 成员函数设置成图像数据缓冲区,从摄像头采集到的数据保存一份到该缓冲区中；另外一头通过 kpu1.run 设置成 KPU 的输入缓冲区，为 KPU 提供数据源，如图 21-4 所示。

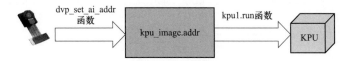

图 21-4　KPU 输入缓冲区

设置程序代码如下：

```
dvp_set_ai_addr(h(kpu_image.addr), (h(kpu_image.addr) + 320 * 240),
(h(kpu_image.addr) + 320 * 240 * 2));
dvp_set_display_addr(h(display_image.addr));
```

（3）kpu1.kpu_outbuf 是 PKU 的输出缓冲区，一头连接 KPU 的输出，一头连接 Region 层的输入，如图 21-5 所示。

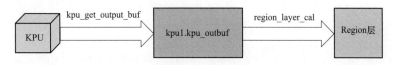

图 21-5　KPU 输出缓冲区

在 KPU 初始化时，也就是调用 kpu1.init（）时，进行了 KPU 输出缓冲区的分配。在底层，通过调用库函数 kpu_get_output_buf 来分配输出缓冲区。输出缓冲区的大小，由模型输出层结构和实际需要决定。

2. KPU 主循环工作流程

KPU 神经网络处理器主循环的工作流程如图 21-6 所示。

（1）等待采集一帧图像。设置图像采集中断，通过检测 g_dvp_finish_flag 标志来识别一帧图像采集是否已经完成，如果没有完成则等待，程序代码如下：

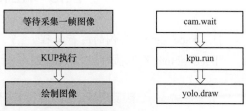

图 21-6　KPU 主循环工作流程

```
void wait(void)
{
  dvp_clear_interrupt(DVP_STS_FRAME_START | DVP_STS_FRAME_FINISH);
  dvp_config_interrupt(DVP_CFG_START_INT_ENABLE |
DVP_CFG_FINISH_INT_ENABLE, 1);
  while (g_dvp_finish_flag == 0);
  g_dvp_finish_flag = 0;
  cam_ram_mux ^= 0x01;
}
```

（2）KUP 执行。KUP 执行过程通过调用库函数 kpu_run_kmodel 来实现，通过检测 g_dvp_finish_flag 标志来识别 KPU 是否运算完成，程序代码如下：

```
void run()
```

```
{
    g_ai_done_flag = 0;
::kpu_run_kmodel(&detect_task, kpu_image.addr, DMAC_CHANNEL5
, ai_done, NULL);
    while(!g_ai_done_flag);
}
```

（3）绘制图像。绘制图像过程准备读取 KPU 输出数据，然后转换成识别框坐标，并把框绘制到图像数据中，最后把图像数据送到 LCD 上显示，程序代码如下：

```
void draw(kpu_model_context_t *detect_task)
{
    float *output;
    size_t output_size;
    kpu_get_output(detect_task, 0, (uint8_t **)&output, &output_size);
    detect_rl.input = output;
    region_layer_run(&detect_rl, &face_detect_info);
    for(uint32_t cnt=0;cnt<face_detect_info.obj_number;cnt++)
    {
        draw_edge_rect(display_image.addr, &face_detect_info, cnt, RED);
    }
    lcd_draw_picture(0, 0, 320, 240, (uint32_t *)display_image.addr);
}
```

## 21.3 K210 工作原理分析

1. Face_detect 实例的运行流程

Face_detect 实例执行过程如图 21-7 所示，包括：

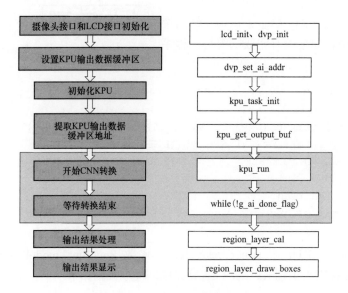

图 21-7　Face_detect 实例执行过程

（1）kpu1.init（）：初始化 KPU，部署 CNN 结构；

（2）while（CCamera：：cam_dvp_finish_flag ＝＝ 0）：等待一帧图像采集完成；

（3）kpu1.run：开始 CNN 运算；

（4）region_layer_cal：开始 Region 运算，确定人脸区域；

（5）lcd.image：绘制图像；

（6）region_layer_draw_boxes：绘制人脸区域。

2．KPU 初始化过程

KPU 初始化过程如图 21-8 所示，首先构建总体结构，设置层数；接着构建每一层结构；用训练好的模型参数初始化每一层参数。

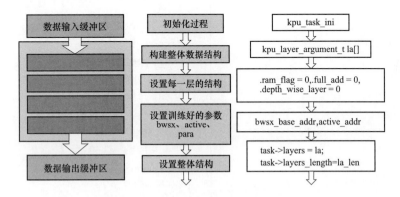

图 21-8　KPU 初始化过程

KPU 初始化过程需要导入层结构。在 kpu_run_dma_input 函数中设置 pool、active、para 等参数地址，如下所示：

```
la[0].kernel_pool_type_cfg.data.bwsx_base_addr ＝ (uint64_t)&bwsx_base_addr_0;
la[0].kernel_calc_type_cfg.data.active_addr ＝ (uint64_t)&active_addr_0;
la[0].kernel_load_cfg.data.para_start_addr ＝ (uint64_t)&para_start_addr_0;
```

下面是输入层和第 1 层结构的对照，其中图像数据地址，互为交换，即第 0 层的输出是第 1 层的输入，而第 1 层的输出又重复使用第 0 层的输入地址，该地址也就是第 2 层的输入。也就是说，各层共用两块内存作为输入和输出。输入层和第 1 层结构如下：

```
// 0                                  | // 1
{                                     | {
 .interrupt_enabe.data = {            |  .interrupt_enabe.data = {
  .int_en = 0,                        |   .int_en = 0,
  .ram_flag = 0,                      |   .ram_flag = 0,
  .full_add = 0,                      |   .full_add = 0,
  .depth_wise_layer = 0               |   .depth_wise_layer = 1
 },                                   |  },
 .image_addr.data = {                 |  .image_addr.data = {
  .image_src_addr = (uint64_t)0x0,    |   .image_src_addr = (uint64_t)0x6980,
  .image_dst_addr = (uint64_t)0x6980  |   .image_dst_addr = (uint64_t)0x0
```

```
  },                                      },
  .image_channel_num.data = {             .image_channel_num.data = {
   .i_ch_num = 0x2,                        .i_ch_num = 0xf,
   .o_ch_num = 0xf,                        .o_ch_num = 0xf,
   .o_ch_num_coef = 0xf                    .o_ch_num_coef = 0xf
  },                                      },
  .image_size.data = {                    .image_size.data = {
   .i_row_wid = 0x13f,                     .i_row_wid = 0x9f,
   .i_col_high = 0xef,                     .i_col_high = 0x77,
   .o_row_wid = 0x9f,                      .o_row_wid = 0x9f,
   .o_col_high = 0x77                      .o_col_high = 0x77
  },                                      },
  .kernel_pool_type_cfg.data = {          .kernel_pool_type_cfg.data = {
   .kernel_type = 1,                       .kernel_type = 1,
   .pad_type = 0,                          .pad_type = 0,
   .pool_type = 1,                         .pool_type = 0,
   .first_stride = 0,                      .first_stride = 0,
   .bypass_conv = 0,                       .bypass_conv = 0,
   .load_para = 1,                         .load_para = 1,
   .dma_burst_size = 15,                   .dma_burst_size = 15,
   .pad_value = 0x0,                       .pad_value = 0x15,
   .bwsx_base_addr = 0                     .bwsx_base_addr = 0
  },                                      },
  .kernel_load_cfg.data = {               .kernel_load_cfg.data = {
   .load_coor = 1,                         .load_coor = 1,
   .load_time = 0,                         .load_time = 0,
   .para_size = 864,                       .para_size = 288,
   .para_start_addr = 0                    .para_start_addr = 0
  },                                      },
  .kernel_offset.data = {                 .kernel_offset.data = {
   .coef_column_offset = 0,                .coef_column_offset = 0,
   .coef_row_offset = 0                    .coef_row_offset = 0
  },                                      },
  .kernel_calc_type_cfg.data = {          .kernel_calc_type_cfg.data = {
   .channel_switch_addr = 0x4b0,           .channel_switch_addr = 0x168,
   .row_switch_addr = 0x5,                 .row_switch_addr = 0x3,
   .coef_size = 0,                         .coef_size = 0,
   .coef_group = 1,                        .coef_group = 1,
   .load_act = 1,                          .load_act = 1,
   .active_addr = 0                        .active_addr = 0
  },                                      },
  .write_back_cfg.data = {                .write_back_cfg.data = {
   .wb_channel_switch_addr = 0x168,        .wb_channel_switch_addr = 0x168,
   .wb_row_switch_addr = 0x3,              .wb_row_switch_addr = 0x3,
   .wb_group = 1                           .wb_group = 1
  },                                      },
  .conv_value.data = {                    .conv_value.data = {
```

```
 .shr_w = 0,                        .shr_w = 15,
 .shr_x = 7,                        .shr_x = 7,
 .arg_w = 0x0,                      .arg_w = 0xf592e0,
 .arg_x = 0xb8cb99                  .arg_x = 0xbfbdc7
},                                 },
.conv_value2.data = {              .conv_value2.data = {
 .arg_add = 0                       .arg_add = 6174521
},                                 },
.dma_parameter.data = {            .dma_parameter.data = {
 .send_data_out = 0,                .send_data_out = 0,
 .channel_byte_num = 19199,         .channel_byte_num = 19199,
 .dma_total_byte = 307199           .dma_total_byte = 307199
 }                                  }
},                                 },
```

### 3. 数据输入缓冲区设置

数据输入缓冲区设置通过 dvp_set_ai_addr 函数实现。dvp_set_ai_addr 函数很特别，用于
KPU 设置图片数据的输入，但却放在 DVP 里，也就
是说，KPU 的输入数据来源于 DVP，也就是来源于
摄像头，如图 21-9 所示。如果数据不是来源于摄像
头，那么就需要用其他数据来代替此处的数据。

数据输入缓冲区由主程序中指定，数据输出缓冲
区在初始化过程中通过 KPU 库函数 kpu_get_output_buf
根据设置的最后一层网络结构大小进行分配。

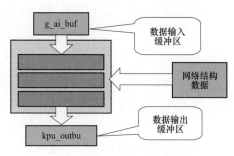

图 21-9　数据输入缓冲区设置

### 4. KPU 启动过程

kpu_run 是启动 KPU 的函数，是整个计算过程的
入口函数，也是程序的核心，kpu_run 的函数结构如
图 21-10 所示，包括网络结构、DMA 通道、数据输入缓冲区、数据输出缓冲区、状态回调函
数等参数。

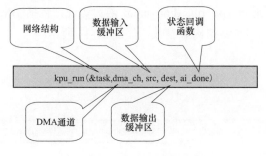

图 21-10　kpu_run 的函数结构

kpu_run 的函数的实现代码如下：

```
int kpu_run(kpu_task_t* v_task, dmac_channel_number_t dma_ch, const void *src,
void* dest, plic_irq_callback_t callback)
 {
```

```
    if(atomic_cas(&g_kpu_context.kpu_status, 0, 1))
        return -1;
    memcpy((void *)&g_kpu_context.kpu_task, v_task, sizeof(kpu_task_t));
    kpu_task_t *task = (kpu_task_t *)&g_kpu_context.kpu_task;
    kpu_layer_argument_t* last_layer = &task->layers[task->layers_length-1];
    uint64_t output_size = last_layer->dma_parameter.data.dma_total_byte+1;

    last_layer->dma_parameter.data.send_data_out = 1;
    last_layer->interrupt_enabe.data.int_en = 1;

    task->dma_ch = dma_ch;
    task->dst = dest;
    task->dst_length = output_size;
    task->cb = callback;
    task->remain_layers_length = task->layers_length;
    task->remain_layers = task->layers;

    plic_irq_enable(IRQN_AI_INTERRUPT);
    plic_set_priority(IRQN_AI_INTERRUPT, 1);
    plic_irq_register(IRQN_AI_INTERRUPT, kpu_continue, task);
        kpu_run_dma_input(dma_ch,  src,  kpu_run_dma_input_done_push_layers,
task);
    return 0;
}
```

从上述程序可以看出，task→dst 指向输出缓冲区，task→dst 在 kpu_run_dma_output 函数中使用：

```
kpu_run_dma_output(task->dma_ch, task->dst, last_layer->dma_parameter.data.
dma_total_byte+1, kpu_run_all_done, task);
```

5. KPU 的 DMA 设置

KPU 的 DMA 设置通过 kpu_run_dma_input 函数实现，包括 DMA 通道、数据输入缓冲区、DMA 中断响应函数、网络结构等参数，如图 21-11 所示。

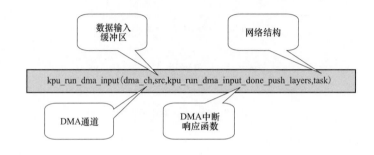

图 21-11　KPU 的 DMA 设置

kpu_run_dma_input 函数设置 DMA，当接收完数据产生中断时，调用 pu_run_dma

_input_done_push_layers 函数。kpu_run_dma_input 函数实现代码如下：

```
static   void   kpu_run_dma_input(uint32_t   dma_ch,   const   void*   src,
plic_irq_callback_t cb, void* _task)
{
    kpu_task_t* task = _task;
    kpu_layer_argument_t* first_layer = &task->layers[0];
uint64_t input_size = first_layer->kernel_calc_type_cfg.data.channel_
switch_addr * 64 * (first_layer->image_channel_num.data.i_ch_num+1);
    dmac_set_irq(dma_ch, cb, _task, 1);
dmac_set_single_mode(dma_ch, (void *)src, (void *)(AI_IO_BASE_ADDR),
 DMAC_ADDR_INCREMENT, DMAC_ADDR_INCREMENT,
        DMAC_MSIZE_16, DMAC_TRANS_WIDTH_64, input_size / 8);
}
```

### 6. DMA 模式设置

kpu_run_dma_input 通过调用 dmac_set_single_mode 函数实现 DMA 模式设置，dmac_set_single_mode 函数参数如图 21-12 所示，包括 DMA 通道、数据输入缓冲区、源地址增加或不增加、目标缓冲区、源地址增加或不增加、目标地址增加或不增加、DMAC 突发长度、传输数据宽度、传输长度等参数。

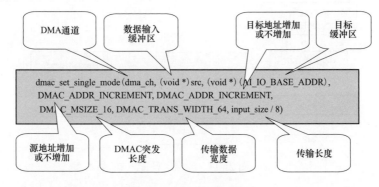

图 21-12　DMA 模式设置

kpu_run_dma_input_done_push_layers 函数实现代码如下：

```
static int kpu_run_dma_input_done_push_layers(void* _task)
{
    kpu_task_t* task = (kpu_task_t*)_task;
    kpu->interrupt_clear.reg = 7;
    dmac->channel[task->dma_ch].intclear = 0xFFFFFFFF;
    kpu->fifo_threshold.data = (kpu_config_fifo_threshold_t)
    {
        .fifo_full_threshold = 10, .fifo_empty_threshold=1
    };
    kpu->eight_bit_mode.data = (kpu_config_eight_bit_mode_t)
    {
        .eight_bit_mode=task->eight_bit_mode
    };
```

```
    kpu_layer_argument_t* last_layer=&task->layers[task->layers_length-1];
kpu_run_dma_output(task->dma_ch, task->dst, last_layer->dma
_parameter.data.dma_total_byte+1, kpu_run_all_done, task);
    kpu->interrupt_mask.data = (kpu_config_interrupt_t)
    {
        .calc_done_int=0,
        .layer_cfg_almost_empty_int=0,
        .layer_cfg_almost_full_int=1
    };
    kpu_continue(task);
    return 0;
}
```

7. 输出层设置

输出层设置过程如图 21-13 所示，在调用 kpu_run_dma_input 函数时，第三个参数是 kpu_run_dma_input_done_push_layers，也就是设置输出层函数。

kpu_run_dma_input_done_push_layers 函数是完成数据输入之后，响应 DMA 中断的回调函数。在该函数之中主要是通过 kpu_run_dma_output 设置 KPU 的输出 DMA，然后整数运算过程就交给 KPU 去完成，只要等待运算输出结果即可。

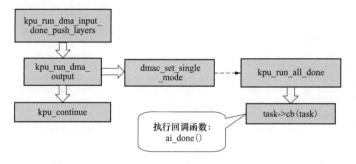

图 21-13 输出层设置

8. 设置输出层 DMA

在上述输出层设置函数 kpu_run_dma_input_done_push_layers 之中，通过调用 kpu_run_dma_output 函数实现 KPU 的输出 DMA 的设置，该函数的参数包括 DMA 通道、目标缓冲区、传输数据宽度、回调函数、KUP 数据结构等，如图 21-14 所示。

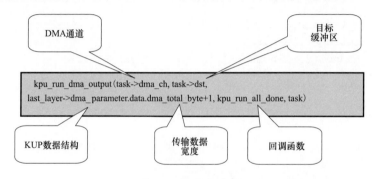

图 21-14 输出层设置

kpu_run_dma_output 函数的实现代码如下：

```
static int kpu_run_dma_output(uint32_t dma_ch, void* dst, uint32_t length,
plic_irq_callback_t cb, void* _task)
{
    sysctl_dma_select(dma_ch, SYSCTL_DMA_SELECT_AI_RX_REQ);
    dmac_set_irq(dma_ch, kpu_run_all_done, _task, 1);
dmac_set_single_mode(dma_ch, (void *)(&kpu->fifo_data_out),
(void *)(dst), DMAC_ADDR_NOCHANGE, DMAC_ADDR_INCREMENT,
        DMAC_MSIZE_8, DMAC_TRANS_WIDTH_64, (length＋7)/8);
    return 0;
}
```

设置输出 DMA 最终调用 dmac_set_single_mode 函数实现，该函数的用法与上述输入层的用法类似，如图 21-15 所示。

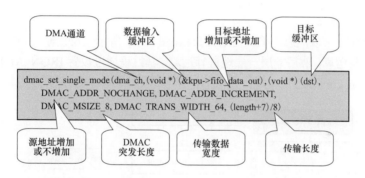

图 21-15　输出层 dmac_set_single_mode 函数设置

从上述程序可以看出，输出缓冲区的数据是从 kpu->fifo_data_out 而来。

9.　KPU 输出缓冲区

在上述输出 DMA 设置之中，有一个关键的参数 fifo_data_out，它是 KPU 输出缓冲区。该输出缓冲区在 KPU 系统配置的结构 kpu_config_t 之中定义，如图 21-16 所示。

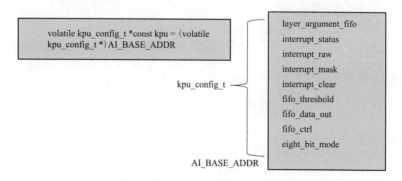

图 21-16　KPU 系统配置结构

kpu 指向 AI_BASE_ADDR 存储器空间，kpu 的定义如下：

```
volatile kpu_config_t *const kpu ＝ (volatile kpu_config_t *)AI_BASE_ADDR;
```

AI_BASE_ADDR 存储器空间起始地址为 0x40800000，定义如下：

```
#define AI_BASE_ADDR        (0x40800000U)
#define AI_SIZE             (12 * 1024 * 1024U)
```

10. KPU 执行运算完成的回调函数

KPU 执行运算完成之后，通过一个回调函数 kpu_run_all_done 的调用来实现状态的返回，kpu_run_all_done 的实现代码如下：

```
static int kpu_run_all_done(void* _task)
{
    atomic_swap(&g_kpu_context.kpu_status, 0);
    kpu_task_t* task = (kpu_task_t*)_task;
    task->cb(task);
    return 0;
}
```

11. KPU 执行过程

根据上述介绍，可以汇总出 KPU 执行过程如图 21-17 所示，设置输入 DMA 之后，首先完成第一层的配置与运算，然后一层一层地进行运算，其过程通过设置 IRQN_AI_INTERRUPT 中断的回调函数 kpu_continue 来实现。

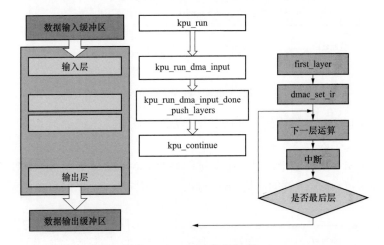

图 21-17　KPU 执行过程

kpu_continue 函数的实现代码如下：

```
int kpu_continue(void* _task)
{
  kpu_task_t* task = (kpu_task_t*)_task;
  int layer_burst_size = 1;
  kpu->interrupt_clear.data = (kpu_config_interrupt_t)
  {
    .calc_done_int=1,
    .layer_cfg_almost_empty_int=1,
    .layer_cfg_almost_full_int=1
```

```
};
if(task->remain_layers_length == 0){ return 0; }
if(task->remain_layers_length <= layer_burst_size)
{
  for(uint32_t i=0; i<task->remain_layers_length; i++)
  {
    kpu->layer_argument_fifo = task->remain_layers[i].interrupt_enabe.reg;
    kpu->layer_argument_fifo = task->remain_layers[i].image_addr.reg;
    kpu->layer_argument_fifo = task->remain_layers[i].image_channel_num.reg;
    kpu->layer_argument_fifo = task->remain_layers[i].image_size.reg;
    kpu->layer_argument_fifo =
task->remain_layers[i].kernel_pool_type_cfg.reg;
    kpu->layer_argument_fifo = task->remain_layers[i].kernel_load_cfg.reg;
    kpu->layer_argument_fifo = task->remain_layers[i].kernel_offset.reg;
    kpu->layer_argument_fifo =
 task->remain_layers[i].kernel_calc_type_cfg.reg;
    kpu->layer_argument_fifo = task->remain_layers[i].write_back_cfg.reg;
    kpu->layer_argument_fifo = task->remain_layers[i].conv_value.reg;
    kpu->layer_argument_fifo = task->remain_layers[i].conv_value2.reg;
    kpu->layer_argument_fifo = task->remain_layers[i].dma_parameter.reg;
  }
  task->remain_layers_length = 0;
}
else
{
  for(uint32_t i=0; i<layer_burst_size; i++)
  {
    kpu->layer_argument_fifo = task->remain_layers[i].interrupt_enabe.reg;
    kpu->layer_argument_fifo = task->remain_layers[i].image_addr.reg;
    kpu->layer_argument_fifo = task->remain_layers[i].image_channel_num.reg;
    kpu->layer_argument_fifo = task->remain_layers[i].image_size.reg;
    kpu->layer_argument_fifo =
task->remain_layers[i].kernel_pool_type_cfg.reg;
    kpu->layer_argument_fifo = task->remain_layers[i].kernel_load_cfg.reg;
    kpu->layer_argument_fifo = task->remain_layers[i].kernel_offset.reg;
    kpu->layer_argument_fifo =
task->remain_layers[i].kernel_calc_type_cfg.reg;
    kpu->layer_argument_fifo = task->remain_layers[i].write_back_cfg.reg;
    kpu->layer_argument_fifo = task->remain_layers[i].conv_value.reg;
    kpu->layer_argument_fifo = task->remain_layers[i].conv_value2.reg;
    kpu->layer_argument_fifo = task->remain_layers[i].dma_parameter.reg;
  }
  task->remain_layers += layer_burst_size;
  task->remain_layers_length -= layer_burst_size;
}
return 0;
}
```

### 12. 输出缓冲区分配

输出缓冲区分配通过库函数 kpu_get_output_buf 实现，程序代码如下：

```
uint8_t *kpu_get_output_buf(kpu_task_t* task)
{
    kpu_layer_argument_t* last_layer = &task->layers[task->layers_length-1];
size_t output_size = ((last_layer->dma_parameter.data.dma_total_byte+1)
 + 7) / 8 * 8;
    return malloc(output_size);
}
```

分配输出缓冲的过程中，首先读取最后一层，然后再读取最后一层的输出参数空间大小。分配输出缓冲区的大小主要是通过读取最后一层的 dma_parameter.data．dma_total_byte 参数来决定。例如官方人脸识别例子中，第 15 层的网络结构定义里有如下内容：

```
.dma_parameter.data = {
 .send_data_out = 0,
 .channel_byte_num = 69,
 .dma_total_byte = 2099
 }
```

### 13. 输入缓冲区的分配

KPU 输入缓冲区的分配，由 run 成员函数提供，代码如下：

```
void run(const void *src,
 dmac_channel_number_t dma_ch=dmac_channel_number_t(5))
{
    kpu_run(&task, dma_ch, src, kpu_outbuf, ai_done);
}
```

调用了官方库函数 kpu_run，kpu_run 函数定义在上面已经有介绍。通过 kpu_run_dma_input 函数把输入缓冲区地址传给内核，调用方法如下：

```
kpu_run_dma_input(dma_ch, src, kpu_run_dma_input_done_push_layers, task);
```

在 kpu_run_dma_input 函数内部又通过调用 dmac_set_single_mode 函数，把输入缓冲区的地址直接设置成了 DMA 数据输入地址，这样就可以通过 DMA 把数据读进 KPU 中。DMA 的接收响应函数是 kpu_run_dma_input_done_push_layers。

```
dmac_set_single_mode(dma_ch, (void *)src, (void *)(AI_IO_BASE_ADDR),
DMAC_ADDR_INCREMENT, DMAC_ADDR_INCREMENT,
        DMAC_MSIZE_16, DMAC_TRANS_WIDTH_64, input_size / 8);
```

调用 dmac_set_single_mode 函数时，第三个参数是 DMA 的目标缓冲区。也就是说，KPU 外部输入的数据通过 DMA 传输到了地址 AI_IO_BASE_ADDR 之中。那么 AI_IO_BASE_ADDR 是什么呢？在 platform.h 文件之中，有如下定义：

```
#define AI_IO_BASE_ADDR    (0x40600000U)
#define AI_IO_SIZE         (2 * 1024 * 1024U)
```

AI_IO_BASE_ADDR 的基地址是 0x40600000，大小为 $2 \times 1024 \times 1024$，等于 2，097，152，也就是 2M 的内存空间。这个就是 KPU 的 IO 输入地址。

# 第22章

# K210 神经网络处理器应用实例

## 22.1 K210 手势检测应用示例

### 22.1.1 手势样本采集与标注

#### 1. 手势视频收集

常见手势包括动态手势和静态手势，其中静态手势又包括单手手势和双手手势，包括数字（0，1，2，3，4，5，6，7，8，9）、拳头、OK、比心、作揖、作别、祈祷、我爱你、点赞、Diss、Rock、竖中指等，可以应用于智能家电、家用机器人、可穿戴、儿童教具等硬件设备，通过用户的手势控制对应的功能，人机交互方式更加智能化、自然化。

本示例为了方便写程序和演示实现过程，只检测单手静态手势的检测，并且只检测 0～5 的数字。

为了提高手势检测的适应性，应用多准备不同人手不同场景的手势视频。本示例准备了两个人在两种不同背景的手势视频，共四段手势视频，如图 22-1 所示。

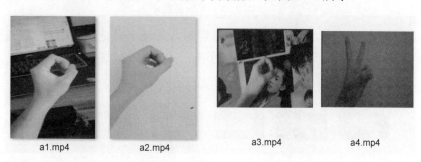

| a1.mp4 | a2.mp4 | a3.mp4 | a4.mp4 |

图 22-1 准备手势视频

#### 2. 创建 Obtain_YOLO_eMake 项目

在 Obtain_Studio 中采用"\Obtain_YOLO_eMake 项目\eMake 空模板"，创建一个空的 eMake 项目，项目名称为"emake_cnn_test_002"，如图 22-2 所示。

#### 3. 手势图像采集

在 Obtain_Studio 中打开 emake_cnn_test_002 项目并单击工具条上的启动按钮，启动 Obtain_YOLO_易标注软件（简称"eMake"），选择菜单"视频采集—打开视频文件"，如图

22-3 所示。

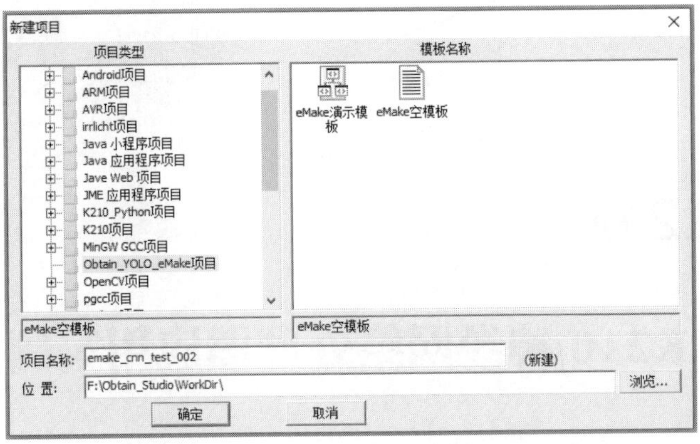

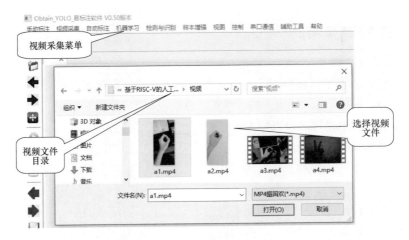

图 22-2　创建 Obtain_YOLO_eMake 项目

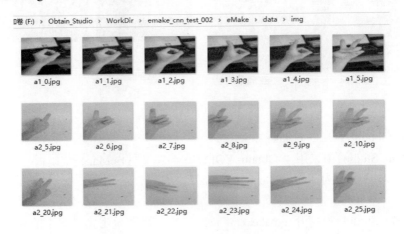

图 22-3　视频采集

先后分别选择上述 4 个视频文件进行采集。采集完成之后，在"\emake_cnn_test_002\eMake\data\img"目录下，生成了相应的手势图片文件，如图 22-4 所示。

| F: (F:) > Obtain_Studio > WorkDir > emake_cnn_test_002 > eMake > data > img |

a1_0.jpg　a1_1.jpg　a1_2.jpg　a1_3.jpg　a1_4.jpg　a1_5.jpg

a2_5.jpg　a2_6.jpg　a2_7.jpg　a2_8.jpg　a2_9.jpg　a2_10.jpg

a2_20.jpg　a2_21.jpg　a2_22.jpg　a2_23.jpg　a2_24.jpg　a2_25.jpg

图 22-4　手势图片文件

4．手势样本图片收集标注

Obtain_YOLO_易标注软件中，打开菜单"手动标注—打开图片"，打开"\emake_cnn_test_002\eMake\data\img"目录下的图片文件，然后可以对样本图片进行标注，对于包含手势的图片，框出手势的位置和大小，如图 22-5 所示。也可以打开菜单"手动标注—打开目录"，选择"\emake_cnn_test_002\eMake\data\img"目录。也可以选择左边工具条上的第一个图标"打开图片"来打开图片文件。

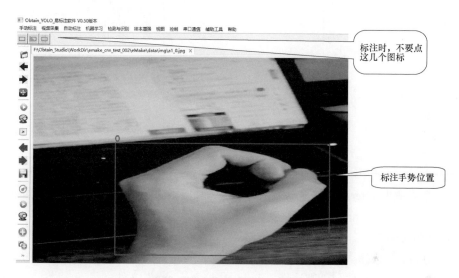

图 22-5　手势样本图片收集标注

在标注之前，最后找一些没有手势的图片添加到"\emake_cnn_test_002\eMake \data\img"目录里，作为负样本，这样可以提高网络的检测适应性。对于不包含手势的图片，也要用鼠标单击一下图片，生成一个空的标注文件。之所以需要生成空的标注文件，是因为 Obtain_YOLO_易标注软件只训练标注过的图片，没有标注过的图片不参与训练。Obtain_YOLO_易标注软件详细的使用文件可以参考该项软件的帮助文件。

5．样本增强

标注完所有样本之后，即可以使用 Obtain_YOLO_易标注软件中的样本增强功能，来实现手势图片样本的增强。在 Obtain_YOLO_易标注软件中选择菜单"样本增强—目录下所有样本增强"，增强的数量选择每一个样本增加 10 个增强样本。增强的样本保存到了本项目的"emake_cnn_test_002\eMake\data\ increase"目录下。

### 22.1.2　YOLO 手势检测网络模型设计

1．配置卷积神经网络结构

（1）模型配置文件的选择：在 Obtain_YOLO_易标注软件主窗口右边的模型选项中，选择"cfg\train\yolov3-tiny_my.cfg"配置文件。

（2）网络配置、最后一个卷积层、输入层配置。olov3-tiny_my.cfg 配置文件的网络配置、最后一个卷积层、输入层配置如表 22-1 所示。

表 22-1　　　　　　　　　　　　　网络配置、最后一个卷积层、输入层

| 网 络 配 置 | 最后一个卷积层 | 输 入 层 |
|---|---|---|
| [net]<br>batch＝32<br>subdivisions＝16<br>width＝320<br>height＝240<br>channels＝3<br>momentum＝0.9<br>decay＝0.0005<br>angle＝0<br>saturation＝0<br>exposure＝0<br>hue＝0<br>learning_rate＝0.001<br>burn_in＝20<br>max_batches＝5000000<br>policy＝steps<br>steps＝20, 4000<br>scales＝.1, .1 | [convolutional]<br>size＝1<br>stride＝1<br>pad＝1<br>filters＝33<br>activation＝linear | [yolo]<br>mask＝0, 1, 2<br>anchors＝10, 14, 37, 58, 135, 169<br>classes＝6<br>num＝3<br>jitter＝.3<br>ignore_thresh＝.7<br>truth_thresh＝1<br>random＝0 |

最后一个卷积层 filters 的计算方法是：

$$\text{num} \times （类别数量＋5）＝3 \times （6＋5）＝33$$

2. 其他相关配置

（1）Darknet 的选择：如果计算机带有英伟达显卡并支持 CUDA10.0 版本程序，可以选择 "darknet_gpu.exe" 文件，否则选择 "darknet_no_gpu.exe" 文件。

（2）目标列表文件，由于本网络检测手势六类目标，包括 0、1、2、3、4、5。

（3）训练 daga 文件，由于本网络检测手势六类目标，因此训练 daga 文件的 classes 属性等于 6。

3. 模型训练

在 Obtain_YOLO_易标注软件中选择菜单 "机器学习—启动训练" 或者单击主窗口左边的 "启动训练" 图标，可以启动 Darknet 的训练过程。当 LOSS 到达 1 左右即可，如图 22-6 所示，当然如果不赶时间，也还可以继续训练下去。

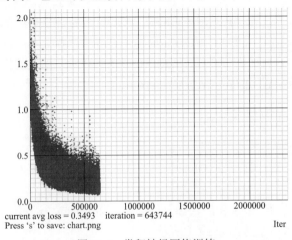

图 22-6　卷积神经网络训练

4. 模型测试

在 Obtain_YOLO_易标注软件中，采用"自动标注""检测与检测""控制"进行模型的测试。

（1）自动标注。采用自动标注的功能进行测试。选择菜单"自动标注—下一个图片"或者"自动标注—上一个图片"，或者单击主窗口左边的"自动标注—下一个图片"图标或者"自动标注—上一个图片"，可以自动地使用模型把测试结果绘制到图片上。

（2）检测与检测。采用检测与检测的功能进行测试。选择菜单"检测与检测—图片文件检测"或者"检测与检测—视频文件检测" 或者"检测与检测—摄像头视频检测"完成检测与检测功能。

（3）控制。采用控制功能进行测试，该控制功能可以把检测结果通过计算机串口输出，方便应用于其他项目。选择菜单"控制—打开图片文件"或者"控制—打开视频文件"或者"控制—打开摄像头视频"完成控制功能。

5. 生成 TFLite 和 KModel 文件

在 Obtain_YOLO_易标注软件中训练完成之后，关闭 Darknet 和 Obtain_YOLO_易标注软件，Darknet 软件需要在 Windows 自带的任务管理器中关闭。回到 Obtain_Studio 中的"emake_cnn_test_002"项目，打开 emake_cnn_test_002.prj 文件，可以看到生成 TFLite 和 KModel 文件的命令代码，修改成以下内容：

```
<compile>
python DW2TF/convert.py
./eMake/cfg/test/yolov3-tiny_my_test.cfg
./eMake/data/weights/yolov3-tiny_my_last.weights
./eMake/data/weights/yolov3-tiny_my_last.h5 -p
python DW2TF/keras2tflite.py
./eMake/data/weights/yolov3-tiny_my_last.h5
./eMake/data/weights/yolov3-tiny_my_last.tflite
ncc.exe -i tflite -o k210model --channelwise-output
--dataset images
./eMake/data/weights/yolov3-tiny_my_last.tflite
./eMake/data/weights/yolo.kmodel
</compile>
```

单击 Obtain_Studio 工具条上的编译按钮，可以生成 TFLite 和 KModel 文件。在"\emake_cnn_test_002\eMake\data\weights"目录下，会生成以下模型文件：

（1）yolov3-tiny_my_last.weights，Darknet 模型文件。

（2）yolov3-tiny_my_last.h5，Keras 模型文件。

（3）yolov3-tiny_my_last.tflite，TFLite 模型文件。

（4）yolo.kmodel，K210 模型文件。

## 22.1.3　在安卓中实现手势检测

在 Obtain_Studio 中选择菜单"文件—打开项目"，选择上述"emake_cnn_test_002"项目根目录下的 android.prj 文件然后打开，即打开安卓项目，可以在 Obtain_Studio 中打开手势检测模型应用于安卓程序。

打开安卓项目之后，再双击左边的文件管理器，然后修改 android.prj 中的编译命令 <compile>，最终采用如下内容：

```
<compile>
copy .\eMake\data\weights\yolov3-tiny_my_last.tflite .\app\src\main\assets\yolov3-tiny_my_last.tflite
copy .\eMake\data\obj.names .\app\src\main\assets\yolov3-tiny_my_last.txt
gradlew build
</compile>
```

在 Obtain_Studio 中打开 TinyClassifier.java，路径是"\emake_cnn_test_002\app\src\main\java\com\amitshekhar\tflite"，修改 TinyClassifier 函数中的程序内容，代码如下：

```
super(assetManager, "yolov3-tiny_my_last.tflite"
, "yolov3-tiny_my_last.txt", 320, 240);
mAnchors = new int[]{10, 14, 37, 58, 135, 169};
mMasks = new int[][]{{0, 1, 2}};
mOutWidth_w = new int[]{10};
mOutWidth_h = new int[]{8};
mObjThresh = 0.1f;
cc=3*(5 + mLabelList.size());
```

在 Obtain_Studio 中编译，然后把"\emake_cnn_test_002\app\build\outputs\ apk\debug"目录下编译生成的 app-debug.apk 文件拷贝到安卓手机上安装并运行，运行效果如图 22-7 所示。

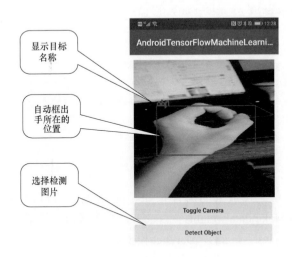

图 22-7　安卓中实现手势运行效果

### 22.1.4　在 K210 中实现手势检测

通过 Obtain_Studio 的"文件—打开项目"，选择"emake_cnn_test_002"项目下"K210"子目录的 k210.prj 文件打开项目。上述构建的卷积神经网络采用的是 YOLO 网络进行简化，因此需要为网络准备好 Anchor 数据，以及输入和运行参数的配置。需要准备以下三方面的工作：

（1）模型导入。采用上述步骤生成的模型：INCBIN（model，"../src/model/yolo.kmodel"）。

（2）准备 Anchor 数据。

static float anchor［2］＝{1.889，2.5245}；

（3）运行参数。

1）选择概率：float threshold＝0.1。

2）最后一层特征图宽度：unsigned int w＝40。

3）最后一层特征图高度：unsigned int h＝30。

4）最后一层特征图数量：unsigned int c＝6，即 Anchor 数量×（类别数量＋5）＝3×（6＋5）＝33。

5）Anchor 数量：unsigned int a＝3。

（4）输入/输出数据。使用摄像头采集到的图像作为输入数据。输出数据是手势的位置框数据，绘制到 LCD 屏上显示出来。

主程序 main.cpp 代码如下：

```cpp
#include "main.h"
#include "mycnn.h"
INCBIN(model, "../src/model/yolo.kmodel");
CMyCNN cnn;
void setup()
{
    static float anchor[6]={1.889, 2.5245, 2.9465, 3.94056, 3.99987, 5.3658};
    cnn.init(0.1, 10, 8, 33, 3, anchor);
}
void loop()
{
    cnn.run();
    cnn.draw();
}
```

编译、下载和运行该 K210 手势检测程序实例，运行效果如图 22-8 所示。

图 22-8   K210 手势检测程序运行效果

## 22.2   K210 人脸检测应用示例

1. 创建 K210 人脸检测项目

本节将介绍一个 K210 人脸检测的简单应用示例，主要功能是根据人脸检测结果播放"欢迎光临"语音提醒，如图 22-9 所示。

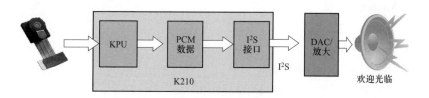

图 22-9　人脸检测及语音提醒示意图

在 Obtian_Studio 中采用"\K210 项目\人脸检测模板"创建一个新项目，项目名称为"K210_YOLO_18_test_001"，该项目模板包含了官方提供的人脸检测代码。

人脸检测代码已经在本书第 11 章"神经网络处理器"之中进行了详细的分析，其中包括人脸位置输出的代码如下：

```
region_layer_cal((uint8_t *)kpu1.kpu_outbuf);
region_layer_draw_boxes(drawboxes);
```

（1）region_layer_cal 函数进行输出层运算，并输出人脸检测位置。

（2）region_layer_draw_boxes 函数绘制检测到的人脸位置矩形框。

region_layer_cal 函数是进行输出层的运算，region_layer_draw_boxes 函数是进行人脸位置的绘制，drawboxes 是绘制人脸位置的回调函数。drawboxes 函数的源代码如下：

```
void drawboxes(uint32_t x1, uint32_t y1, uint32_t x2, uint32_t y2, uint32_t
m_class, float prob)
{
    if (x1 >= 320) x1 = 319;
    if (x2 >= 320) x2 = 319;
    if (y1 >= 240) y1 = 239;
    if (y2 >= 240) y2 = 239;
    lcd_draw_rectangle(x1, y1, x2, y2, 2, RED);
}
```

从上述程序可以看出，可以修改函数 drawboxes 的内容，就可以实现人脸检测之后的很多应用功能，例如：

（1）人脸云台控制。人脸云台控制的方法是根据人脸检测出来的位置数据输出云台控制指令。例如如果发现人脸在屏幕左边，就发出云台左转的命令；如果发现人脸在屏幕右边，就发出云台右转的命令。

（2）人脸数据保存。人脸数据保存的方法是根据人脸检测出来的位置，只提取该位置的数据，生成 BMP 图片，然后保存到 SD 卡中，这样比整个图像保存到 SD 卡上更加节约存储空间。

如果要对人脸检测出来的位置数据进行深层的加工，例如当检测出多个人脸位置时，只保存面积最大的位置，那么就得在 region_layer_draw_boxes 函数之中进行处理。region_layer_draw_boxes 函数的代码如下：

```
void region_layer_draw_boxes(callback_draw_box callback)
```

```
{
    for (int i = 0; i < region_layer_boxes; ++i) {
        volatile int class  = max_index(probs[i],
region_layer_l_classes);
        volatile float prob = probs[i][class];
        if (prob > region_layer_thresh) {
            volatile box *b     = boxes + i;
            uint32_t x1 = b->x * region_layer_img_w -
                    (b->w * region_layer_img_w / 2);
            uint32_t y1 = b->y * region_layer_img_h -
                    (b->h * region_layer_img_h / 2);
            uint32_t x2 = b->x * region_layer_img_w +
                    (b->w * region_layer_img_w / 2);
            uint32_t y2 = b->y * region_layer_img_h +
                    (b->h * region_layer_img_h / 2);
            callback(x1, y1, x2, y2, class, prob);
        }
    }
}
```

从上述程序代码可以看出，region_layer_draw_boxes 函数首先读取所有人脸检测位置
boxes（YOLO 输出方格数据）之中的其中一个，然后把 boxes（YOLO 输出方格数据）的 x，
y，w，h 转换成图像位置数据，最后调用绘制位置函数 callback 绘制矩形。region_layer_
draw_boxes 函数主要进行如下处理：

1）probs 是输出层所有检测框信息；
2）region_layer_boxes 是输出层检测出的框数；
3）max_index 函数读取第 i 个检测框中可能性最大的类别；
4）probs［i］［class］函数读取第 i 个检测框中可能性最大类别的信息；
5）把框行号列号转换成图像对应的 x1、y1 坐标（框左上角坐标）；
6）把框的宽、高网格数转换成图像对应的 x2、y2 坐标（框右下角坐标）；
7）调用绘制位置函数 callback 绘制矩形。

如果只想绘制最大矩形，那么就可以加一个最大矩形的位置变量和面积变量。从第 0 个
输出框开始计算面积，如果遇到更加大的面积，就保存该位置。最后保存下来的位置数据，
就是最大面积所在的位置数据。

2. 语音提醒

语音提醒的实现方法也比较简单，采用本书第 5 章"音频播放与采集"中的音频播放程
序即可，第 5 章的程序代码如下：

```
#include "pcm_data.h"
CIis iis0(IIS0);
void setup1()
{
    iis0.config();
```

```
}
void loop1()
{
    iis0.play((uint8_t *)test_pcm, sizeof(test_pcm));
}
```

根据人脸检测结果实现语音提醒的步骤如下：

（1）首先采用计算机或者手机录一段"欢迎光临"的语音，然后根据第 5 章的介绍，采用 Winhex 软件把 WAV、PCM 音乐文件转 C 数组，保存到 pcm_data.h 文件之中。

（2）创建 CIis 对象以及在初始化程序中配置 CIis 对象。

（3）在 drawboxes 函数播放语音数据。

完整的程序代码如下：

```
#include "include/main.h"

extern "C"{
    #include "region_layer.h"
}
#include "pcm_data.h"
CIis iis0(IIS0);

#define ANCHOR_NUM 5
float g_anchor[ANCHOR_NUM * 2] = {0.57273, 0.677385, 1.87446, 2.06253,
3.33843, 5.47434, 7.88282, 3.52778, 9.77052, 9.16828};
    void drawboxes(uint32_t x1, uint32_t y1, uint32_t x2, uint32_t y2, uint32_t
m_class, float prob)
    {
        if (x1 >= 320)x1 = 319;
        if (x2 >= 320)x2 = 319;
        if (y1 >= 240)y1 = 239;
        if (y2 >= 240)y2 = 239;
        lcd_draw_rectangle(x1, y1, x2, y2, 2, RED);
        iis0.play((uint8_t *)test_pcm, sizeof(test_pcm));
    }
uint32_t g_lcd_gram0[38400] __attribute__((aligned(64)));
uint32_t g_lcd_gram1[38400] __attribute__((aligned(64)));
uint8_t g_ai_buf[320 * 240 *3] __attribute__((aligned(128)));
CKpu kpu1;
CLcd lcd;
CCamera cam1;
int main(void)
{
    lcd.init(DIR_YX_LRUD);
    cam1.init((unsigned long)g_lcd_gram0, (unsigned long)g_lcd_gram1);
cam1.ai_addr((unsigned long)g_ai_buf, (unsigned long)(g_ai_buf
+ 320 * 240), (unsigned long)(g_ai_buf + 320 * 240 * 2));
    kpu1.init();
```

```
region_layer_init(&kpu1.task, 320, 240, 0.1, 0.2, ANCHOR_NUM,
g_anchor);
    iis0.config();
    while (1)
    {
        while (CCamera::cam_dvp_finish_flag == 0);
        kpu1.run(g_ai_buf);
        while(!CKpu::g_ai_done_flag);
        CKpu::g_ai_done_flag = 0;
        region_layer_cal((uint8_t *)kpu1.kpu_outbuf);
        CCamera::cam_ram_mux ^= 0x01;
        lcd.rect(0, 0, 320, 240, (uint32_t *)
(CCamera::cam_ram_mux?g_lcd_gram0:g_lcd_gram1));
        CCamera::cam_dvp_finish_flag = 0;
        region_layer_draw_boxes(drawboxes);
    }
    return 0;
}
```

# 参 考 文 献

[1] 华超. TensorFlow 与卷积神经网络从算法入门到项目实战 [M]. 北京：电子工业出版社，2019.

[2] Ian GOODFELLOW I，Yoshua BENGIO Y，Aaron COURVILLE B. 深度学习 [M]. 北京：人民邮电出版社，2017.

[3] 张泽谦. 人工智能未来商业与场景落地实操 [M]. 北京：人民邮电出版社，2019.

[4] 胡振波. RISC-V 架构与嵌入式开发快速入门 [M]. 北京：人民邮电出版社，2019.

[5] 胡振波. 手把手教你设计 CPU—RISC-V 处理器篇 [M]. 北京：人民邮电出版社，2018.

[6] 顾长怡. 基于 FPGA 与 RISC-V 的嵌入式系统设计 [M]. 北京：清华大学出版社，2019.

[7] 鲁睿元，祝继华. Keras 深度学习 [M]. 北京：中国水利水电出版社，2019.

[8] 廖义奎. 物联网应用开发——基于 STM32 [M]. 北京：北京航空航天大学出版社，2019.

[9] 廖义奎. Cortex-M3 之 STM32 嵌入式系统设计 [M]. 北京：中国电力出版社，2012.

[10] 廖义奎. Cortex－A9 多核嵌入式系统设计 [M]. 北京：中国电力出版社，2014.

[11] 廖义奎. ARM Cortex-M4 嵌入式实战开发精解——基于 STM32F4 [M]. 北京：北京航空航天大学出版社，2013.

[12] 林继鹏. 多核嵌入式系统软件开发方法的研究 [M]. 北京：电子工业出版社，2011.

[13] 张亮. 基于 Xilinx FPGA 的多核嵌入式系统设计基础 [M]. 西安：西安电子科技大学出版社，2011.

[14] 陈建杰. 嵌入式系统的新特点 [J]. 微型机与应用. 2011.

[15] 郑巧. 嵌入式系统的应用与开发分析 [J]. 制造业自动化. 2011.

[16] 廖义奎. ARM 与 FPGA 综合设计及应用 [M]. 北京：中国电力出版社，2008.

[17] 廖义奎. ARM 与 DSP 综合设计及应用 [M]. 北京：中国电力出版社，2009.

[18] 邵子扬. MicroPython 入门指南 [M]. 北京：电子工业出版社，2018.

# 参 考 电 子 资 源

［1］RISC-V 是国产芯片自主最好机会. https://baijiahao.baidu.com/s?id=1613460365684758652&wfr=spider&for=pc.

［2］RISC-V 精简到何种程度. https://blog.csdn.net/zoomdy/article/details/79343941.

［3］说说 RISC-V 的 x0 寄存器. https://blog.csdn.net/zoomdy/article/details/79343785.

［4］大道至简——RISC-V 架构之魂. https://blog.csdn.net/zoomdy/article/details/79580529.

［5］人工智能芯片到底有何不同. https://robot.ofweek.com/2018-01/ART-8321201-8500-30189147.html.

［6］RISC-V 指令集手册. https://max.book118.com/html/2017/0515/106872872.shtm.

［7］kendryte 数据手册. kendryte_datasheet_20180919020633.pdf.

［8］kendryte 编程指南. kendryte_standalone_programming_guide_v0.3.0.pdf.

［9］深入了解微控制器和外围 IC 之间使用最广泛的接口之 SPI.http://m.elecfans.com/article/803499.html.

［10］tf.nn.conv2d 理解. https://blog.csdn.net/u013713117/article/details/55517458.

［11］雪饼.大话卷积神经网络（CNN）. https://my.oschina.net/u/876354/blog/1620906.

［12］Tensorflow 实现 CNN 识别手写数字. https://blog.csdn.net/sinat_29957455/article/details/78289987.

［13］WS2811 规格书. pdf. https://wenku.baidu.com/view/df5f0c355a8102d276a22f45.html.

［14］WS2812B 手册. pdf. https://wenku.baidu.com/view/76a0294580eb6294dc886c4d.html.

［15］ESP8266 指令集汇总. http://blog.sina.com.cn/s/blog_b0c011190102w8wt.html.

［16］CH340 中文手册. https://wenku.baidu.com/view/03a59d870b4e767f5bcfce7f.html.

［17］用 Python 写诗. https://www.jianshu.com/p/431b978e5fb4.

［18］python 中 requests 库使用方法详解. https://blog.csdn.net/byweiker/article/details/79234853.

［19］星瞳科技. MicroPython 的交互式解释器模式. https://docs.singtown.com/micropython/zh/latest/openmvcam/reference/repl.html.

［20］星瞳科技. MicroPython 函数库.https://docs.singtown.com/micropython/zh/latest/openmvcam/library/index.html.

［21］星瞳科技. uos 基本操作系统服务.https://docs.singtown.com/micropython/zh/latest/openmvcam/library/uos.html.

［22］Lichee.machine 模块介绍. http://maixpy.sipeed.com/exploreMaixPy/machine/machine.html.

［23］海棠译. 一文弄懂 YOLO 算法. https://yq.aliyun.com/articles/679591?utm_content=g_1000031353/.

［24］PULKIT SHARMA.A Practical Guide to Object Detection using the Popular YOLO Framework – Part III （with Python codes）. https://www.analyticsvidhya.com/blog/2018/12/practical-guide-object-detection-yolo-framewor-python/?spm=a2c4e.11153940.blogcont679591.19.10dc69fcVYKsWS.

［25］YOLO v1 深入理解. https://www.jianshu.com/p/cad68ca85e27.

［26］边框回归详解. https://blog.csdn.net/zijin0802034/article/details/77685438/.

［27］YOLO2 原理理解. https://blog.csdn.net/hai_xiao_tian/article/details/80472419.

［28］TensorFlow+YOLO+React Native 制作 Not Hotdog App.https://www.colabug.com/4285261.html.

［29］用 TensorFlow 压缩神经网络. http://fjdu.github.io/machine/learning/2016/07/07/quantize-neural-networks-with-tensorflow.html.

［30］Pete Warden.Pete Warden's blog.https://petewarden.com/2016/05/03/how-to-quantize-neural-networks-with-tensorflow/.

［31］使用 tensorflow 实现一个异或门. https://blog.csdn.net/tengfei461807914/article/details/82079940.

［32］ML 重要概念：梯度与梯度下降法. https://blog.csdn.net/walilk/article/details/50978864.

［33］梯度下降法. https://wenku.baidu.com/view/6c2f033030126edb6f1aff00bed5b9f3f90f7278.html.

［34］Tensorflow-梯度下降. https://www.jianshu.com/p/dabc29179c01.

［35］tf.contrib.slim 的介绍.https://www.cnblogs.com/japyc180717/p/9419184.html.

［36］TensorFlow 实战框架 Chp10. https://blog.csdn.net/mr_muli/article/details/80982442.

［37］采样频率. https://wenku.baidu.com/view/b0da01ca0508763231121274.html.

［38］Charlotte77.自己手写一个卷积神经网络. https://www.cnblogs.com/charlotte77/p/7783261.html.

［39］Charlotte77.一文弄懂神经网络中的反向传播法. http://www.cnblogs.com/charlotte77/p/5629865.html.

［40］AI 人工智能. http://www.sohu.com/a/242728272_100120609.

［41］AI 芯片与传统芯片有什么不一样. http://www.chinairn.com/hyzx/20180116/162720668.shtml.

［42］MaixPy 文档. https://maixpy.sipeed.com/zh.

［43］目标检测之 YOLO 算法详解. https://www.cnblogs.com/zyly/p/9274472.html.

［44］从 YOLOv1 到 YOLOv3，目标检测的进化之路. https://msd.misuland.com/pd/12082424103461762?page=1.

［45］Tensorflow 实现 YOLOv2. https://blog.csdn.net/u010712012/article/details/87374153.

［46］目标检测|YOLOv2 原理与实现. https://zhuanlan.zhihu.com/p/35325884.

［47］YOLOv3 论文解析. https://blog.csdn.net/mieleizhi0522/article/details/79919875.

［48］yolov3 之网络结构解析. https://blog.csdn.net/weixin_38145317/article/details/90440969.

［49］从 MobileNet 看轻量级神经网络的发展. https://blog.csdn.net/molixuebeibi/article/details/94580996.

［50］从 MobileNet V1 到 MobileNet V2.https://zhuanlan.zhihu.com/p/39386719.

［51］MobileNetV3.https://blog.csdn.net/qq_16130715/article/details/96650823.